Deutsche
Forschungsgemeinschaft

Qualitätskriterien der Umfrageforschung

Quality Criteria
for Survey Research

Akademie Verlag

Deutsche
Forschungsgemeinschaft

Qualitätskriterien der Umfrageforschung

Quality Criteria for Survey Research

Denkschrift
Memorandum

Herausgegeben von / Edited by
Max Kaase

Akademie Verlag

DFG

Deutsche Forschungsgemeinschaft
Geschäftsstelle: Kennedyallee 40, D-53175 Bonn
Postanschrift: D-53170 Bonn
Telefon: ++49/2 28/8 85-1
Telefax: ++49/2 28/8 85-27 77
E-Mail: (X.400): S = postmaster, P = dfg, A = d400, C = de
E-Mail (Internet RFC 822): postmaster@dfg.de

Die Deutsche Bibliothek – CIP-Einheitsaufnahme

Qualitätskriterien der Umfrageforschung : Denkschrift = Quality criteria for survey research / Deutsche Forschungsgemeinschaft.
Hrsg. von Max Kaase. – Berlin: Akad. Verlag, 1999
ISBN 3-05-003455-6

Gedruckt auf säurefreiem und chlorfrei gebleichtem Papier.

Umschlaggestaltung und Typographie: Dieter Hüsken
Datenkonvertierung/Satz: Werksatz Schmidt & Schulz, D-06773 Gräfenhainichen.
Druck und Bindung: Druckhaus „Thomas Müntzer", Bad Langensalza.

Printed in the Federal Republic of Germany.

Inhalt

Vorwort		1
1	Einführung	3
Teil 1	Methoden, Qualitätskriterien und Perspektiven der Umfrageforschung	9
2	Bestimmung des Gegenstandsbereichs *Umfrageforschung*	11
2.1	Bestimmung	11
2.2	Welche Informationen werden erhoben?	13
2.3	Was heißt repräsentative Befragung?	13
2.4	Welche Befragungsarten unterscheidet man?	14
2.5	Wie ist der Fragebogen zu gestalten?	15
2.6	Welche Untersuchungspläne werden verwendet?	15
3	Stichproben in Theorie und Praxis	16
3.1	Grundgesamtheit	16
3.2	Stichproben	16
3.3	Vor- und Nachteile der unterschiedlichen Befragungsarten aus statistischer Sicht	18
3.3.1	Persönlich-mündliche Befragungen	18
3.3.2	Telefonische Umfragen	19
3.3.3	Schriftliche Befragungen	19
4	Fragebogen und Fragebogenmodelle	20
4.1	Vorbemerkung	20
4.2	Zur Problematik der Erfassung der öffentlichen Meinung	21
4.3	Konkrete Probleme	21
4.3.1	Unangemessene Komplexitätsreduktion	21
4.3.2	Einflüsse des Fragenumfeldes	22
4.3.3	Wirkungen unterschiedlicher Fragemodelle	23
4.3.4	Einflüsse des Befragungsmodus	23
4.4	Qualitätskriterien für Fragebogen und Fragebogenmodelle	24
4.5	Effekte technischer Entwicklungen der Umfrageforschung im Bereich Fragebogen und Fragebogenmodelle	25

5 Feldarbeit . . . 27
5.1 Vorbemerkung . . . 27
5.2 Rahmenbedingungen . . . 28
5.3 Feldgeschehen und Schwachstellen der Feldarbeit . . . 29
5.4 Auswirkungen auf die Qualität der Umfrageergebnisse . . . 31
5.5 Sicherung und Verbesserung der Qualität in der Feldarbeit – *best practices* und *good practices* . . . 32
5.5.1 Öffentlichkeitsarbeit . . . 33
5.5.2 Kodifizierung von *good practices* . . . 33
5.5.3 Definition von Qualitätskriterien . . . 34
5.5.3.1 Stichprobe . . . 35
5.5.3.2 Offenlegung der Stichprobenrealisierung . . . 35
5.5.3.3 Kontaktierung . . . 36
5.5.3.4 Kontrolle der Kontaktierung . . . 36
5.5.3.5 Legitimation der Interviewer . . . 37
5.5.3.6 Interviewerkontrollen . . . 37
5.5.3.7 Anzahl der Interviews pro Interviewer . . . 38
5.5.3.8 Nutzen und Anreize . . . 38
5.6 Vorläufiges Fazit . . . 39
5.7 Telefoninterviews . . . 40
5.8 *Access Panels* . . . 41

6 Standards der Umfrageforschung, Prozeßkontrolle und internationale Situation . . . 43
6.1 Vorbemerkung . . . 43
6.2 Vorbildliche Umfrageforschung . . . 44
6.2.1 Einführung . . . 44
6.2.2 AAPOR-Standards . . . 44
6.2.2.1 Kosten-Nutzen-Gesichtspunkte . . . 45
6.2.2.2 Stichproben . . . 47
6.2.2.3 Pretest: Entwicklung und Erprobung von Frageinstrumenten und -techniken . . . 49
6.2.2.4 Interviewerauswahl und -training . . . 49
6.2.2.5 Statistische Aufbereitung und Auswertung . . . 50
6.3 Prozeßorientierte Qualitätskontrollen . . . 51
6.3.1 Zum internationalen Diskussionsstand . . . 51
6.3.2 Zertifizierung nach ISO 9000 . . . 51
6.3.3 Nationale Standards . . . 53
6.3.4 Internationale, länderübergreifende prozeßorientierte Qualitätsstandards . . . 54
6.3.5 Zur Situation in Deutschland . . . 55
6.3.6 Zur Qualitätsdiskussion im System der europäischen amtlichen Statistik . . . 56

Teil 2 International vergleichende Umfrageforschung und Archivierung von Umfragen . . . 57

7 International vergleichende Umfrageforschung 59
7.1 Vorbemerkung 59
7.2 Effekte der Internationalisierung 60
7.3 Perspektiven der international vergleichenden Sozialforschung 60
7.4 Harmonisierungsbestrebungen in der europäischen Statistik 61
7.5 Entwicklungsprioritäten 62

8 Archivierung von Umfragedaten 64
8.1 Vorbemerkung 64
8.2 Eingangskontrollen der Umfragen 65
8.3 Datenaufbereitung und Dokumentation 65
8.4 Langzeitspeicherung 66
8.5 Bereitstellung für Sekundäranalysen 66

Teil 3 Ausbildung und Massenmedien 69

9 Die universitäre und praktische Ausbildung im Bereich der Empirischen Sozialforschung 71
9.1 Diagnose 71
9.2 Optionen für eine Verbesserung der Situation 72

10 Umfrageforschung und Öffentlichkeit 73
10.1 Vorbemerkung 73
10.2 Veröffentlichung von Umfrageergebnissen 74
10.3 Aus- und Weiterbildung von Journalisten 76

Teil 4 Forschungsfreiheit und Datenschutz 79

11 Forschungsfreiheit und Datenschutz: Bestandsaufnahme und Ausblick 81
11.1 Vorbemerkung 81
11.2 Datenschutz und Empirische Sozialforschung 81
11.3 Zur Aushöhlung des Forschungsbegriffs 84

Teil 5 Entwicklungsdesiderate 87

12 Zur Zusammenarbeit privatwirtschaftlich und akademisch verfaßter Sozialforschung 89
12.1 Ausgangslage 89
12.2 Zur heutigen Situation 91
12.3 Folgerungen 92

13 Wandel und Perspektiven der Umfrageforschung 93
13.1 Vorbemerkung: Qualität und Wandel 93
13.2 Qualitätsstandards und ihre Voraussetzungen 94
13.2.1 Qualitätskriterien: Richtige Ergebnisse und korrekte Verfahren 94
13.2.2 Historische Bedingungen: Die Infrastruktur der Umfrageforschung . . . 95

13.2.3 Verfahrensmodelle 96
13.3 Entwicklungstrends der Umfrageforschung 97
13.3.1 Neue Informations- und Kommunikationstechniken 97
13.3.2 Der Markt für Umfragen: Angebot und Nachfrage 98
13.3.3 Pluralisierung der Verfahrensmodelle 99
13.4 Kontroversen und Perspektiven 99
13.4.1 Stichprobenqualität 100
13.4.1.1 Ein Kriterienraster 100
13.4.1.2 Ausgewählte Qualitätsaspekte von Bevölkerungsumfragen 101
13.4.2 Interviewmethoden und neue Techniken 105
13.4.3 Aufgaben der sozialwissenschaftlichen Qualitätsdebatte 107

Teil 6 Empfehlungen 109

14 Zusammenfassende Analyse und Empfehlungen 111

15 Literaturverzeichnis 117

Teil 7 Anhang/Dokumentation 127

16 Codes of Ethics der American Association for Public Opinion Research (AAPOR) 129
16.1 Vorbildliche Praktiken der Umfrageforschung 129
16.1.1 Einleitung 129
16.1.2 Vorbildliche Praktiken der Umfrageforschung 130
16.1.3 Umfragepraktiken, die AAPOR mißbilligt 138
16.1.4 Quellen 139
16.2 Code of Professional Ethics and Practices 140
16.3 Research Industry Coalition (RIC): Professional and Ethical Standards For Marketing, Opinion, and Media Research 142
16.3.1 Research Industry Coalition (RIC) 142
16.3.2 RIC Statement of Professional and Ethical Standards For Marketing, Opinion, Media, and Related Research 143

17 DFG-geförderte Projekte in den Sozialwissenschaften 1987 bis 1996 . . 145

Verzeichnis der Abkürzungen 147

Mitglieder der Arbeitsgruppe 149

Contents

Foreword . . . 153

1 Introduction . . . 155

Part 1 Methods, Quality Criteria and Perspectives in Survey Research . . . 159

2 Defining *Survey Research* . . . 161
2.1 Definition . . . 161
2.2 What Information is Collected? . . . 162
2.3 What is a Representative Sample Survey? . . . 163
2.4 What Types of Interview Are There? . . . 164
2.5 How Should the Questionnaire be Designed? . . . 164
2.6 What Research Designs are Used? . . . 165

3 Sampling in Theory and Practice . . . 166
3.1 Population . . . 166
3.2 Samples . . . 166
3.3 Advantages and Disadvantages of Different Interview Techniques from a Statistical Point of View . . . 167
3.3.1 Face-to-face interviewing . . . 168
3.3.2 Telephone interviewing . . . 168
3.3.3 Mail interviewing . . . 169

4 Questionnaires and Questionnaire Models . . . 170
4.1 Introductory Remarks . . . 170
4.2 Problems in Recording Public Opinion . . . 171
4.3 Specific Problems . . . 171
4.3.1 Inappropriate reduction of complexity . . . 171
4.3.2 Influence of the question context . . . 172
4.3.3 Influence of different question models . . . 172
4.3.4 Influence of the interviewing mode . . . 173
4.4 Quality Criteria for Questionnaires and Questionnaire Models . . . 173
4.5 Effects of Technological Developments in Survey Research on Questionnaires and Questionnaire Models . . . 174

5 Field Work . . . 176
5.1 Introductory Remarks . . . 176
5.2 General Setting . . . 177
5.3 Working in the Field and Where the Weak Spots Are . . . 178
5.4 Impact on the Quality of Survey Results . . . 179
5.5 Assuring and Improving Field Work Quality: *Best Practices* and *Good Practices* . . . 180
5.5.1 Public relations . . . 180
5.5.2 Codifying good practices . . . 181
5.5.3 Defining quality criteria . . . 182
5.5.3.1 Sampling . . . 182
5.5.3.2 Information about sample implementation . . . 183
5.5.3.3 Making contact . . . 183
5.5.3.4 Monitoring contacts . . . 184
5.5.3.5 Interviewer legitimisation . . . 184
5.5.3.6 Interviewer supervision . . . 185
5.5.3.7 Number of interviews per interviewer . . . 185
5.5.3.8 Benefits and incentives . . . 186
5.6 Interim Conclusion . . . 186
5.7 Telephone Interviews . . . 187
5.8 Access Panels . . . 188

6 Standards of Survey Research, Process Control and the International Situation . . . 190
6.1 Introductory Remarks . . . 190
6.2 Excellence in Survey Research . . . 191
6.2.1 Introduction . . . 191
6.2.2 AAPOR standards . . . 191
6.2.2.1 Cost–benefit considerations . . . 192
6.2.2.2 Samples . . . 194
6.2.2.3 Pretesting: developing and testing interview tools and techniques . . . 195
6.2.2.4 Interviewer recruitment and training . . . 195
6.2.2.5 Statistical analysis and interpretation . . . 196
6.3 Process-Related Quality Management . . . 197
6.3.1 The international discussion . . . 197
6.3.2 ISO 9000 certification . . . 197
6.3.3 National standards . . . 198
6.3.4 International, crossborder process-related quality standards . . . 200
6.3.5 The situation in Germany . . . 200
6.3.6 The quality debate in the system of European official statistics . . . 201

Part 2 International Comparative Survey Research and the Archiving of Surveys . . . 203

7 International Comparative Survey Research . . . 205
7.1 Introductory Remarks . . . 205

7.2 Effects of Internationalisation 206
7.3 Prospects for International Comparative Social Research 206
7.4 Harmonisation of European Statistics 207
7.5 Development Priorities 208

8 Archival Storage of Survey Data 210
8.1 Introductory Remarks 210
8.2 Incoming Inspection of Survey Material 211
8.3 Data Editing and Documentation 211
8.4 Long-Term Storage 212
8.5 Availability for Secondary Analysis 212

Part 3 Training and the Mass Media 215

9 University and Practical Training in Empirical Social Science 217
9.1 Diagnosis 217
9.2 Options for Improving the Situation 218

10 Survey Research and the Public 219
10.1 Introductory Remarks 219
10.2 Publishing Survey Findings 220
10.3 Initial and Further Training for Journalists 222

Part 4 Freedom of Research and Data Protection 225

11 Freedom of Research and Data Protection: Status and Prospects 227
11.1 Introductory Remarks 227
11.2 Data Protection and Empirical Social Research 227
11.3 Erosion of the Research Concept 229

Part 5 Development Desiderata 231

12 Collaboration between Private and Academic Social Research 233
12.1 The Initial Situation 233
12.2 The Current Situation 235
12.3 Conclusions 236

13 Change and Prospects in Survey Research 237
13.1 Introductory Remarks: Quality and Change 237
13.2 Quality Standards and the Prerequisites 238
13.2.1 Quality criteria: accurate results and appropriate methods 238
13.2.2 Historical conditions: the infrastructure of survey research 239
13.2.3 Procedural models 240
13.3 Trends in Survey Research 241
13.3.1 New information and communication technologies 241
13.3.2 The market for surveys: supply and demand 241

13.3.3 Pluralising procedural models . . . 242
13.4 Controversies and Perspectives . . . 242
13.4.1 Sample quality . . . 243
13.4.1.1 A quality checklist . . . 243
13.4.1.2 Selected quality aspects of population surveys . . . 244
13.4.2 Interview methods and new technologies . . . 247
13.4.3 The task of the social science debate on quality . . . 249

Part 6 Recommendations . . . 251

14 Summary Analysis and Recommendations . . . 253

15 Bibliography . . . 258

Part 7 Appendix/Documentation . . . 267

16 Codes of Ethics of the American Association for Public Opinion Research (AAPOR) . . . 269
16.1 Code of Best Practices for Survey and Public Opinion Research . . . 269
16.1.1 Introduction . . . 269
16.1.2 Best Practices for Survey and Public Opinion Research . . . 270
16.1.3 Survey Practices That AAPOR Condemns . . . 276
16.1.4 Sources . . . 277
16.2 Code of Professional Ethics and Practices . . . 278
16.3 Research Industry Coalition (RIC): Professional and Ethical Standards For Marketing, Opinion, and Media Research . . . 280
16.3.1 Research Industry Coalition (RIC) . . . 280
16.3.2 RIC Statement of Professional and Ethical Standards For Marketing, Opinion, Media, and Related Research . . . 281

17 Social Science Projects Sponsored by the DFG 1987–1996 . . . 284

Abbreviations . . . 286

Members of the Expert Group . . . 288

Vorwort

Die Deutsche Forschungsgemeinschaft dient – gemäß § 1 ihrer Satzung – der Wissenschaft. Die Satzung präzisiert mehrere Felder dieser Dienstleistung: die finanzielle Unterstützung von Forschungsaufgaben, die Förderung der Zusammenarbeit unter den Forschern mit Partnern im In- und Ausland, die Ausbildung und Förderung des wissenschaftlichen Nachwuchses und die Beratung von Parlamenten und Behörden in wissenschaftlichen Fragen.

Eine die Erfüllung aller dieser Aufgaben sichernde Grundlage erwähnt die Satzung nicht ausdrücklich; sie wird aber, je länger die Deutsche Forschungsgemeinschaft besteht, immer wichtiger: die Qualitätssicherung der Forschung. „Lege artis zu arbeiten", definiert eine 1998 erschienene Denkschrift der Deutschen Forschungsgemeinschaft als eine Grundvoraussetzung für gute wissenschaftliche Praxis. Was ist die „lex artis" auf einem Gebiet wie der Empirischen Sozialforschung, die sich mit Wechselbeziehungen zwischen Menschen, zum Beispiel in Familien, Institutionen, Gemeinschaften und Staaten, und ihren Lebensverhältnissen, Gewohnheiten, Anschauungen und Werthaltungen beschäftigt und deren Methoden sich dank der Ausweitung und den revolutionären Veränderungen in den Möglichkeiten der Kommunikation mit und zwischen ihren Forschungsgegenständen rapide fortentwickeln?

Sozialwissenschaftliche Forschung und – in einem engeren Kontext, um den es in dieser Denkschrift geht – Befragungen unter Verwendung sozialwissenschaftlicher Methoden bilden heute eine wichtige Grundlage von Entscheidungen auf so verschiedenen Feldern wie der Gesetzgebung, der Verkehrswegeplanung, der Formulierung und der öffentlichen Darstellung politischer Ziele durch Regierungen und Parteien oder auch der Einführung neuer Produkte in Märkte. Für alle diese und viele weitere alltägliche Entscheidungen werden Zustandsbeschreibungen, Analysen und Erklärungen benötigt, die sich der Methodik der Umfrageforschung bedienen. Umfragen waren und bleiben ein wichtiges Instrument sozialwissenschaftlicher Forschung zum Beispiel zu den Voraussetzungen und den Prozessen der deutschen Einigung und des langsamen Zusammenwachsens von Europa, wenn es um den Blickwinkel des Bürgers, des demokratischen Souveräns, geht.

Für Umfragen gibt es einen Markt. Neue Methoden wie zum Beispiel computergestützte Telefoninterviews verändern die Verhältnisse auf diesem Markt. Sie können innovative Möglichkeiten des Qualitätsnachweises schaffen helfen, können aber auch die Markttransparenz verringern, wenn einzelne Anbieter mit ungewohnten

Preis-Leistungs-Relationen aufwarten, ohne daß dem Nachfrager ein informierter Vergleich möglich wäre.

Die vorliegende Denkschrift der Deutschen Forschungsgemeinschaft beschreibt den aktuellen „Stand der Kunst" in der Umfrageforschung und setzt damit Maßstäbe für das, was das Prädikat „wissenschaftlich" verdient. Sie analysiert Perspektiven der Methodenentwicklung und zeigt offene Fragen auf, die durch weitere Forschung geklärt werden müssen. Sie nutzt dafür Erkenntnisse aus anderen Ländern mit einer langen Tradition in Theorie und Praxis der Umfrageforschung, vor allem aus den Vereinigten Staaten von Amerika.

Die Denkschrift leistet aber noch mehr, denn sie formuliert Qualitätsmaßstäbe der Umfrageforschung in einem breiten Konsens von Sozialwissenschaftlern in Hochschulen und außeruniversitären wissenschaftlichen Forschungsinstituten, Nutzern und Anwendern von Umfrageergebnissen und führenden Vertretern von Anbietern auf dem Umfrage-Markt, also der für Auftraggeber arbeitenden, privatwirtschaftlich verfaßten Markt- und Meinungsforschungsinstitute. Sie behandelt Qualität in unterschiedlichen Dimensionen von der handwerklichen Korrektheit über forschungsethische Grundsätze des Umgangs mit Befragten und ihren Aussagen bis hin zu Fragen der Dokumentation und Offenlegung der aus Umfragen hervorgehenden Datensätze. Schließlich und fast nebenbei gibt sie dem allgemein interessierten Leser aufschlußreiche Einblicke in die thematische Vielfalt, die soziale Relevanz und die methodische Strenge quantitativer Sozialforschung. Sie wendet sich damit an die „Profession" ebenso wie an Politik, Unternehmen, Öffentlichkeit und hier insbesondere die Massenmedien, die an qualitativ hochwertigen, gut abgesicherten und als Grundlage für Entscheidungen tauglichen Umfrageergebnissen interessiert sind und interessiert sein müssen.

Die Denkschrift ist in mehrjähriger, intensiver, ehrenamtlicher Tätigkeit einer vom Präsidium der Deutschen Forschungsgemeinschaft berufenen Arbeitsgruppe entstanden. Das Präsidium hat der Veröffentlichung des Ergebnisses ihrer Beratungen dankbar zugestimmt. Max Kaase als ihrem Vorsitzenden und allen ihren Mitgliedern und Gästen sage ich meinen herzlichen Dank und wünsche der Denkschrift viele Leser und eine nachhaltige Wirkung zugunsten der Forschung und der Anwendung ihrer Erkenntnisse in Politik, Wirtschaft und Gesellschaft.

Prof. Dr. Ernst-Ludwig Winnacker
Präsident der Deutschen Forschungsgemeinschaft

1 Einführung

Empirische Sozialforschung, das heißt die systematische, wissenschaftlich fundierte Erfassung sozialer, politischer und kultureller Verhältnisse der in territorialen Einheiten und gesellschaftlichen Verbänden lebenden Menschen, hat eine lange Tradition. Sie reicht von den bereits im Neuen Testament erwähnten Volkszählungen bis hin zu den Sozialenqueten des 18. Jahrhunderts in Großbritannien (Scheuch 1965; Maus 1973; Kaase u. a. 1983; Oberschall 1997). Ihre eigentliche Bedeutung als *Umfrageforschung* – der Gegenstand dieser Denkschrift – hat sie jedoch erst über zwei wissenschaftliche Entwicklungen im 20. Jahrhundert erlangt: zum einen über die wahrscheinlichkeitstheoretisch fundierte Konzeption von Zufallsstichproben, die auf der Grundlage einer geringen Zahl von Einheiten zuverlässige Schlußfolgerungen über beliebig große Grundgesamtheiten zulassen, und zum anderen über die Methodik der mündlichen Befragung der Angehörigen solcher Stichproben mit standardisierten, das heißt für alle Erhebungseinheiten gleich gestalteten Fragebogen (Kaase 1997).

Trotz der europäischen Wurzeln dieser Verfahren und Vorgehensweisen erfolgte ihre wissenschaftliche Entwicklung vornehmlich in den Vereinigten Staaten von Amerika seit den zwanziger und danach in den vierziger und fünfziger Jahren. Dabei wurden wesentliche intellektuelle Voraussetzungen nicht zuletzt durch europäische Wissenschaftler geschaffen, die wegen der Verfolgung durch den Nationalsozialismus gezwungen worden waren, in die USA zu emigrieren (Lepsius 1981).

Besonders bemerkenswert ist, daß die Techniken der Empirischen Sozialforschung, und hierbei vor allem die Entwicklung von Forschungskonzepten zur Befragung repräsentativer Bevölkerungsstichproben, in den USA von Anfang an auch eine demokratietheoretische Einbettung erfahren haben. Gelang es doch auf diese Weise erstmals, die politischen Meinungen, Einstellungen und Verhaltensweisen der Bevölkerung zu beschreiben und sie in ihren sozialen und politischen Entstehungszusammenhängen zu analysieren.

Der europäische Demokratisierungsprozeß des ausgehenden 19. und frühen 20. Jahrhunderts verlief in erster Linie über die Einführung des gleichen und allgemeinen Wahlrechts. Dabei lag es in der Natur dieses Entscheidungsverfahrens, daß es zur Wahl und Legitimierung von Regierungen nur in regelmäßigen, zeitlich größeren Abständen (in der Regel vier Jahre) verwendet werden konnte. Mit der Methodik der repräsentativen Umfrageforschung wurde es möglich, die politischen Meinungen und Einstellungen der Bevölkerung auch zwischen Wahlen jederzeit zuverlässig zu erfassen und damit den demokratischen Souverän – die wahlberechtigte Bevölkerung – in vielfältiger Weise in den kontinuierlichen politischen Willensbildungs- und Entscheidungsprozeß in Demokratien einzubeziehen.

In demokratietheoretischer Perspektive ist diese Dimension der Umfrageforschung stets ambivalent bewertet worden. Einerseits wurde und wird heute noch immer argumentiert, daß die Qualität des demokratischen Prozesses durch die über Massenmedien vermittelte Einbringung von mehr oder weniger fluiden Bevölkerungsmeinungen entscheidend geschmälert würde, weil die Politiker zunehmend auf letztlich nicht sonderlich belastbare Informationen reagierten und damit die politischen Deliberationen durch ein problematisches, plebiszitäres Element verfälscht würden (Hennis 1957). Andererseits – und hierfür stehen vor allen Dingen Sozialwissenschaftler in den Vereinigten Staaten von Amerika – wurde der Gesichtspunkt hervorgehoben, daß die repräsentative Umfrageforschung zu einer entscheidenden Verbesserung der Qualität dieser Deliberationen führen würde. Diese Position ist vielfältig belegbar auch als Grundlage für die Bemühungen der amerikanischen Besatzungsmacht nach Ende des Zweiten Weltkrieges, in Deutschland eine wissenschaftlich fundierte Empirische Sozialforschung aufzubauen (Crespi 1952; Braun und Articus 1984; Reimann 1989; Kutsch 1995; Merritt 1995).

Die wissenschaftliche Grundlegung der Methodik der repräsentativen Umfrageforschung mit den Schwerpunkten der Entwicklung von tragfähigen Stichprobenplänen und eines theoretisch abgesicherten Instrumentariums der Informationsgewinnung durch Befragungen erfuhr einen ersten Höhepunkt in den fünfziger Jahren (siehe zum Beispiel Lazarsfeld und Rosenberg 1955; Hyman 1957). Danach galten diese Verfahren lange Zeit als wissenschaftlich so abgesichert, daß in diesem Bereich grundlegende Neuerungen durch Methodenforschung nicht mehr für notwendig gehalten wurden. Erst mit Weiterentwicklungen insbesondere in der Psychologie sowie mit dem zunehmenden Einsatz von Computern und der Entwicklung von Standardverfahren der statistischen Datenauswertung über Programmsysteme wie zum Beispiel das Statistical Package for the Social Sciences (SPSS) hat die Empirische Sozialforschung noch einmal einen neuen, großen Anstoß erhalten.

Dabei gab es – und das schließt sowohl die akademisch und die privatwirtschaftlich verfaßte Umfrageforschung als auch die amtliche Statistik ein – stets eine weitgehende Übereinstimmung über das, was auf diesem Gebiet zu gegebener Zeit als wissenschaftlich abgesicherte Verfahrensweisen zu gelten hatte. Diese Situation hat sich jedoch in den letzten Jahren durch die Entwicklung neuer Erhebungsverfahren vor allem in Form telefonischer Befragungen wesentlich verändert. Daraus resultierende Unsicherheiten sind auch ein wichtiger Anlaß für die Einsetzung der Arbeitsgruppe gewesen, die diese Denkschrift verfaßt hat.

Bereits ein Blick auf die Dynamik der Verbreitung der elektronischen Datenverarbeitung und die Entwicklung von darauf zugeschnittenen Programmen und Programmpaketen zur Analyse sozialwissenschaftlicher Daten zeigt, in welchem Umfang die Empirische Sozialforschung durch solche Innovationen Entwicklungsschübe erfahren hat. Inzwischen ist hier, nicht zuletzt durch die flächendeckende Einführung von Personalcomputern in der akademisch wie privatwirtschaftlich verfaßten Sozialforschung, eine Routinisierung dieser Aspekte der Forschung eingetreten. Wie in der

Denkschrift gezeigt werden wird, könnte die inzwischen in fast allen Ländern Europas umfassende Ausstattung der Haushalte mit Telefon und die zunehmende Verfügbarkeit von Anschlüssen an elektronische Netze (Lass 1997) der Empirischen Sozialforschung über entsprechende methodische Innovationen noch einmal einen Anstoß verleihen, und zwar in einer Reihe von sehr unterschiedlich zu bewertenden Facetten.

Insbesondere der starke Anstieg des Anteils telefonisch durchgeführter Interviews in der privatwirtschaftlich verfaßten Markt- und Meinungsforschung hat neue Akzente in der Sozialforschung gesetzt. Allein schon die Mitgliedsinstitute des Arbeitskreises deutscher Markt- und Sozialforschungsinstitute (ADM) haben 1996 rund 6,8 Millionen und 1997 rund neun Millionen standardisierte Interviews durchgeführt. Die Zahl der telefonischen Interviews betrug hierbei 1996 rund drei Millionen und 1997 rund 3,6 Millionen, also ein erheblicher absoluter Zuwachs (bei prozentual allerdings leichtem Rückgang von 44 Prozent 1996 auf 40 Prozent 1997; siehe dazu Arbeitskreis Deutscher Markt- und Sozialforschungsinstitute e. V. 1997a: 5; 1998a: 5). Mit der Methode der telefonischen Befragung ist es nun zum Beispiel möglich, über zentral plazierte Telefonstudios kurzfristig zuverlässige, repräsentative Informationen über Einstellungen der Bevölkerung zu bestimmten Ereignissen zu erhalten und damit Prozesse der Bildung der öffentlichen Meinung zu analysieren. In der Wahlforschung sind zum Beispiel Telefoninterviews bis kurz vor dem Termin einer spezifischen Wahl eine Selbstverständlichkeit geworden; auf diese Weise gelingt es, die Dynamik der politischen Entscheidung der Wähler praktisch bis zum Wahltag abzubilden.

Es ist kein Zufall, daß die Methodik der Telefoninterviews sehr viel schneller in der Markt- und Meinungsforschung als in der akademisch verfaßten Sozialforschung (Gräf und Rohlinger 1997: XVII) und in der deutschen amtlichen Statistik Eingang gefunden hat. Beinhaltet diese Form der Befragung doch zwei Einschränkungen, mit denen an Universitäten tätige Sozialwissenschaftler nicht leicht leben können: die nach bisheriger Erfahrung wegen des Widerstands der Befragten nur in Ausnahmefällen überwindbare Beschränkung der Interviewdauer auf etwa 30 Minuten (diese Beschränkung gilt zum Beispiel nicht notwendigerweise für an einem Befragungsthema hoch interessierte Personen) und der Zwang, auf bewährte und mit großer Mühe entwickelte, zum Teil visualisierende komplexe Erhebungsinstrumente zu verzichten, weil diese über das Telefon nicht an die Befragten zu vermitteln sind. Aus solchen und anderen Gründen wird gelegentlich bereits die Ansicht vertreten, auch telefonisch durchgeführte Interviews bei repräsentativen Stichproben der Bevölkerung oder besonderen Teilgruppen stellten nur einen Zwischenschritt auf dem Wege zu Stichproben von Haushalten und Personen dar, die über den Anschluß an elektronische Netze in Quasi-Vertragsverhältnissen kontinuierlich zu unterschiedlichen Themen befragt werden können.

Die kurz beschriebene Entwicklung zu anderen Befragungsformen als dem persönlichen Interview in der Wohnung des Befragten zeichnet sich zum einen durch die große Geschwindigkeit aus, in der sie abläuft. Zum anderen wirft sie neue methodische Fragen auf wie zum Beispiel die nach der Vergleichbarkeit von einerseits durch persönliche Interviews vor Ort und andererseits durch Telefoninterviews gewonnenen Informationen. Gerade die Beantwortung solcher Fragen ist von entscheidender Bedeutung für die weitere Historisierung der Empirischen Sozialforschung in dem Sinne, daß über Datenarchive inzwischen differenzierte Informationen über Einstellungen, Mentalitäten und Verhaltensweisen der Bevölkerung im zeitlichen Verlauf zur Verfügung stehen, welche die Optionen für die geschichtswissenschaftliche Analyse gesellschaftlicher und politischer Entwicklungen erweitert und bereichert haben. Das setzt jedoch voraus, daß man sich der Gefahr inhaltlicher Fehldeutungen durch Methodenartefakte bewußt ist und sie methodisch unter Kontrolle bringt.

Vor allem durch die wachsende Zahl der Telefoninterviews ist also ein neues Feld für systematische Methodenforschung entstanden. In diesem Zusammenhang werden auch weitere Fragen nach der Qualität, Reichweite und Belastbarkeit der über Umfragen gesammelten sozialwissenschaftlichen Informationen an Bedeutung gewinnen. Die Janusköpfigkeit dieser Entwicklungen läßt sich an folgendem Beispiel illustrieren: Einerseits werden diese Informationen über telefonische Befragungen kontrollierter und vor allem schneller als in der Vergangenheit zugänglich werden. Andererseits schaffen die inzwischen relativ kostengünstige Verfügbarkeit von Hardware für telefonische Befragungen (Telefonstudios) und die Software für die Steuerung von Befragungen (zum Beispiel computerunterstützte Telefonbefragungen – CATI) günstige Bedingungen für den Eintritt von neuen Anbietern auf dem Markt der Sozialforschung und damit eine erhebliche Ausdifferenzierung der Anbieterstruktur. Es erhebt sich jedoch die Frage, wie sichergestellt werden kann, daß seitens dieser Anbieter die Informationsgewinnung mit der notwendigen Expertise erfolgt, und das bedeutet nicht zuletzt die Notwendigkeit des Rückgriffs auf qualifiziertes Personal und damit auf eine bestimmte Mindestbetriebsgröße.

Die Facetten, Bedingungen und möglichen Konsequenzen dieser Entwicklung werden im folgenden in dieser Denkschrift dargestellt und bewertet. Dabei kann es aber nicht nur um die Folgen gehen, die technisch bedingte Umwälzungen für die Empirische Sozialforschung besitzen. Vielmehr müssen auch die möglichen Wirkungen auf den Prozeß der Bildung der öffentlichen Meinung in demokratisch verfaßten Gesellschaften in den Blick kommen. Wie später gezeigt werden wird, handelt es sich bei der Umfrageforschung vor allem in ihrer privatwirtschaftlichen Ausgestaltung um einen Wachstumsmarkt. Hierzu hat entscheidend beigetragen, daß die Attraktivität der so gewonnenen Informationen durch die Massenmedien und hierbei insbesondere durch das Fernsehen entdeckt worden ist (Brettschneider 1996; Foundation for Information 1997). Ergebnisse der Empirischen Sozialforschung wirken zunehmend auf den Prozeß der öffentlichen Meinungsbildung ein. Damit ist die Frage nach der Qualität der Gewinnung und Darstellung von Ergebnissen der Umfrageforschung nicht mehr nur eine Angelegenheit des Wissenschaftssystems, sondern der gesamten Gesellschaft geworden.

In vielen Fällen wird diese Art von Information schon auf kurze – und sicherlich in den meisten Fällen auf mittlere – Sicht letztlich ohne Bedeutung für den gesellschaftlichen Diskurs bleiben. Da jedoch für die Öffentlichkeit im Prinzip nicht unterscheidbar ist, welche Ergebnisse der Umfrageforschung nach den Regeln der Kunst gewonnen worden sind und welche nicht, entstehen um so höhere Anforderungen an die wissenschaftliche Kontrolle der Qualität der Befunde und an die hauptsächlichen Vermittler der so gewonnenen Information an die Öffentlichkeit, nämlich die Massenmedien. Nicht zuletzt in diesem Zusammenhang muß die Forderung gesehen werden, in den Massenmedien Standards für die Berichterstattung über Ergebnisse der Umfrageforschung zu etablieren und dabei auch an Instrumente und Verfahren zu denken, über die ein verantwortungsloser oder sogar bewußt verfälschender Umgang mit dieser Art von Informationen öffentlich gemacht und sanktioniert werden kann.

Vor diesem Hintergrund werden im folgenden Methoden, Erkenntnisse und Entwicklungsperspektiven der Umfrageforschung aufgezeigt und aus ihnen Schlußfolgerungen sowohl für die Forschung als auch für die Verwendung der Ergebnisse in Wissenschaft und Öffentlichkeit gezogen. Dieser Aufgabe stellt sich die Denkschrift mit dem Versuch, den Kenntnis- und Diskussionsstand über die Umfrageforschung am Ende des 20. Jahrhunderts in Deutschland zumindest in den wichtigsten Konturen zusammenfassend zu beschreiben und dabei auch auf Konsequenzen einzugehen, die sich aus ihrer inzwischen weltweiten Etablierung ergeben. Insofern liegt die Schwerpunktsetzung zwar auf der Situation in der Bundesrepublik Deutschland; diese Begrenzung spiegelt jedoch lediglich einen praktischen, nicht aber einen systematischen Gesichtspunkt wider.

Die Umfrageforschung ist in Deutschland seit längerem durch eine konstruktive Kooperation und einen kontinuierlichen Dialog zwischen akademisch und privatwirtschaftlich verorteten Forschern gekennzeichnet. Dieser Philosophie und Erfahrung sieht sich diese Denkschrift ebenfalls verpflichtet. Daraus ergibt sich aber auch, daß die Zielgruppe, für welche die Denkschrift bestimmt ist, nicht nur im Bereich der Hochschulen und vergleichbaren Einrichtungen liegen kann. Sie soll mindestens mit gleicher Intensität und Reichweite die in der privatwirtschaftlich verfaßten Umfrageforschung arbeitenden Wissenschaftler, sei es in den Instituten der Markt- und Meinungsforschung oder sei es bei den Unternehmen, Interessengruppen usw., erreichen. Angesichts der Öffentlichkeitswirkung von Ergebnissen der Empirischen Sozialforschung liegt ein dritter gewichtiger Adressatenkreis bei den Massenmedien, ebenso ist die Politik als Auftraggeber, Abnehmer und Verwerter von Umfrageergebnissen zu berücksichtigen.

Die Autoren der Denkschrift sind sich angesichts des rapiden Wandels in den Methoden der Umfrageforschung klar darüber, daß sie lediglich eine Bestandsaufnahme der Verhältnisse am Ende dieses Jahrhunderts vorlegen können. Allerdings sind schon jetzt Zäsuren und Entwicklungsperspektiven erkennbar, die es als besonders sinnvoll erscheinen lassen, diese Analyse gerade jetzt vorzunehmen (dieser Einschätzung entspricht, daß sich auch die Markt- und Meinungsforschung der Qualitätsproblematik annimmt; siehe dazu planung & analyse 1998). Sie soll und kann dazu beitragen, neue Akzente für die Forschung zu setzen, die Zusammenarbeit zwischen universitärer und privatwirtschaftlich verfaßter Sozialforschung sowie der amtlichen Statistik weiter zu intensivieren und dafür Sorge zu tragen, daß die wissenschaftlichen Grundlagen der Methoden der Empirischen Sozialforschung und ihre Weiterentwicklung wie auch der verantwortungsvolle, sachkundige Umgang mit ihren Ergebnissen in der Öffentlichkeit zu keiner Zeit aus dem Blick geraten.

Teil 1

Methoden, Qualitätskriterien und Perspektiven der Umfrageforschung

2 Bestimmung des Gegenstandsbereichs *Umfrageforschung*

2.1 Bestimmung

Mit dem Begriff *Umfrageforschung* als einem wichtigen Bereich der Empirischen Sozialforschung wird im Deutschen die Erhebungstechnik der *Befragung* als wesentliches Merkmal einer Untersuchungsart herausgehoben, für die im Englischen der Ausdruck *survey research* oder, konkreter, *representative sample surveys* üblich ist. Im Deutschen ist auch der Begriff *Demoskopie* gebräuchlich, von dem sich eher ein Bezug zum *survey research* herstellen läßt, leitet sich doch der Ausdruck *survey* vom lateinischen *supervidere* und die „Volksschau" vom griechischen *σκοπειν* ab. Allgemein kann man Umfrageforschung als *Erhebung von Informationen über Bevölkerungen auf der Basis von Stichproben mit Hilfe von standardisierten Befragungsinstrumenten (Fragebogen)* definieren. Diese Definition enthält drei Kernelemente:

- die Befragung als Methode der Datenerhebung,
- die Stichprobe als Element der Auswahl der Befragten und
- eine Bevölkerung als Beschreibung der *Grundgesamtheit/Population,* zum Beispiel alle bei Bundestagswahlen wahlberechtigten Bürger.

Bei jedem dieser Kernelemente sind Einschränkungen oder Erweiterungen denkbar, die dann aber nicht mehr die Bedeutung der Umfrageforschung als Schnittmenge der Kernelemente abdecken. Die oben formulierte Definition grenzt die Umfrageforschung im engeren Sinn von derartigen Einschränkungen und Erweiterungen ab. Man könnte alle mit dem Mittel der Befragung gewonnenen Daten als Umfrageforschung bezeichnen. Darunter fiele dann auch die *Volkszählung.* Der Erhebungsbogen für die Volkszählung *(Makrozensus)* dient der Feststellung von Merkmalen, die mehr oder weniger als objektiv gelten, und deswegen wurde diese Erhebungsart ursprünglich als Zählung und nicht als Umfrage aufgefaßt. Hinzu kommt bei diesem Beispiel, daß es sich bei Makrozensen – im Unterschied zu den gebräuchlichen Stichprobenverfahren, die man einsetzt, um von einer kleinen Zahl ausgewählter Einheiten auf die Grundgesamtheit zu schließen – um Vollerhebungen handelt. Die mit *Stichproben* und *standardisierten Fragebogen* arbeitende Umfrageforschung weicht von der oben gegebenen Definition weiterhin oft insofern ab, als nicht Informationen über Bevölkerungen gesammelt werden, sondern Informationen über Organisationen, Betriebe oder juristische Personen, also Populationselemente im weiteren Sinn. Läßt man diese Erweiterung des Begriffs zu, gewinnen die in der Umfrageforschung im engeren Sinn verbreiteten Fragen zur Erhebung subjektiver Tatbestände eine andere Bedeutung. Tatsächlich können zwar immer nur natürliche Personen befragt werden, es macht aber einen Unterschied, ob sie über sich und ihre Einstellungen Auskunft geben oder ob sie als Datenquelle für Organisationen dienen. Die zu definierenden Qualitätskriterien der Umfrageforschung gelten für die oben gegebene Definition der Umfrageforschung im engeren Sinn.

Repräsentative Umfragen haben sich seit dem Zweiten Weltkrieg zum unentbehrlichen Mittel der Datenerhebung über größere Bevölkerungen entwickelt: in der Wahlforschung über Präferenzen und Meinungen der Wähler, in der Konsumforschung über Kaufverhalten und Konsumwünsche und in der Gesundheitsforschung über die Gesundheitszustände und Inanspruchnahme medizinischer Leistungen usw. In bestimmten Bereichen der Empirischen Sozialforschung wie zum Beispiel der Bildungsforschung werden oft Populationen innerhalb bestimmter Einrichtungen wie Schulen untersucht. Dagegen kann man die *allgemeinen Bevölkerungsumfragen* als Informationssammlung mit Hilfe standardisierter Befragungen über die Wohnbevölkerung in räumlich abgegrenzten Gebieten verstehen, wobei wegen der Identität von *Erhebungs-* und *Analyseeinheit* (in beiden Fällen: der einzelne Befragte) eine Einschränkung auf befragungsfähige Alters- und Sprachgruppen erfolgen kann. Eine typische allgemeine Bevölkerungsumfrage ist die Befragung der Wohnbevölkerung ab 14 Jahren in Privathaushalten in der Bundesrepublik Deutschland; dabei werden Personen mit nichtdeutscher Staatsangehörigkeit manchmal einbezogen und manchmal – wie in der Wahlforschung – ausgeschlossen. Diese *Zielpopulation* wird als repräsentative Stichprobe in der Regel an ihrem Wohnsitz und in ihrem Privathaushalt mündlich, telefonisch oder schriftlich befragt.

Allgemeine Bevölkerungsumfragen haben über die erwähnten Inhalte hinaus in modernen Demokratien auch deshalb eine besondere Bedeutung, weil mit ihnen die *öffentliche Meinung* erhoben werden kann. Man kann öffentliche Meinung als *die mit den Mitteln der repräsentativen Befragung festgestellten Meinungen und Einstellungen der Bevölkerung eines Landes zu Themen von öffentlichem Interesse* verstehen.[1] Politik und Massenmedien sind in erster Linie die Abnehmer dieser Ergebnisse der Umfrageforschung. Für ausgewählte Themen stehen auch Zeitreihen zur Verfügung, die den Prozeß der Meinungsbildung im *Aggregat* abbilden. Gegenüber dem alten Vorurteil, daß die öffentliche Meinung unerklärliche Schwankungen aufweise, hat die neuere Forschung feststellen können, daß die Meinung der Bevölkerung zu bestimmten zentralen Themen der Politik im Aggregat relativ stabil ist und daß Meinungsschwankungen sich in der Regel auf spezifische Ereignisse zurückführen lassen, auf welche die öffentliche Meinung dann reagiert (Page und Shapiro 1991).

1 Nach Converse (1987) hat sich diese Definition von öffentlicher Meinung größtenteils durchgesetzt (siehe dazu ferner Page und Shapiro 1991). Hennis (1957) hat gegen diese Konzeption von öffentlicher Meinung demokratietheoretische, Noelle-Neumann (1980) sozialpsychologische Einwände ins Feld geführt.

2.2 Welche Informationen werden erhoben?

Das Spektrum der zu erhebenden Informationen ist groß. Es reicht von der Feststellung oder „Zählung" objektiver Sachverhalte wie Haushaltsgröße, Staatsangehörigkeit usw. über die Erfragung von Verhaltensabsichten und vergangenen Verhaltensakten („Welche Partei würden Sie wählen?"; „Welche Partei haben Sie gewählt?") bis zur Messung subjektiver Phänomene wie Einstellungen, Meinungen, Wahrnehmungen und Präferenzen. Gerade die Erhebung subjektiver Phänomene macht die Umfrageforschung für bestimmte Forschungszwecke unentbehrlich (Turner und Martin 1984). In diesem Sinne konnte mit den ersten systematischen Umfragen bereits in der Zwischenkriegszeit (Crossley 1937; Noelle 1940; Oberschall 1997) die Informationsbasis über größere Bevölkerungen entscheidend erweitert werden.

2.3 Was heißt repräsentative Befragung?

Mit dem Ausdruck *Repräsentativerhebung* oder *-befragung* ist gemeint, daß auf der Basis einer dem statistischen Zufallsprinzip folgenden Auswahl der zu Befragenden *aus* der Gesamtpopulation *ein Schluß von der Stichprobe auf die Gesamtheit möglich ist* (zu den in diesem Abschnitt angesprochenen Aspekten siehe im einzelnen Kapitel 3). Dabei kommt es entscheidend darauf an, daß jedes Element der Zielpopulation eine *berechenbare Chance* hat, in die Stichprobe aufgenommen zu werden. Bei der *einfachen Zufallsauswahl* sind die Chancen der Angehörigen der Zielpopulation, in die Stichprobe zu gelangen, gleich; bei einer *„geschichteten" Zufallsauswahl* sind die Auswahlchancen für die Mitglieder unterschiedlicher Teilpopulationen zwar unterschiedlich, aber bekannt beziehungsweise berechenbar (und durch *Gewichtung* kompensierbar; zur Gewichtung siehe die Abschnitte 3.2, 6.2.2.5 und 13.4.1.2). Bei Haushaltsstichproben wird außerdem noch die zu befragende Person im Haushalt nach einem Zufallsverfahren bestimmt.

Neben der Zufallsauswahl sind auch *Quotenauswahlen* gebräuchlich, bei denen nicht bestimmte Personen, sondern vom Interviewer zu bestimmende Träger von vorgegebenen Merkmalskombinationen befragt werden. Dabei wird durch die Quotenvorgaben je nach dem durch die Volkszählung (beziehungsweise ihre teilweise Fortschreibung durch den *Mikrozensus*[2]) ermittelten Anteil der Bevölkerungsgruppe an der Gesamtbevölkerung die Zusammensetzung der Stichprobe gesteuert. Unzulässig ist jedoch eine Auswahl nach Gutdünken zum Beispiel von Personen, die sich freiwillig für solche Aufgaben zur Verfügung stellen, denn damit wird die Verläßlichkeit des Schlusses von der Stichprobe auf die Gesamtheit in nicht berechenbarer Weise ver-

2 Der Mikrozensus ist die jährliche Bevölkerungsumfrage der amtlichen Statistik in Deutschland, durchgeführt mit einer Ein-Prozent-Stichprobe der Haushalte. Für das Kernprogramm des Fragebogens besteht eine Auskunftspflicht. Zum Mikrozensus siehe auch Esser u. a. 1989.

zerrt. Unabhängig davon folgt aus der Logik der Stichprobentheorie (siehe dazu Kapitel 3), daß jede aus einer Stichprobe abgeleitete Schätzung des „wahren" Wertes in der Grundgesamtheit mit einem statistischen Zufallsfehler – dem *Stichprobenfehler* – behaftet ist, den man nach vorgegebenen Regeln berechnen kann. Die Größe dieses Fehlers (Fehlertoleranz) ist auch von der Größe der Stichprobe abhängig. Dabei ist es fast unerheblich, wie groß der Anteil der Stichprobe an der Grundgesamtheit ist; es kommt allein auf die Größe der Stichprobe an: auch für eine sehr große Bevölkerung von mehreren Millionen Personen führen Stichproben von tausend Befragten zu verläßlichen Ergebnissen.

Die Aussagefähigkeit von Umfragedaten wird durch den Stichprobenfehler und durch Probleme bei der Realisierung des Stichprobenplans, zum Beispiel infolge mangelnder Beteiligung der nach dem Stichprobenplan zu befragenden Personen *(Ausschöpfung)*, beeinträchtigt. Die schwer erreichbaren Personen und diejenigen, die eine Befragung verweigern, können sich in vielen Merkmalen, die mit der Stichprobe erhoben werden sollen, systematisch von der Gesamtpopulation unterscheiden, so daß die Ausfälle in der Regel nicht als neutral betrachtet werden können.

2.4 Welche Befragungsarten unterscheidet man?

Die Befragung kann mündlich in einem persönlichen Interview, telefonisch oder schriftlich erfolgen. Die Wahl der Befragungsart hängt wesentlich vom Inhalt der zu erhebenden Information ab. So gelten zum Beispiel schriftliche Befragungen bei der Erhebung subjektiver Phänomene als problematisch, weil sich die Situation, in der die Zielperson den Fragebogen ausfüllt, nicht kontrollieren läßt. Innerhalb einer allgemeinen Bevölkerungsumfrage sind aber durchaus verschiedene Methoden der Datenerhebung kombinierbar. So können Befragte zum Beispiel während des Interviews gebeten werden, selber einen Einstellungsfragebogen auszufüllen. Im allgemeinen gilt, daß nach wie vor in mündlichen Befragungen sehr viel komplexere Informationen erhoben werden können als durch eine schriftliche Befragung. Das Hauptproblem von Telefoninterviews ist die Zeitdauer der Befragung, die im Durchschnitt wesentlich kürzer ist als die bei persönlichen Interviews, und der Verzicht auf visuelle Hilfsmittel bei der Befragung. Als Vorteil ist vor allem die bessere Kontrolle des Stichprobenplans und der Interviewer zu erwähnen.

Immer häufiger kommt inzwischen die computerunterstützte Befragung vor, bei der die Datenaufnahme sofort maschinenlesbar erfolgt, also nicht unter Verwendung von Bleistift und Papier und einer anschließenden Verkodung der Antworten. Beim Telefoninterview spricht man von *computer assisted telephone interviews (CATI)* und bei mündlichen Befragungen von *computer assisted personal interviews (CAPI)*.

2.5 Wie ist der Fragebogen zu gestalten?

Da die Umfrageforschung mit zumindest teilweise standardisierten Fragebogen arbeitet, hängt die Qualität der Ergebnisse wesentlich von der Formulierung der Fragen und ihrer Zusammenstellung in einem Fragebogen ab (siehe dazu Kapitel 4). Dies gilt insbesondere für die Erfassung subjektiver Phänomene. Die Frage wird dabei als verbaler Reiz aufgefaßt, auf den die Befragten je nach ihrer Meinung, Einstellung usw. unterschiedlich reagieren (Schnell u. a. 1992). Bei der *geschlossenen Frage* sind die Antwortkategorien vorgegeben, zwischen denen sich der Befragte entscheiden soll; bei *offenen Fragen* protokolliert der Interviewer die frei formulierten Antworten des Befragten. Die Antworten können sowohl von der Frageformulierung als auch vom Fragenkontext, zum Beispiel von den unmittelbar vorher gestellten Fragen, beeinflußt werden. Dieses Problem ist bei der Plazierung der Frage im Fragebogen zu berücksichtigen.

Abweichungen von der voll standardisierten Befragungsform führen zu verschiedenen Erweiterungen in Richtung qualitativer Verfahren wie *Leitfadeninterviews* (Vorgabe von anzusprechenden Themen statt von festen Fragen) oder *narrativen Interviews*. Bei letzteren wird lediglich ein „Grobthema" vorgegeben, zu dem der Befragte seine Sichtweise als „Erzählung eigenerlebter Geschichten" in seinen Worten und Akzentuierungen mitteilt (Schnell u. a. 1992: 354–355). Je offener diese Gesprächsformen sind, desto schwieriger sind sie als Bestandteil einer größeren Repräsentativbefragung mit einer Vielzahl von Interviewern einsetzbar.

2.6 Welche Untersuchungspläne werden verwendet?

Allgemeine Bevölkerungsbefragungen werden in der Regel als *Querschnittsstudien* durchgeführt. Die ausgewählten Zielpersonen werden innerhalb eines bestimmten Zeitraums einmal befragt. Von Querschnittsbefragungen sind *Wiederholungs-* oder *Panelbefragungen* zu unterscheiden, bei denen dieselben Zielpersonen nach einem bestimmten Zeitabstand erneut befragt werden. Diese Befragungsform ist von wiederholten Querschnittsbefragungen mit identischen Fragen zu unterscheiden, die auf verschiedenen Stichproben derselben Population nach dem gleichen allgemeinen Stichprobenplan beruhen und deren Ergebnisse in aggregierter Form für die einzelnen Zeitpunkte der jeweiligen Querschnittsbefragungen zu *Zeitreihen* zusammengestellt werden *(Trendstudien)*. So lassen sich zum Beispiel die Autokaufwünsche der Konsumenten über einen Zeitraum von 20 Jahren bei halbjährlicher Erhebung mit den tatsächlichen Absatzzahlen vergleichen. Eine andere Anwendungsform sind die „Popularitätsfunktionen" der Regierung, das heißt die Sympathiewerte, die die Regierung eines Landes bei der wahlberechtigten Bevölkerung zu verschiedenen Zeitpunkten erzielt, oder auch die regelmäßige Erhebung von Parteisympathien beziehungsweise Wahlabsichten.

3 Stichproben in Theorie und Praxis

3.1 Grundgesamtheit

Bei der Definition der Grundgesamtheit ist zu unterscheiden zwischen der *Untersuchungsgesamtheit* (auch Zielpopulation genannt), die alle Personen enthält, über die man letztlich Aussagen machen möchte (zum Beispiel Wahlbevölkerung), und der *Erhebungsgesamtheit* (auch *Stichprobenrahmen* genannt). Die Erhebungsgesamtheit besteht aus den Einheiten, über die man sich Zugang zu den Daten der Untersuchungseinheiten verschafft (zum Beispiel Wählerverzeichnisse). In vielen Fällen sind in der Umfrageforschung Erhebungs- und Untersuchungsgesamtheit identisch. Eine möglichst exakte Definition der Grundgesamtheit ist für die Entwicklung von guten Stichprobenplänen unabdingbar.

3.2 Stichproben

Da in der Umfrageforschung die Einbeziehung aller der Grundgesamtheit zuzurechnenden Einheiten in eine Untersuchung in der Regel viel zu kosten- und zeitaufwendig wäre, beschränkt man sich auf eine gewisse Anzahl ihrer Vertreter *(Stichprobe)*, um Aussagen über Erscheinungen in der Grundgesamtheit machen zu können. Der erste, der für eine solche repräsentative Methode in Form von Stichproben eintrat, war 1895 der Norweger Kiaer. Der Zweig der diese Verfahren begründenden Stichprobentheorie entstand innerhalb der Statistik und erhielt von Godambe (1955) ein einheitliches theoretisches Fundament.

Eine Stichprobe ist ein Teil einer Gesamtheit. Wünschenswert sind Stichproben, deren Struktur in bezug auf Merkmale nicht von der Struktur der Merkmale und Merkmalskombinationen in der Gesamtheit abweicht, Stichproben also, die ein *Miniaturbild der Gesamtheit* sind. In der Praxis existieren Stichproben, die diesem hohen Anspruch für alle Merkmale exakt genügen, nur in mehr oder weniger guter Annäherung. Fehler können innerhalb berechenbarer Toleranzbereiche zufallsbedingt sein oder in systematischer Weise auftreten. Der in diesem Zusammenhang einschlägige Begriff der Repräsentativität wird zwar gerne bemüht, jedoch in vielfältiger Weise mißbraucht (Kruskal und Mosteller 1979a, 1979b, 1979c, 1980).

Die Entscheidung für eine bestimmte Art der Stichprobenerhebung kann nach ganz unterschiedlichen Kriterien erfolgen. Eine besondere Bedeutung wird Stichproben zugeschrieben, die nach dem Zufallsprinzip ausgewählt werden und so in berechenbaren Fehlertoleranzen statistische Schlüsse auf die zugrundeliegende Grundgesamtheit zulassen. Entsprechend ist die Entwicklung von *Schätzfunktionen* mit günstigen Eigenschaften wie Erwartungstreue bezüglich des *Stichprobendesigns* oder Optimalitätseigenschaften von besonderem Interesse. Dabei zeigt sich, daß im Gegensatz zur klassischen Statistik eine auf allen Dimensionen „beste" Schätzfunktion nicht existiert.

Die Bausteine der Stichprobentheorie sind eine Wahrscheinlichkeitsverteilung über die Menge aller möglichen Stichproben und eine Vorschrift, wie aus den ermittelten Stichprobendaten auf die interessierenden Kennzahlen der Gesamtheit geschlossen werden soll. Betrachtet man beide Bausteine gemeinsam, so spricht man von einer *Stichprobenstrategie*. Der erste Teil der Strategie, wie man zu den ausgewählten Einheiten der Grundgesamtheit gelangt - der sogenannte *Stichprobenplan* -, wird bei der Analyse der Daten in der Praxis oft vernachlässigt. Der Grund hierfür liegt zum einen an der Komplexität der in der Umfrageforschung verwendeten Stichprobenpläne, die dem Nutzer der Daten bei *Sekundäranalysen* häufig noch nicht einmal genau bekannt sind. Zum anderen stehen bei Datenanalysen Verteilungsmodelle der Merkmale im Vordergrund, in denen der Prozeß der Datenerhebung keine Rolle spielt. Die Qualität der Ergebnisse steht und fällt dann mit der Gültigkeit des Modells, das in der Regel unabhängig identisch verteilte *Zufallsvariablen* unterstellt. Solche Variablen (Merkmale) werden exakt jedoch nur im Falle einer einfachen Zufallsauswahl mit Wiederholung erzeugt.

Berücksichtigt man bei der Hochrechnung von der Zufallsstichprobe auf Kennzahlen der Gesamtheit das zugrundeliegende Design in angemessener Weise, lassen sich Vertrauensgrenzen *(Konfidenzintervalle, Fehlertoleranzen)* für die interessierenden Kennzahlen berechnen. In der Regel sind die Schätzergebnisse um so genauer, je größer der Stichprobenumfang ist. Ergibt sich etwa bei einer uneingeschränkten Zufallsauswahl vom Umfang n = 1000 ein Anteil an Befragten mit Abitur von zehn Prozent, wird man mit einer Wahrscheinlichkeit von 0,95 den entsprechenden Anteilswert in der Grundgesamtheit zwischen 8,14 Prozent und 11,86 Prozent erwarten dürfen. Bei einem Wert von 50 Prozent in der Stichprobe lägen die Anteilswerte in der Grundgesamtheit zwischen 46,9 Prozent und 53,1 Prozent.

In der Praxis berührt der Umstand, daß sich nicht alle Mitglieder einer Zufallsstichprobe an einer Untersuchung beteiligen, den Stichprobenplan mehr oder weniger; die Gefahr der *Verzerrung* einer Stichprobe entsteht. In der Umfrageforschung wird diesem Problem so Rechnung getragen, daß durch ein *Anpassungsgewicht* bei den Befragten die Verteilung der Merkmalsausprägungen derart korrigiert wird, daß nach der Gewichtung die Struktur von für wichtig gehaltenen Merkmalen in der Stichprobe mit der Struktur in der Gesamtheit übereinstimmt. Inwieweit sich diese Art der Gewichtung auf sonstige in der Befragung erhobene Merkmale auswirkt, kann von Fall zu Fall sehr unterschiedlich sein und ist Gegenstand intensiver Fachdiskussionen (zum Beispiel Schnell 1997: 245–247).

3.3 Vor- und Nachteile der unterschiedlichen Befragungsarten aus statistischer Sicht

Prinzipiell sind repräsentative Bevölkerungsbefragungen derzeit als persönlich-mündliche *(face to face)*, telefonische und schriftliche Befragungen durchführbar.[3] Hinsichtlich der Stichprobenanlage und der praktischen Umsetzung der Designs in der Feldphase muß jedoch jeweils auf einige Probleme verwiesen werden, welche die Qualität der Stichproben beeinflussen können.

3.3.1 Persönlich-mündliche Befragungen

Gegenwärtig existieren in Deutschland für persönlich-mündliche Bevölkerungsbefragungen zwei hauptsächliche Stichprobendesigns auf der Grundlage von Zufallsauswahlen. Zu nennen ist als erstes das *random-route-* beziehungsweise das *Adreßvorlaufverfahren* (der Haushalt wird vom Interviewer entweder nach Regeln zufällig ausgewählt oder der Interviewer erhält eine genaue Adressenvorgabe eines zuvor nach dem Zufallsprinzip ausgewählten Haushalts). Die Auswahl erfolgt allgemein auf Grundlage der Standardstichproben des Arbeitskreises Deutscher Markt- und Sozialforschungsinstitute (ADM). Dabei werden, wie gerade beschrieben, zunächst Haushalte und dann in einem weiteren Schritt eine Person im Haushalt nach Regeln zufällig ausgewählt (Arbeitsgemeinschaft ADM-Stichproben und Bureau Wendt 1994). Das zweite Verfahren ist die Auswahl über eine *Einwohnermeldeamtsstichprobe*, das heißt eine Zufallsauswahl namentlich genau bestimmter Personen aus den Melderegistern der in der Flächenstichprobe vertretenen Gemeinden.

Die Umsetzung dieser Designs wird in der Praxis durch die Interviewer und die Interviewten (zum Beispiel Einhaltung der Begehungsvorschriften für die Zielhaushalte sowie der Vorschrift zur Ermittlung der Zielperson beim ADM-Design, ferner Verweigerungen und Nichterreichbarkeit) beeinflußt. Die dabei ablaufenden Prozesse können zwar als Randomisierungsprozesse aufgefaßt werden, die das ursprünglich im Stichprobenplan vorgesehene Zufallsverfahren überlagern (Lessler und Kalsbeek 1992), lassen sich bisher jedoch stichprobentheoretisch nicht befriedigend beschreiben. Daher sind Schlüsse von der Stichprobe auf die ihr zugrundeliegende Grundgesamtheit mitunter nicht zuverlässig möglich (Stenger 1994: 44; Bradburn 1992: 394–397).

Ein Hauptproblem bei persönlich-mündlichen Befragungen liegt darin, daß der Entscheidungsspielraum für die Interviewer im Rahmen der Implementation der genannten Stichprobenpläne – zum Beispiel im Vergleich zu Telefonumfragen – relativ groß ist (siehe dazu ausführlich Kapitel 5). Aber selbst im Vergleich der Designs untereinander gibt es Unterschiede: Insbesondere bei *random-route*-Stichproben, aber auch beim Adreßvorlaufverfahren ist der Entscheidungsspielraum der Interviewer deutlich höher als bei Einwohnermeldeamtsstichproben. Da sich daraus aller Erfahrung nach Konsequenzen auch für die korrekte Umsetzung des Designs erge-

3 Umfragen via Internet beziehungsweise per e-mail sind aufgrund der zu geringen Ausstattung der Bevölkerung mit diesen Medien gegenwärtig nicht sinnvoll. Sie sind bisher lediglich für Expertenbefragungen oder Umfragen in Intranets geeignet.

ben, muß davon ausgegangen werden, daß sich die Qualität der Ergebnisse potentiell unterscheidet, das heißt, daß die Daten (unterschiedlich stark) verzerrt sein können (Kirschner 1985: 153).

3.3.2 Telefonische Umfragen

Bei den ADM-Instituten werden bereits ungefähr 40 Prozent der Interviews telefonisch realisiert (Arbeitskreis Deutscher Markt- und Sozialforschungsinstitute e. V. 1997a: 5, 1998a: 5). Für eine Zufallsauswahl der telefonisch zu befragenden Personen muß entsprechend ein geeigneter Auswahlrahmen zur Verfügung stehen, der alle Elemente der Grundgesamtheit enthält. Lange Zeit dienten hierfür die amtlichen Telefonbücher. Aufgrund der zunehmenden Zahl von Nichteinträgen (gegenwärtig etwa 20 Prozent aller Telefonteilnehmer) sind diese inzwischen allerdings als Auswahlgrundlage nur noch in Verbindung mit zusätzlichen Randomisierungsverfahren verwendbar. Kaum eine Rolle für einen möglichen Qualitätsverlust spielt dagegen die Ausstattung der Privathaushalte mit Telefon und damit die prinzipielle Erreichbarkeit der Zielpersonen, da die Telefondichte in Deutschland inzwischen ein Niveau von über 90 Prozent erreicht hat (Lessler und Kalsbeek 1992; ferner Saris und Kaase 1997).

Für Telefonumfragen konnte inzwischen ein Stichprobendesign entwickelt werden, das über die Verwendung von Rufnummernblöcken allen Telefonnummern (ob eingetragen oder nicht) eine positive, gleiche Auswahlwahrscheinlichkeit einräumt (Gabler und Häder 1997). Damit kann diese Methode, die zu räumlich breit gestreuten Stichproben führt und zudem durch den Einsatz von Computerunterstützung einen schnellen Zugang zu den Ergebnissen ermöglicht, in Deutschland ohne Probleme verwendet werden. Dabei muß, wie bei der persönlich-mündlichen Befragung, eine Person im Haushalt nach dem Zufallsprinzip ausgewählt werden. Unklar ist zur Zeit, wie sich die zunehmende Ausstattung mit (ISDN-)Mehrfachanschlüssen in Haushalten und Mobiltelefonen künftig auf die Chance, auf angemessene Stichprobendesigns für Telefonbefragungen zurückgreifen zu können, auswirken wird.

3.3.3 Schriftliche Befragungen

Auch bei schriftlichen Befragungen besteht ein Hauptproblem in der Verfügbarkeit eines tragfähigen Auswahlrahmens. Prinzipiell sind hierfür vor allem die Einwohnermelderegister geeignet, allerdings ist deren Nutzung sehr zeit- und kostenaufwendig. Da Telefonbücher wegen der Nichteinträge sowie der unvollständigen Einträge für die Stichprobenziehung nicht in Frage kommen und Adreßbücher für das gesamte Bundesgebiet nicht vorhanden sind, gibt es für repräsentative Bevölkerungsbefragungen keine Alternative zur Stichprobenziehung aus Melderegistern.

Zusätzlich spielt die Nichtbeteiligung gerade bei dieser Befragungsart eine wichtige Rolle, da die zu Befragenden nicht mit einem Interviewer in Kontakt kommen, der sie in der direkten persönlichen Begegnung zu einer Mitarbeit motivieren könnte. Die resultierende Selbstselektion der Befragten kann ebenfalls zur Verzerrung von Stichproben beitragen. Allerdings sind inzwischen Verfahren entwickelt worden, mit denen die Stichprobenausschöpfung bei schriftlichen Befragungen wesentlich verbessert werden konnte (zum Beispiel die *Total Design Method* nach Dillman 1978).

4 Fragebogen und Fragebogenmodelle

4.1 Vorbemerkung

In der allgemeinen wie in der Fachdiskussion über Qualitätskriterien der Umfrageforschung erfahren *Inhalt, Aufbau und Formulierung des Fragebogens*, die für den Erkenntniswert einer Untersuchung entscheidend sind, häufig nicht die erforderliche Aufmerksamkeit, im Gegensatz zu Aspekten der technischen Abwicklung von Umfragen wie Stichprobenverfahren, Fallzahlen, Ausschöpfungsraten oder Interviewerkontrollen (Noelle-Neumann 1997). In welchem Ausmaß Umfrageergebnisse durch Formulierung und Aufbau des Fragebogens beeinflußt werden, ist bestenfalls einem engen Fachpublikum bewußt.

In der öffentlichen Wahrnehmung und Diskussion von Umfrageergebnissen entstehen häufig Irritationen über vermeintlich widersprüchliche Ergebnisse, die tatsächlich auf unterschiedliche Fragemodelle oder -formulierungen zurückzuführen sind. Auch in der Umfragepraxis wird deren Bedeutung sowie die Wirkung der unterschiedlichen Reihenfolge von Fragen oft unzureichend berücksichtigt, obwohl mittlerweile eine Fülle von Untersuchungen und Experimenten vorliegt, welche die Bedeutung von Reihenfolgeeffekten, Modell- und Formulierungsänderungen nachweisen (für die Plazierung der Wahlabsichtsfrage im Fragebogen hat das Gibowski schon 1973 gezeigt). Anfang der achtziger Jahre haben die systematischen Versuche begonnen, Fragebogengestaltung als integrierten Bestandteil innerhalb eines theoretischen Konzepts der Befragung zu verstehen (Schuman und Presser 1981; Dijkstra und Van der Zouwen 1982; Sudman und Bradburn 1983). Sozialpsychologen und Psychologen arbeiten seitdem gemeinsam mit Umfrageforschern verstärkt an der Erforschung der kognitiven und kommunikativen Prozesse, die der Befragungssituation zugrunde liegen (zum Beispiel Jabine u. a. 1984; Hippler u. a. 1987; Jobe und Loftus 1991; Schwarz und Sudman 1992, 1996; Sudman u. a. 1996), und sie leiten aus ihrer Forschung konkrete Empfehlungen für die Gestaltung von Fragebogen ab (Schwarz und Strack 1988; Schwarz 1990, 1991). Selbst wenn also der Zusammenhang zwischen der Qualität von Fragebogen und der Qualität des gesamten Umfrageprozesses durch diese Forschungen inzwischen erkannt und systematisch dargestellt worden ist (Lyberg u. a. 1997), fehlt es vor allem in der öffentlichen Diskussion häufig noch an einer Sensibilisierung für die Bedeutung des Fragebogens und der einzelnen Frageformulierungen. Mit der Forderung nach einer immer schnelleren „Produktion" von Umfragedaten und mit der zunehmenden Tendenz zur plakativen Darstellung der Ergebnisse in den Medien zeichnet sich dort zur Zeit sogar eher ein sinkendes Bewußtsein für die Bedeutung von Frageformulierungen und -modellen ab.

4.2 Zur Problematik der Erfassung der öffentlichen Meinung

Insbesondere die kontinuierlichen Medienveröffentlichungen zu aktuellen politischen und gesellschaftlichen Fragen werden der Komplexität von öffentlicher Meinung immer weniger gerecht. Eine Überprüfung der Stabilität des Meinungsbildes mit Hilfe unterschiedlicher Frageformulierungen findet in der Regel nicht statt. Auch ist zu beobachten, daß selbst in Fachpublikationen, vor allem aber in den Massenmedien, häufig auf die Dokumentation der exakten Frageformulierung verzichtet wird, so daß oft nur schwer einzuschätzen ist, zu welcher Frage sich die Befragten überhaupt geäußert haben (siehe dazu Kapitel 10).

Probleme dieser Art treffen in der Öffentlichkeit überwiegend auf Unverständnis, ja sogar auf Desinteresse, weil nicht realisiert wird, welches Erkenntnispotential sich nicht nur methodisch, sondern gerade auch in bezug auf das wirkliche Verstehen der öffentlichen Meinung in der systematischen Variation von Fragen, Reihenfolgen und Modellen verbirgt. Die Umfrageforschung kann jedoch nur dann ein zuverlässiges Instrument zur Analyse der öffentlichen Meinung sein, wenn sie bei der Erhebung wie der Darstellung der Daten deren Komplexität gerecht wird und dabei auch die Abhängigkeit beziehungsweise Unabhängigkeit des Meinungsbildes von Änderungen des Bezugsrahmens, der Formulierungen, gewählten Modelle und Befragungsmethoden systematisch untersucht und dokumentiert.

4.3 Konkrete Probleme

4.3.1 Unangemessene Komplexitätsreduktion

Mängel bei der Entwicklung und Gestaltung von Fragebogen treten vor allem auf durch

- eine oberflächliche Annäherung an komplexe Themen durch den Verzicht auf die Entwicklung von *Indikatorensystemen*, die der Vielschichtigkeit der jeweiligen Problematik gerecht werden;
- den weitgehenden Verzicht auf die Prüfung der Stabilität eines Meinungsbildes, etwa durch systematische Tests sowohl der Einflüsse von Formulierungsänderungen als auch von Reihefolgeeffekten;

- den Einsatz von Frageinstrumenten, die zwar auf bestimmte Auswertungsverfahren, nicht aber auf die Denkweise und Kommunikationsmuster der Befragten zugeschnitten sind;
- die Entfernung wichtiger Antwortkategorien; so ist eine wachsende Tendenz in Befragungen zu beobachten, kein „unentschieden" beziehungsweise „weiß nicht" zuzulassen;
- Formulierungen, die bestimmte Antworten begünstigen;
- die Monotonie der eingesetzten Fragemodelle;
- den Verzicht auf sorgfältige Pretests unter Feldbedingungen;
- die unzureichende Dokumentation von Frageformulierungen und -modellen;
- unzureichend gesichertes Wissen über die Zusammenhänge von Befragungsmethode und eingesetzten Fragemodellen (Noelle-Neumann 1970, 1976; Statistisches Bundesamt 1996).

4.3.2 Einflüsse des Fragenumfeldes

In der Öffentlichkeit kaum bekannt sind auch die Auswirkungen des Fragenumfelds, durch das ein Bezugsrahmen für die Antworten gesetzt und die Antwortbereitschaft beeinflußt wird. Diese Aussage gilt, obwohl „Sukzessions-", „Reihenfolge-" oder „Plazierungseffekte" – allgemein als „Kontexteffekte" bezeichnet – bereits früh einen Schwerpunkt der kognitionspsychologischen Umfrageforschung bildeten (zum Beispiel Schuman und Presser 1981; Bradburn 1983; Hippler und Schwarz 1987; Schwarz und Sudman 1992). Vorliegende Untersuchungen belegen erhebliche Reihenfolgeeffekte, vor allem

- eine Veränderung von Ergebnissen in Abhängigkeit von den Inhalten (gleiche Thematik oder andere Thematik) und der Ausrichtung (meinungsstützend oder meinungshemmend) vorgeschalteter Fragen;
- eine Veränderung der Ergebnisse in Abhängigkeit von der Reihenfolge, in der verschiedene Positionen vorgestellt werden;
- eine Beeinflussung der Ergebnisse durch das Bemühen der Befragten, innerhalb einer Fragenserie konsistent zu antworten *(consistency effects)*;
- durch komplexe oder umfängliche Nachfragen, deren Vermeidung Befragte durch entsprechendes Antwortverhalten bei Vorfragen „lernen".

Erschwerend kommt hinzu, daß diese Einflüsse themengebunden sind, das heißt unterschiedlich stark ausgeprägt in Abhängigkeit davon auftreten, ob es sich um einen Themenkreis handelt, zu dem festgefügte, zum Beispiel durch eigene Erfahrungen abgestützte Einstellungsmuster existieren oder nicht.

4.3.3 Wirkungen unterschiedlicher Fragemodelle

Erhebliche Unterschiede zwischen Ergebnissen von Umfragen zeigen sich ferner unter anderem in Abhängigkeit davon, ob Fragen verbal oder visuell aufbereitet gestellt werden, wie viele Antwortkategorien zur Verfügung stehen, ob Skalen verbal oder numerisch präsentiert werden, ob eine Entscheidung durch Auswahl aus einer Liste von Items oder eine Stellungnahme zu jedem dargebotenen Item gefordert ist oder ob Antworten durch vorgegebene oder nicht vorgegebene Antwortalternativen strukturiert werden (Schwarz und Sudman 1996).

Die Nutzer von Umfragedaten müssen für die Bedeutung der Frageformulierung, der Fragemodelle und des Fragebogenaufbaus sensibilisiert werden. Daher wäre es wünschenswert, bereits vorliegende Erkenntnisse nicht nur der Fachöffentlichkeit, sondern auch einem breiteren Publikum in Form von komprimierten und verständlichen Publikationen zugänglich zu machen. Vor allem die Dokumentation der exakten Frageformulierungen sowie darüber hinausgehende Informationen über den Fragebogen und das Fragenumfeld müssen erheblich verbessert werden (siehe dazu auch Kapitel 10). Da verkürzte Darstellungen von Frageformulierungen in Medienberichten kaum vermeidbar sind, muß verstärkt darauf gedrungen werden, daß die Institute Angaben zu Untersuchungen bereitstellen, die zur Veröffentlichung in den Medien bestimmt sind und die Befunde sowie Interpretationen auf der Grundlage der Frageformulierungen nachvollziehbar machen.

4.3.4 Einflüsse des Befragungsmodus

Der Befragungsmodus besitzt einen erheblichen Einfluß auf die Anwendbarkeit verschiedener Fragemodelle. Bei persönlich-mündlichen Interviews und bei schriftlichen Interviews können optische Befragungshilfen (Bildblätter, Listen, Kartenspiele, visualisierte Skalen) vorgelegt werden, die man bei telefonischen Befragungen nicht einsetzen kann. Auf diese Weise können bei persönlich-mündlichen und schriftlichen Umfragen komplexere Sachverhalte veranschaulicht und direkt abgefragt werden. Dies erlaubt eine lebensnahe, ganzheitliche Erfassung von Meinungen.

Bei persönlich-mündlichen und bei telefonischen Befragungen ist eine Kontrolle über die Reihenfolge der Fragevorlage und damit der Antworten möglich. Bei schriftlichen Interviews kann der Befragte dagegen zunächst den gesamten Fragebogen durchsehen und die einzelnen Fragen in beliebiger Reihenfolge beantworten. Deshalb kann bei persönlich-mündlichen und bei telefonischen Befragungen der Einfluß einzelner Fragen auf die Beantwortung anderer Fragen (Konsistenzeffekte, Bedeutsamkeitseffekte) durch einen geeigneten Fragebogenaufbau ausgeschaltet werden. Dies ist bei schriftlichen Befragungen oft nicht möglich und zwingt folglich zum Verzicht auf Fragen, die Ausstrahlungseffekte besitzen.

Bei telefonischen Befragungen können mögliche Reihenfolgeeffekte von Fragen mit Hilfe von CATI durch eine systematische oder zufällige Variation ihrer Stellung im Frageablauf einfach vermieden beziehungsweise systematisch untersucht werden. Dies ist bei persönlich-mündlichen und bei schriftlichen Befragungen nur durch aufwendigere Gabelungen möglich (*split ballot*; der Effekt unterschiedlicher

Frageformulierungen wird zum Beispiel getestet, indem den zufällig ausgewählten Hälften einer Stichprobe unterschiedliche Varianten einer Frage vorgelegt werden).

Bei persönlich-mündlichen und bei telefonischen Befragungen läßt sich die Antwortbereitschaft der Befragten durch interessante Fragen und einen guten Aufbau des Fragebogens fördern; so können auch relativ lange Interviews durchgeführt werden. Dies ist bei schriftlichen Befragungen nicht in gleichem Maße möglich, weil die Befragten die Dauer der Bearbeitungszeit schon vor Beginn abzuschätzen vermögen und von langen Fragebögen (mehr als drei Seiten) häufig abgeschreckt werden, was entweder die Ausschöpfungsrate verringert oder zum Verzicht auf Fragen zwingt.

4.4 Qualitätskriterien für Fragebogen und Fragebogenmodelle

Angesichts der Bedeutung der Fragebogenentwicklung und -gestaltung für die Qualität von Umfrageergebnissen ist es hilfreich, auf Aspekte hinzuweisen, die sich positiv auf die Qualität in diesem Bereich auswirken können. Als Prüfkriterien werden in der Literatur genannt (Noelle-Neumann und Petersen 1998):

- systematische Vorarbeiten für die Entwicklung des Fragebogens und die Zusammenstellung einschlägiger Informationen zum Untersuchungsthema;
- der Zugriff auf Daten- und Fragearchive, um neu zu gewinnende Ergebnisse in eine Trendreihe einzubetten;
- die Verfügbarkeit von Ergebnissen systematischer Grundlagenforschung wie etwa von *split-ballot-Experimenten*, um die Effekte von Formulierungsänderungen, Reihenfolgeänderungen und Fragemodellen zu prüfen;
- die Einbettung von einzelnen Fragen in ein System aussagekräftiger *Indikatoren* und der Einsatz sorgfältig plazierter *Kontrollfragen*, um die Zuverlässigkeit der Antworten zu prüfen;
- Fragebogenarbeit in einem Team, in dem unterschiedliche Disziplinen und Sichtweisen vertreten sind;
- sorgfältige *Pretests* von Fragebogen unter Feldbedingungen;
- die genaue Dokumentation der Ergebnisse der Methodenforschung im Bereich der Fragebogenentwicklung.

4.5 Effekte technischer Entwicklungen der Umfrageforschung im Bereich Fragebogen und Fragebogenmodelle

Besondere Aufmerksamkeit der akademischen wie der privatwirtschaftlichen Forschung verdient die Frage nach den Rückwirkungen technischer Entwicklungen im Umfragebereich auf die Fragebogengestaltung, die Vielfalt der eingesetzten Modelle und die Befragungssituation. Dieser Aspekt erhält durch die rasche Verlagerung von persönlich-mündlichen zu telefonischen Umfragen, wie sie die Statistiken des ADM belegen (Arbeitskreis Deutscher Markt- und Sozialforschungsinstitute e.V. 1997a, 1997b, 1998a), sowie durch den technischen Fortschritt, der eine teilweise Rückverlagerung von Telefonumfragen zu computergestützten persönlichen Befragungen ermöglicht, besonderes Gewicht. Dabei geht es nicht darum, eine grundsätzliche Überlegenheit einer bestimmten Interviewart zu postulieren. Vielmehr ist zu fordern, daß eine Erhebungsmethode nicht ohne systematische Begleitforschung durch eine andere ersetzt wird. Bei vergleichenden Untersuchungen zwischen Telefonumfragen und persönlich-mündlichen Umfragen zeigen sich zum Teil auffallende Unterschiede in den Ergebnissen (sogenannte *mode effects*; siehe dazu Saris und Kaase 1997), die bisher nur begrenzt erklärbar sind. Die Stärken und Schwächen, Möglichkeiten und Grenzen der verschiedenen Methoden sind also dringend durch entsprechende Grundlagenforschung zu klären. Dies ist möglich etwa über

- eine Zusammenstellung der in den privatwirtschaftlichen Instituten und an den Universitäten vorliegenden Erkenntnisse aus vergleichbaren Telefon- und persönlich-mündlichen Umfragen;
- systematische Tests der Methoden zur Identifikation von festen Mustern bei Abweichungen zwischen Erhebungsmethoden sowie die Erklärung dieser Muster;
- die Klärung, welchen Untersuchungsthemen und -fragen sowie welchen zu befragenden Gruppen welche Erhebungsmethode am besten gerecht wird.

Dieses Aufgabenfeld muß auch computergestützte persönliche Interviews (CAPI) einbeziehen und die Rückwirkungen auf die Befragungssituation klären.

Unbestreitbar bieten (computergestützte) Telefoninterviews Vorteile bei der Kontrolle der Befragungssituation und nicht zuletzt bezüglich der schnellen Verfügbarkeit der Ergebnisse. Eine vergleichende Bewertung verschiedener Befragungsmethoden kann sich jedoch nicht darauf beschränken, einige wenige Qualitätskriterien für Umfrageforschung herauszugreifen, sondern muß alle Arbeitsstufen, deren Bedingungen durch einen Wechsel der Befragungsmethode beeinflußt werden könnten, mit einbeziehen. Die Fragebogenentwicklung, die Einsetzbarkeit von Fragemodellen und von Elementen, die der Befragte visuell verarbeitet (wie die Vorlage von Markennamen und -logos, Listen und jede Form von Bildmaterial), hängen eng mit der eingesetzten Befragungsmethode zusammen. Nach wie vor besteht ein großer Bedarf an systematischen Methodenvergleichen im Zusammenhang mit Fragebogenaspekten; die meisten einschlägigen Studien sind in den Vereinigten Staaten durchgeführt worden und deshalb aufgrund unterschiedlicher „Telefonkulturen" nicht ohne weiteres auf deutsche Verhältnisse übertragbar. Bei einer insgesamt allerdings recht widersprüchlichen Ergebnislage etwa im Zusammenhang mit sensitiven Fragen (vgl. Kreiselmaier und Porst 1989: 44) haben vorliegende Untersuchungen beispielsweise gezeigt, daß einerseits zwar

- auch schwierige und komplexe Fragen im Telefoninterview nicht zwangsläufig ausgespart bleiben müssen (Rogers 1976; Sykes und Hoinville 1985);
- sensitive Fragen am Telefon mindestens in gleicher Weise wie beim persönlich-mündlichen Interview gestellt werden können (de Leeuw 1994: 65);
- die Nichtbeantwortung einzelner Fragen oder Unterfragen bei telefonischen Befragungen nicht stärker auftritt als bei persönlich-mündlichen Umfragen (Sykes und Hoinville 1985);
- soziale Wünschbarkeit bei telefonischen Befragungen nicht ausgeprägter vorkommt als bei persönlich-mündlichen Umfragen (de Leeuw 1992: 27);

daß andererseits aber

- offene Fragen am Telefon kürzer (Groves und Kahn 1979) und mit etwas weniger inhaltlichen Argumenten beantwortet werden (de Leeuw 1992: 28) als bei der persönlich-mündlichen Befragung;
- die Nichtbeantwortung einzelner Fragen oder Unterfragen bei telefonischen Befragungen etwas häufiger zu verzeichnen ist als beim persönlich-mündlichen Interview (de Leeuw 1992: 27);
- persönlich-mündlich durchgeführte Umfragen einen höheren Anteil an „Unentschieden"-Angaben aufweisen;
- in diesen Umfragen eher ein Bekenntnis zu extremen Parteien abgelegt wird;
- Telefonumfragen einen höheren Anteil von an dem Befragungsthema interessierten Personen enthalten.

Alles in allem unterscheiden sich persönlich-mündliche Interviews von telefonischen Befragungen unter dem Gesichtspunkt der Datenqualität nur in geringem Maße (de Leeuw 1992: 27). Unterschiedliche Antwortverteilungen können aber dennoch auftreten, auch wenn gleiche Formulierungen in verschiedenen Umfragen verwendet werden. Solche Effekte müssen systematisch dokumentiert und analysiert werden.

Die Entscheidung zwischen verschiedenen Befragungsmethoden wird in der Regel unter Berücksichtigung mehrerer Kriterien getroffen werden, die im Einzelfall unterschiedliches Gewicht haben können. Dazu gehören Art und Umfang der Stichprobe, der Umfang des Fragebogens, die geforderte Schnelligkeit in der Durchführung der Umfrage und schließlich die Kosten. Wichtig ist in jedem Fall, daß das Erhebungsinstrument – der Fragebogen – die spezifischen Anforderungen des jeweils gewählten Kommunikationsmediums berücksichtigt.

5 Feldarbeit

5.1 Vorbemerkung

In den Sozialwissenschaften unterscheidet man Labor- und Feldforschung, das heißt Forschung, die Menschen in ihrer natürlichen Umgebung beobachtet oder befragt. In der Umfrageforschung wird Feldarbeit definiert als *die – erfolgreichen oder nicht erfolgreichen – Bemühungen eines Interviewers, Befragungspersonen ausfindig zu machen, sie für die Teilnahme an einer Befragung zu gewinnen und sie schließlich auch zu befragen.*

Die im Feld gewonnenen Daten sind die Voraussetzung für die Analysen, mit denen die Forscher ihre theoretischen Konzepte und Hypothesen empirisch überprüfen können, und damit ein ganz zentraler Bestandteil des gesamten Forschungsprozesses; zum anderen schwindet der Einfluß der Forscher auf den gesamten Projektablauf nirgendwo so nachhaltig wie in der Phase der Datenerhebung: Mit Interviewern und Befragungspersonen übernehmen insbesondere beim persönlich-mündlichen Interview im Feld Akteure die Initiative, über die man im konkreten Fall nur wenig weiß und die man nur bedingt unter Kontrolle bringen kann.

Dies soll nicht heißen, daß universitäre Forschungseinrichtungen und privatwirtschaftliche Institute nicht in positiver oder negativer Weise erheblichen Einfluß auf die Feldarbeit nehmen könnten und würden. Eine interessante Thematik, verständlich formulierte Fragen, ein gut abgefaßtes, zur Teilnahme an der Befragung motivierendes Anschreiben an zu befragende Personen oder geeignete Maßnahmen zu einer möglichst optimalen Steuerung der Felder in den Feldabteilungen der Institute wirken sich auf die Feldarbeit und ihre Qualität ebenso aus wie zum Beispiel schlecht formulierte Fragen oder gar Fehler in den Fragebogen. Bei der Betrachtung von Feldarbeit als angestrebter und realisierter Interaktion zwischen Interviewer und Ziel- beziehungsweise Befragungsperson ist auch das Institutshandeln nicht zu vernachlässigen, das geeignet ist, sich direkt auf die Gestaltung (zum Beispiel *Interviewerschulung*) oder auf die Bewertung dieser Interaktion (zum Beispiel *Interviewerkontrolle*) auszuwirken.

Dieses Verständnis von Feldarbeit vorausgesetzt, sind im Zusammenhang mit Qualitätskriterien folgende Fragen zu diskutieren:

- Unter welchen allgemeinen Rahmenbedingungen finden Befragungen statt?

- In welchen Phasen der Feldarbeit entziehen sich Interviewer und Befragungspersonen dem Einfluß der Forscher, und welche Auswirkungen hat dies auf die Umfrageergebnisse und ihre Qualität?
- Welche Maßnahmen tragen dazu bei, Interviewern und Befragten die Umsetzung der ihnen angesonnenen Rollenerwartungen zu ermöglichen und sie gegebenenfalls zur Einhaltung dieser Rollenerwartungen zu veranlassen?

Die Diskussion dieser Fragen in diesem Kapitel konzentriert sich zunächst auf das persönlich-mündliche Interview. Abschließend werden aber auch die telefonische Befragung als alternatives Datenerhebungsverfahren sowie das *access panel* als eine besondere Methode zur Gewinnung von Befragungspersonen behandelt (siehe dazu Abschnitt 5.8).

Gerade im Zusammenhang mit der Feldarbeit, bei der verstärkte Bemühungen um die Qualität von Umfragen immer schnell zu spürbaren Kostensteigerungen führen, ist eine Abstufung in ideale methodische Vorgehensweisen *(best practices)* und in methodisch anerkannte, akzeptable, durchführbare und darüber hinaus finanzierbare „gute Praktiken" *(good practices)* vorgenommen worden.

5.2 Rahmenbedingungen

Umfragen finden nicht im luftleeren Raum statt, sondern sind Bestandteil einer zeitlich-räumlich definierten allgemeinen Kultur. Daß sich unterschiedliche Akteure innerhalb dieser Kultur auf unterschiedliche und vom Urheber einer Umfrage nicht unbedingt immer beabsichtigte Weise mit Umfragen und ihren Ergebnissen beschäftigen und so selbst wiederum die Bewertung von Umfrage(ergebnisse)n innerhalb dieser Kultur beeinflussen, ist bekannt. Darüber hinaus wirken sich Momente der allgemeinen Kultur aber auch in sehr konkreter Weise auf den Prozeß der Datenerhebung selbst und das Engagement der darin vorrangig agierenden Akteure Interviewer und Befragungspersonen aus.

Umfragen, zumal sozialwissenschaftliche, sind heute – darüber sind sich zumindest Vertreter namhafter deutscher Umfrageinstitute weitgehend einig (Porst 1996: 17–21) – schwieriger zu realisieren, als das früher der Fall war. Als Ursachen dafür gelten ganz allgemein (Porst 1996: 21–27)

- allgemeine gesellschaftliche Veränderungen (zum Beispiel Zunahme der Einpersonenhaushalte, hohe Mobilität und dadurch schlechtere Erreichbarkeit von Personen, abnehmende Bereitschaft zur gesellschaftlichen Partizipation insgesamt);
- der Stellenwert von Umfragen generell (zum Beispiel mangelnde Aufklärung über Sinn und Nutzen von Umfragen, wahrgenommene oder behauptete „Beliebigkeit" der Ergebnisse);
- Veränderungen in der Bedeutung der informationellen Selbstbestimmung (zum Beispiel geänderte Einschätzung des Wertes von Information, Furcht vor Eingriffen in die Privatsphäre, Datenschutzdiskussion);

- die Furcht vor Kontakten mit Fremden (zum Beispiel Angst vor Kriminalität und Haustürkäufen, Zunahme von Vertreterbesuchen);
- Forschungs- und Methodenprobleme (zum Beispiel hoher Zeitdruck, hohe Kosten, zu lange Interviews, monotones Abfragen, für die Befragten uninteressante Fragen);
- Institutsprobleme (zum Beispiel Motivierung der Interviewer, relativ niedrige Honorare);
- Auftraggeberprobleme (zum Beispiel vorrangiges Interesse an Kostenminimierung und mangelndes Qualitätsbewußtsein).

Diese Aufzählung läßt erkennen, daß

- sich einige dieser Ursachen (zum Beispiel die Zunahme der Einpersonenhaushalte ebenso wie die abnehmende Bereitschaft zur gesellschaftlichen Partizipation) der Beeinflussung durch die am Umfrageprozeß beteiligten Akteure entziehen;
- andere (zum Beispiel der Stellenwert von Umfragen oder der Umgang mit ihren Ergebnissen) von den am Umfrageprozeß beteiligten Akteuren prinzipiell beeinflußbar sind und auch beeinflußt werden sollten;
- wieder andere schließlich (zum Beispiel Dauer der Interviews, Motivierung der Interviewer) von den am Umfrageprozeß beteiligten Akteuren direkt und konkret beeinflußt und behoben werden können.

Im folgenden soll es vorrangig um die zuletzt genannten Ursachen gehen.

5.3 Feldgeschehen und Schwachstellen der Feldarbeit

Die Feldarbeit beginnt für den Interviewer dann, wenn er sich auf die Suche nach dem Zielhaushalt beziehungsweise der Zielperson macht; sie endet, wenn er den ausgefüllten Fragebogen an das Institut zurückgibt oder – im negativen Fall – wenn seine Bemühungen um eine Zielperson mit einem endgültigen Ausfall enden (dies soll – darauf wurde eingangs hingewiesen – nicht heißen, daß vor dieser Phase in den Instituten nicht bereits zentrale und die Feldarbeit zentral beeinflussende Aktivitäten ablaufen, zum Beispiel Auswahl und Schulung von Interviewern). Die Schwachstellen im Feld liegen nun im Prinzip überall dort, wo der auftraggebende Forscher oder das Institut wohl mittelbaren, aber nicht unmittelbaren Einfluß auf die ablaufenden Prozesse haben, nämlich bei der Ermittlung der Zielhaushalte beziehungsweise Zielpersonen durch die Interviewer sowie in der Kontakt- und in der Durchführungsphase eines Interviews.[4]

Die Ermittlung der Zielhaushalte beziehungsweise der Zielpersonen obliegt – von der Quotenauswahl (bei der Zielpersonen nach bestimmten Merkmalen wie Alter oder Geschlecht, ansonsten aber beliebig ausgewählt werden) über *random-route*-Verfahren (an einer vorgegebenen Startadresse beginnende und vorgegebenen

4 Die Trennung der Feldarbeit in diese drei Phasen ist eher analytischer Natur und wird nur aus Gründen einer klaren Darstellung vorgenommen.

Begehungsregeln folgende Auswahl von Zielhaushalten) und *address random* (Adreßvorlaufverfahren; Aufsuchen namentlich vorgegebener Haushaltsadressen) bis hin zur Personenstichprobe aus Registern zunehmend eingeengt – mehr oder weniger den Interviewern. Zwar erhalten sie zur Erfüllung dieser Aufgabe üblicherweise verbindliche, konkrete Vorgaben (Quoten, Begehungsunterlagen, Adreßlisten) durch die Institute, doch liegt die Einhaltung oder Nichteinhaltung dieser Vorgaben faktisch zunächst einmal in der Verantwortung der Interviewer. Fehler bei der Ermittlung der Zielhaushalte beziehungsweise der Zielpersonen resultieren aus:

- der Nichteinhaltung der Quote oder der bewußten Fehlzuordnung der Quotenmerkmale („Anpassung" einer verfügbaren und befragungswilligen Person an die Quotenmerkmale) bei der Quotenstichprobe;
- mißverständlichen Begehungsvorschriften, der unbewußten, fahrlässigen oder vorsätzlichen Nichteinhaltung der Begehungsregeln, faktisch unklaren Gegebenheiten vor Ort (zum Beispiel nicht erkennbare Hinterhöfe) bei *random route;*
- bewußtem Auslassen „problematischer" Adressen (Hochhäuser, Villen), bewußter oder unbewußter Auswahl des falschen Haushaltes oder der falschen Befragungsperson (zufällige Anwesenheit, Teilnahmebereitschaft) bei *random route* und bei *address random;*
- bewußter (in vereinzelten Fällen auch unbewußter) Auswahl der falschen Befragungsperson (zufällige Anwesenheit, Teilnahmebereitschaft) bei der Personenstichprobe.

Unabhängig davon, was letztendlich die Ursache für einen Fehler bei der Ermittlung der Zielhaushalte beziehungsweise der Zielpersonen ist: allemal stellen sie einen Verstoß gegen die vom durchführenden Institut definierten Vorgaben dar.

In der *Kontaktphase* wirken sich die *Unfähigkeit* oder die *Unwilligkeit* des Interviewers aus, eine korrekt ausgewählte Zielperson zur Teilnahme an der Befragung zu gewinnen. Unfähigkeit bedeutet dabei, daß es dem Interviewer trotz des Versuchs der Umsetzung der entsprechenden Schulungsmaßnahmen nicht gelingt, die Person zur Teilnahme zu „überreden"; Unwilligkeit bedeutet, daß der Interviewer gar nicht erst versucht, einen Kontakt anzubahnen oder einen angebahnten Kontakt zu einem positiven Ergebnis zu führen, weil er befürchtet oder erkennt, daß eine Überredung mit unverhältnismäßig hohem Aufwand verbunden oder letztendlich gar unmöglich sein könnte.

In der *Durchführungsphase* – also beim eigentlichen Interview – sind dann die „üblichen" Interviewerfehler nicht auszuschließen, die man grosso modo mit *Nichteinhaltung der Regeln des standardisierten Interviews* bezeichnen könnte, wie zum Beispiel Nichteinhaltung der Vorgaben des Fragebogens, Verstoß gegen das der Interviewer-Rolle angesonnene Verhaltensrepertoire und technische Fehler. Zusätzlich stellt sich hier auch die Frage des vollständigen oder teilweise Fälschens von Interviews (Dorroch 1994). Wegen der besseren Kontrollierbarkeit dieser Faktoren liegen hier die besonderen Vorzüge von telefonischen Befragungen (siehe Abschnitt 5.7).

Neben Schwachstellen und Fehlern, die explizit oder implizit den Interviewern anzulasten sind, ist die Durchführung der Feldarbeit an dieser Stelle aber auch durch die ausgewählten Ziel- beziehungsweise Befragungspersonen gefährdet: Personen sind nicht erreichbar oder nicht teilnahmebefähigt, verweigern die Teilnahme an der Befragung, entsprechen nicht den Erwartungen an das Rollenrepertoire einer Befragungsperson, sind unfähig, der Befragung zu folgen, oder antworten nicht wahrheitsgemäß (aus welchen Gründen auch immer).

5.4 Auswirkungen auf die Qualität der Umfrageergebnisse

Die beschriebenen Schwachstellen – die Aufzählung ist sicherlich nicht vollständig – wirken sich in unterschiedlicher Weise auf die Qualität der Umfrageergebnisse aus.

Die gravierendste und wohl am intensivsten diskutierte Konsequenz ist mit dem Begriff *nonresponse* (Schnell 1997) zu beschreiben. *Nonresponse* bedeutet: Nicht alle Personen, die laut Stichprobenplan zu befragen wären, nehmen an der Umfrage tatsächlich teil; es kommt zu Ausfällen. Wären alle Ausfälle zufällig, wäre dieses an sich noch nicht sonderlich problematisch: die Teilnehmer unterschieden sich von den Nichtteilnehmern nicht, sondern bildeten lediglich eine Zufallsstichprobe aus der Ausgangsstichprobe. In diesem Falle würde – wegen der gesunkenen Stichprobengröße – die Schätzung der Populationsparameter zwar ungenauer, bliebe aber unverzerrt (der Stichprobenfehler würde größer). Realistischerweise hat man aber davon auszugehen, daß Ausfälle (auch) systematischer Natur sind, wobei systematische Ausfälle so definiert sind, daß der Ausfallgrund mit inhaltlichen Variablen der Befragung zusammenhängt. In diesem Fall besteht das Risiko systematischer Verzerrungen *(bias)* (Hartmann 1990; Hartmann und Schimpl-Neimanns 1992).

Das Gegenstück zu *nonresponse* ist *Ausschöpfung*, gemessen über die *Ausschöpfungsrate* als Anteil realisierter Interviews an der Nettostichprobe. Der Ausschöpfungsrate wird in der methodischen Diskussion um die Qualität von Umfragen in erster Linie deshalb eine so große Bedeutung zugewiesen, weil sie „objektiv" oder „meßbar" zu sein scheint. So wie der Ausfall für eine Befragung vorgesehener Personen aber nur eine unter vielen Fehlerquellen bei der Durchführung von Umfragen darstellt (Groves 1989), so ist auch die Ausschöpfungsrate nur ein Merkmal unter anderen für die Qualität einer Umfrage und ihrer Ergebnisse.

Ein Fehlverhalten des Interviewers bei der Ermittlung der Zielhaushalte beziehungsweise Zielpersonen kann sich nun zwar „positiv" auf die Ausschöpfungsrate auswirken, weil eher befragungsbereite Personen zur Auswertung gelangen beziehungsweise Problemfälle gar nicht erst kontaktiert werden und deshalb auch nicht ausfallen können, doch ist bei einer solchen „positiven" Verzerrung der Stichprobe mit Abweichungen der Ergebnisse zu rechnen. Fehler in der Kontaktphase wirken sich vorrangig in Nichtteilnahmebereitschaft aus, sind also ebenfalls unter dem Thema *nonresponse* zu behandeln.

Fehler in der Durchführungsphase schließlich haben unterschiedliche Konsequenzen. Die Nichteinhaltung der Regeln des standardisierten Interviews führt zunächst einmal zu „typischen" technischen Fehlern wie fehlenden Angaben *(missing values)*, Ausfüllfehlern, Filterfehlern usw. Sie haben aber – wie zum Beispiel unvollständiges Vorlesen einer Frage – auch zur Folge, daß über die gesamte Umfrage die Interviews nicht – wie es dem Ziel der standardisierten Befragung entspricht – unter einheitlichen Bedingungen durchgeführt werden. Werden Antwortkategorien oder ganze Fragen nicht vorgelesen, dramatisiert sich dieser Befund. Die äußerste Form der Datenmanipulation durch die Interviewer stellt schließlich das teilweise oder vollständige Fälschen von Interviews dar, wobei teilweise Fälschungen (Ergänzung von Antworten auf nicht gestellte Fragen auf der Basis von Antworten auf einige wenige gestellte Fragen) häufiger vorkommen dürften als das eher schwierige Fälschen eines gesamten Interviews. Datenverzerrungen ergeben sich schließlich auch infolge des Verhaltens der Befragungspersonen, die „sozial erwünscht" beziehungsweise „politisch korrekt" antworten, Fragen beantworten, ohne deren Sinn zu verstehen, und Fragen bewußt falsch oder gar nicht beantworten.

Fehler in allen Feldphasen führen also zu einer Verzerrung der Ergebnisse und damit zu einer Reduzierung der Datenqualität. Demzufolge müssen Fehler im Feld – wenn sie schon nicht ausgeschlossen werden können – minimiert werden. Eine Vielzahl von Maßnahmen wird seitens der Institute genau zu diesem Zweck zum Einsatz gebracht.

5.5 Sicherung und Verbesserung der Qualität in der Feldarbeit – *best practices* und *good practices*

Best practices und *good practices* der Feldarbeit müssen ebenso sorgfältig diskutiert werden wie das Bündel von Einflußfaktoren, die auf die Feldarbeit und ihr Ergebnis wirken. Dabei stellen *best practices* Desiderata oder auch exzellente Praktiken dar, die unter rein methodischen Erwägungen als wünschenswert gelten können, und *good practices* methodisch anerkannte und akzeptable „gute Praktiken", bei denen neben der methodischen Wünschbarkeit auch Umsetzbarkeit und Finanzierbarkeit zu berücksichtigen sind. Es ist darauf hinzuweisen, daß weder *best practices* noch *good practices* punktgenau und ein für allemal definiert werden können. Was bei der Durchführung einer spezifischen Umfrage *good practices* sind, hängt unter anderem von deren Inhalten, der Zielgruppe und den zeitlichen und finanziellen Rahmenbedingungen ab. Es ist weiterhin darauf hinzuweisen, daß mit der Diskussion um *best* und *good practices* keine Normierung des Forschungsprozesses im Sinne von Mindeststandards erfolgen soll; die Diskussion um Qualitätskriterien muß sich jeweils gegebenen Rahmenbedingungen eines Forschungsprozesses anpassen, sich am Forschungsproblem und am Erkenntnisinteresse orientieren und deshalb auf unterschiedlichste Anforderungen Rücksicht nehmen (Wiegand 1997).

5.5.1 Öffentlichkeitsarbeit

Es wäre hilfreich und wünschenswert, wenn alle an Umfragen Beteiligten (universitäre Forschungseinrichtungen, privatwirtschaftliche Institute, Auftraggeber, Nutzer) aktiv an einer Verbesserung des Images von Umfragen arbeiten würden. Es fällt ausgewählten Zielpersonen sicherlich leichter, sich zu einer Teilnahme bereit zu erklären, wenn das, was sie damit tun, im Alltag positiv bewertet wird (man hat gelegentlich eher den Eindruck, das Gegenteil sei der Fall). Maßnahmen einer solchen „Öffentlichkeitsarbeit" können sein:

- die Intensivierung des Dialogs zwischen Umfrageinstituten und Journalistinnen/ Journalisten (zum Beispiel Workshops, Seminare, regelmäßige Unterrichtung);
- allgemeinverständliche Publikationen zu ausgewählten Themen (zum Beispiel vor Wahlen zu Problemen und Methoden der Wahlforschung);
- die Etablierung von Umfrageforschung in den Lehrplänen der Schulen, an Universitäten in unterschiedlichen Fachbereichen;
- die verstärkte Dokumentation des Nutzenaspekts der Umfrageforschung (Institute in Zusammenarbeit mit Auftraggebern) in unterschiedlichen Bereichen (Medien, Messen, Organisationen, Verbände);
- zielgruppenspezifische Informationsbroschüren für verschiedene Bereiche;
- eine öffentlichkeitswirksame Auseinandersetzung mit der Kritik an Umfragen, mit Fehlentwicklungen im Umfragesektor oder mit dem Mißbrauch des Begriffs „Umfrage" beziehungsweise „Umfrageforschung" (offensive öffentliche Kritik an sogenannten „Haushaltsbefragungen", die ausschließlich der Adreßbeschaffung dienen; offensive öffentliche Auseinandersetzung mit Schriften, die spekulativ oder ohne Beweise zu erbringen über Fälschungen von Interviews berichten; siehe dazu Dorroch 1994).

Öffentlichkeitsarbeit dieser Art ist vor allem Aufgabe der Arbeitsgemeinschaft Sozialwissenschaftlicher Institute e. V. (ASI), des Arbeitskreises Deutscher Markt- und Sozialforschungsinstitute e. V. (ADM) und des Berufsverbandes Deutscher Markt- und Sozialforscher e. V. (BVM), aber auch von Institutionen wie dem Zentrum für Umfragen, Methoden und Analysen (ZUMA), von akademischen Fachgesellschaften wie der Deutschen Gesellschaft für Soziologie (DGS) und der Deutschen Statistischen Gesellschaft (DStG) sowie den statistischen Ämtern.

5.5.2 Kodifizierung von *good practices*

Maßnahmen zur Sicherung und Verbesserung der Qualität in der Feldarbeit können im wesentlichen nur von den Instituten durchgesetzt werden, die für die Datenerhebung zuständig sind (führen Angehörige der akademischen Sozialforschung Umfragen in eigener Regie durch, gilt dies entsprechend). Sie tun dies im eigenen Interesse, aber auch, um den Anforderungen zu entsprechen, die von akademischen oder sonstigen Auftraggebern an ihre Arbeit gerichtet werden. Der Abgleich der Auftraggeberwünsche mit den tatsächlichen Gegebenheiten der Datenerhebung vor Ort ist für die Bewertung der Feldarbeit außerordentlich wichtig. Auftraggeber, die unrealistische Anforderungen an die Datenerhebung stellen, sind dieser Bewertung ebenso abträglich wie Institute, die aufgrund der wirtschaftlichen Konkurrenzsituation die Einlösung solcher Anforderungen bedenkenlos zusagen. Eine mehr oder weniger verbindliche Übereinkunft darüber, was unter den gegebenen finanziellen und sonstigen Rahmenbedingungen möglich, nur schwer oder gar nicht zu erreichen ist, wäre ein wichtiger Schritt hin zu einer realistischen Beurteilung der Möglichkeiten der Datenerhebung für alle Beteiligten (eine solche Vereinbarung ist vom ADM im Herbst 1998 vorgelegt worden (Arbeitskreis Deutscher Markt- und Sozialforschungsinstitute e. V. 1998b), siehe hierzu Abschnitt 6.3.5).[5] Dabei wäre nach unterschiedlich hohen Qualitätsanforderungen, die mit unterschiedlichen Kostenniveaus verbunden sind, zu differenzieren (vgl. die Ausführungen zu „Verfahrensmodellen" in Kapitel 13). Eine Regelung über die Möglichkeiten der Datenerhebung und die – freiwillige – Verpflichtung der Institute, sich daran zu orientieren und im Einzelfall nicht hinter diese zurückzugehen, kann als Rahmen für die Beurteilung der Feldarbeit dienen, Qualitätskriterien definieren und damit die Qualität von Feldarbeit meßbar machen. Potentiellen Auftraggebern muß deutlich gemacht werden, daß die dort festgehaltenen Kriterien für *good practices* von entscheidender Bedeutung für die seriöse Durchführung von Umfragen und die Qualität von Umfragedaten sind. Die Kodifizierung von *good practices* wäre zugleich geeignet, unterhalb dieser Qualitätskriterien operierende Anbieter von Umfrageforschung zu diskreditieren.

5.5.3 Definition von Qualitätskriterien

Einer Kodifizierung kaum zugänglich, einer Verbesserung der Feldarbeit aber dienlich wären nach Angaben führender Umfrageinstitute (Porst 1996: 24–27) eine bessere Motivierung der Interviewer durch bessere Schulung, höhere Honorare und weitere Leistungsanreize sowie kürzere, bessere und interessantere Fragebogen. Wo könnten aber Qualitätskriterien für Feldarbeit definiert und wenn möglich konsensual verabschiedet werden?

Bei der Frage nach Qualitätskriterien in der Phase der Ermittlung der Zielhaushalte beziehungsweise der Zielpersonen geht es zunächst einmal darum, die Zufallsstichprobe als Voraussetzung einer sozialwissenschaftlichen Umfrage und ihr Verhältnis zu der in der Praxis bewährten Quotenstichprobe zu diskutieren. Daß der Schluß von einer Stichprobenbefragung auf die Population nur bei Zufallsauswahlverfahren möglich ist, ist hinreichend bekannt und wurde auch in dieser Denkschrift bereits mehrfach erörtert, ebenso, daß Institute in Deutschland erfolgreich auf der Basis von Quotenstichproben arbeiten.

5 Ein Beispiel wäre ein Konsens über die Höhe der zu erwartenden Ausschöpfungsraten in allgemeinen Bevölkerungsumfragen unter gegebenen finanziellen und sonstigen Rahmenbedingungen: Unter den üblichen Bedingungen und unter den üblichen finanziellen und zeitlichen Beschränkungen liegt die zu erwartende Ausschöpfungsrate nun einmal nicht bei 70, sondern bei 55 bis 65 Prozent; 70 Prozent zu erreichen wäre nur schwer und unter Einsatz besonderer Maßnahmen möglich, 80 Prozent sind üblicherweise nicht mehr zu erreichen – die Auftraggeber sollten dies wissen und ihre Erwartungen entsprechend definieren, die Institute sollten ihre Angebote trotz wirtschaftlicher Konkurrenzsituationen daran ausrichten; ähnliches gilt zum Beispiel auch für die Dauer persönlich-mündlicher Felder, die sich bei vergleichbaren Umfragen in den letzten Jahren tendenziell zu verlängern scheinen.

5.5.3.1 Stichprobe

Unter dem Gesichtspunkt der Qualität der Feldarbeit wäre die Durchführung von Umfragen auf der Basis von Personen-Zufallsstichproben aus Registern (Einwohnermeldeämter) deshalb optimal *(best practice)*, weil dort der Einfluß des Interviewers auf die Auswahl der Zielpersonen weitgehend eliminiert und die Chance für Fehlverhalten des Interviewers minimiert ist. Die Interviewerkontrolle könnte effizienter gestaltet werden, weil dem kontrollierenden Institut genau und namentlich bekannt ist, welche konkreten Personen befragt worden sind (zumindest: hätten befragt werden sollen). Schließlich hätte eine Auswahl aus Registern in der Regel den Vorteil, daß man auch für die Ausfälle zumindest minimale Informationen (etwa Alter, Geschlecht) erhält, so daß wenigstens für diese Variablen durch einen Abgleich zwischen Teilnehmern und Nichtteilnehmern das Ausmaß der Stichprobenverzerrung berechnet werden kann. Die wesentlichen Nachteile dieses Verfahrens – hohe Kosten, lange Vorlaufzeiten und ein großer Arbeits- und Organisationsaufwand – betreffen die eigentliche Feldarbeit nicht, müssen aber bei der Bewertung des Verfahrens insgesamt berücksichtigt werden.

Wenn man dies tut und wenn man in Erinnerung bringt, daß für die Schätzung von Populationsparametern aus Stichproben Zufallsstichproben erforderlich sind, können für Deutschland mehrstufige, auf dem ADM-Stichprobendesign (Arbeitsgemeinschaft ADM-Stichproben und Bureau Wendt 1994; Hoffmeyer-Zlotnik 1997) basierende oder diesem vergleichbare Zufallsstichproben als *good practice* bezeichnet werden, bei denen auf der letzten Stufe der Umsetzung die Ermittlung der Zielhaushalte per *random route* mit oder ohne Adreßvorlauf erfolgt. Ungeachtet dessen können für bestimmte Umfragen (zum Beispiel bei Spezialpopulationen) andere Arten der Stichprobenziehung erforderlich oder sinnvoll sein. Selbst „Schneeballverfahren" (von einer Zielperson erfragt der Interviewer die nächste Zielperson) oder systematische Auswahlen können im Einzelfall begründet werden; für Umfragen bei Allgemeinpopulationen sind aber in der Regel Zufallsstichproben zu ziehen.

5.5.3.2 Offenlegung der Stichprobenrealisierung

Ungeachtet der Art der Stichprobenziehung muß als *good practice* bei allen Stichprobenverfahren nachvollziehbar offengelegt werden, wie sie im Feld umgesetzt worden sind. Dazu gehören im Sinne einer – allerdings kostenträchtigen – *best practice* eine genaue *Ausfallbeschreibung* (Anzahl und Beschreibung der Kontakte, Ausfallgründe usw.) ebenso wie detaillierte Informationen über die Realisierung von Interviews (Anzahl der notwendigen Kontakte, Nachweis der Tage und Uhrzeiten, Schwierigkeiten beim Zugang zu den Zielpersonen usw.). Da detaillierte Informationen dieser Art in der Praxis aber kaum nachgefragt werden und mit einer deutlichen Kostensteigerung verbunden wären, beschränkt sich die Dokumentation im Sinne einer *good practice* in der Regel auf das eigentliche Ausfallgeschehen, wobei vorrangig Informationen über Art und Anzahl der Ausfälle zur Ausschöpfungsberechnung festgehalten und ausgewiesen werden. Ausfallgründe sollten in einer Untergliederung dargestellt werden, die institutsübergreifend standardisiert ist. Auf diese Weise wird eine vergleichende Analyse des Feldgeschehens bei verschiedenen Stichprobenverfahren, verschiedenen Instituten und verschiedenen Kostenniveaus erleichtert.

5.5.3.3 Kontaktierung

Good practices können auch für weitere Aspekte der konkreten Arbeit vor Ort beschrieben werden, zum Beispiel für bestimmte Ausfallgründe eine Mindestanzahl von Kontakten, die zu absolvieren sind, bevor eine Adresse als Ausfall verbucht werden darf; *best practice* wäre dann eine entsprechend höhere Kontaktfrequenz. Dabei wäre sowohl für *good* als auch für *best practices* festzulegen, daß hier eine bestimmte Variation von Tagen und Tageszeiten zu berücksichtigen wäre. Bei einer Kodifizierung von Qualitätskriterien müßte dann genau und verbindlich definiert werden, für welche Arten von Befragungen an welchen Stichproben welche Mindestanzahl von Kontakten als *good*, welche als *best practice* zu gelten hätte – auch wenn eine solche Festlegung für spezifische Umfragen letztendlich nur Hinweischarakter haben könnte (wenn zum Beispiel nur drei Kontaktversuche finanzierbar sind, wäre es im konkreten Falle wenig hilfreich, darauf hinzuweisen, daß man sich ganz allgemein auf fünf verständigt hätte).

Schließlich könnte – auch dies im Sinne einer *best practice* – die Vorankündigung des Interviewerbesuches standardmäßig erfolgen, wodurch zwar die Kosten erhöht und die Felddauer verlängert, aber auch die Teilnahmebereitschaft und damit die Ausschöpfungsrate erhöht würden. In der Praxis werden Interviews nur in Ausnahmefällen zentral durch das Institut angekündigt. Als *good practice* hat sich ein interviewerspezifisches Herangehen an die Befragungspersonen bewährt, das heißt, der Interviewer entscheidet selbst, ob er im Vorfeld einer Befragung die Zielhaushalte (sofern sie ihm schon bekannt sind) telefonisch oder per Ankündigungskarte kontaktiert oder ob er einen direkten, „kalten" Kontakt wagen soll.

5.5.3.4 Kontrolle der Kontaktierung

Als eine eher utopische (weil nicht kostenneutrale) Forderung wäre eine stichprobenartige Nachbegehung der Ermittlung der Haushalte und Zielpersonen – analog zur Kontrolle der Interviewdurchführung – zu nennen und ein zu bestimmender Prozentsatz der nachzubegehenden Haushalte (oder Interviewer) zu fordern; als verstärkte Kontrollmaßnahme könnte eine solche Nachbegehung schwankende Interviewer sicherlich davon abhalten, gegen die Regeln zu verstoßen. In der Praxis wird eine explizite Nachbegehung der Kontaktierung vor allem aus Kostengründen, wohl aber auch aufgrund mangelnder Nachfrage nicht durchgeführt. Üblicherweise erfolgt die Kontrolle der Kontaktierung über die Kontrolle der Interviewer.

Entscheidend für die Realisierung eines Interviews ist das Verhalten des Interviewers in der Kontaktphase. Der Interviewer wird einen potentiellen Befragten nur dann erfolgreich von der Teilnahme an der Befragung überzeugen können, wenn er sich an bestimmte, in der Schulung vermittelte Verfahrensregeln hält und wenn er von der Sinnhaftigkeit und Wichtigkeit seines Tuns selbst überzeugt ist. Nun ist die Vermittlung intrinsischer Motivation an die Interviewer nicht standardisierbar, *best* und *good practices* hinsichtlich der *Verfahrensregeln* könnten allerdings kodifiziert werden. Am Beispiel der Anzahl und Verteilung der Kontaktversuche ist dies bereits angesprochen worden: Wenn es möglich wäre, *best* und *good practices* für die Mindestanzahl der Kontaktversuche und ihre Verteilung über Wochentage und

Tageszeiten zu definieren, müßte es auch möglich sein, den Auftraggebern zu vermitteln, daß diese Anforderungen von den Instituten im Regelfalle nicht unterschritten werden sollten, wobei auch hier allerdings Zeit- und Kostenargumente nicht vernachlässigt werden dürfen.

5.5.3.5 Legitimation der Interviewer

Good practice im Sinne der Erhöhung der Teilnahmebereitschaft als Mittel zur Verbesserung der Qualität von Umfragen sind Interviewerausweise oder ähnliches legitimatorisches Material, das nicht alleine den Namen und das Logo des jeweiligen Instituts, sondern das gemeinsame Logo des einschlägigen Verbandes/der Verbände tragen sollte. Dies macht allerdings nur dann Sinn, wenn – siehe oben – die Verbände der Öffentlichkeit hinreichend vermittelt werden können. Ist das nicht der Fall, kann von dieser Maßnahme kein Zusatznutzen erwartet werden.

Entscheidend für die Durchführung eines Interviews ist die Berücksichtigung und Einhaltung des Rollenrepertoires, das einem Interviewer zur Verfügung steht. Dies steht und fällt mit der Interviewerschulung und der Interviewerkontrolle. Die Interviewerschulung ist bei den meisten Instituten deshalb auch eine außerordentlich umfangreiche und ernsthaft betriebene Tätigkeit mit hohem Selektionscharakter; der Anteil der Interviewer an allen Bewerbern, die nach relativ wenigen Monaten Interviewertätigkeit noch immer im Interviewerstab tätig sind, ist dementsprechend niedrig (Bliesch 1998; Niehoff 1998). Interviewerschulung läuft zumeist in mehreren Phasen ab, und in den meisten Fällen ist eine direkte Schulung durch das Institut, durch Chefinterviewer oder vergleichbare Personen vor Ort Bestandteil des Schulungsprogramms.

5.5.3.6 Interviewerkontrollen

Interviewer erzeugen Fehler nicht nur aufgrund von Unfähigkeit oder Leichtfertigkeit, sondern auch, indem sie versuchen, die Situation zu ihren Gunsten zu definieren; manchmal fälschen sie auch Interviews.[6] Diesem Problem wenden sich die Institute durch Kontrollen der unterschiedlichsten Art zu. Interviewerkontrollen oder zumindest deren glaubhafte Androhung stellen ein geeignetes Mittel zur Disziplinierung der Interviewer dar. Auch hier gilt: Wenn es möglich wäre, Qualitätskriterien für die Interviewerkontrolle allgemeinverbindlich zu definieren und anzuwenden, müßte es gelingen, den Auftraggebern zu vermitteln, daß eine Interviewerkontrolle entsprechend dieser Kriterien zur Qualitätssteigerung der Umfrage beiträgt; allerdings setzen hier Zeit- und Kostenargumente ebenfalls einen in der Regel engen und für jede Studie neu zu bestimmenden Rahmen.

---

6 Siehe dazu Dorroch (1994), dessen Behauptung, daß jedes dritte Interview gefälscht sei, allerdings weit an der Realität vorbeigeht; der mit etwas über drei Prozent berechnete Anteil nachgewiesener Fälschungen beim *ALLBUS* 1994 (vgl. Koch 1995) dürfte das nicht wegzuleugnende Problem von Fälschungen bei Interviews auf der Basis von Zufallsstichproben angemessener quantifizieren. Beim ALLBUS handelt es sich um eine in Zusammenarbeit von ZUMA und ZA alle zwei Jahre in Deutschland durchgeführte Repräsentativbefragung der Wohnbevölkerung ab 18 Jahren – die Allgemeine Bevölkerungsumfrage der Sozialwissenschaften (für eine neuere Ergebnisdokumentation siehe Braun und Mohler 1998).

Qualiätskriterien für die Interviewerkontrolle könnten sowohl den Anteil der Kontrollen wie auch die Art betreffen, in der kontrolliert werden soll. Ein hinreichend großes und hinreichend deutlich gemachtes Risiko der Entdeckung unkorrekten Verhaltens ist ein geeignetes Mittel, zumindest „Gelegenheitstätern" unter den Interviewern Fehlverhalten zu verleiden. Ob dies ganz zu einer Verhinderung von Fälschungen führt, mag fraglich sein; im Grunde aber steht und fällt die Einhaltung der in Schulungen vermittelten Rollenerwartungen mit der Wahrscheinlichkeit, beim Regelverstoß überführt zu werden.

5.5.3.7 Anzahl der Interviews pro Interviewer

Ein weiterer Aspekt, mit dem die Qualität von Umfragen eng verbunden ist und für den Qualitätskriterien zu definieren wären, ist die Anzahl der Interviews, die ein Interviewer im Höchstfall für eine spezifische Umfrage durchführen sollte. Um *selektives Hören* (Hyman 1954) als Fehlerquelle auszuschalten, sollte die Anzahl der Interviews pro Interviewer konsensual beschränkt werden, wobei in einer Übereinkunft festzuhalten wäre, was hier als *good* und was als *best practice* zu gelten hat. Weitere die Interviewer betreffende Erkenntnisse (bei einer Studie sollte eine gesunde Mischung erfahrener und neuer Interviewer ins Feld gehen; besonders geeignet sind Hausfrauen über 30 und Männer/Frauen ab 45; vgl. Niehoff 1998) in der Feldarbeit zu berücksichtigen, wäre im Sinne von *best practices* sicherlich wünschenswert, dürfte aber – wie auch eine geringe Anzahl durchzuführender Interviews pro Interviewer – einerseits an der Realität großer Felder und andererseits an der immer beschränkten Verfügbarkeit von Interviewern scheitern.[7]

5.5.3.8 Nutzen und Anreize

Die Befragungsperson wird gerne als das schwächste Glied der Kette bezeichnet. Sie ist der einzige nichtprofessionelle Teilnehmer im gesamten Umfrageprozeß, und sie muß sich ohne Training auf die Ausübung einer ungewohnten Rolle einstellen. Und was noch wichtiger ist: Sie ist die einzige Person, deren Fehlverhalten nicht sanktioniert werden kann. Bei der Befragungsperson ist zu unterscheiden zwischen der Teilnahmebereitschaft und der Bereitschaft, sich während der Befragung im Sinne des Forschers zu verhalten.

Die Teilnahmebereitschaft ist – neben einigen personalen Eigenschaften – von zweierlei Faktoren abhängig, nämlich zum einen davon, ob die Person der Ansicht ist, Umfragen seien generell etwas Sinnhaftes und Wichtiges, und zum anderen, ob die Person der Ansicht ist, ihre Teilnahme an der Umfrage sei mit irgendeinem persönlichen „Nutzen" (immateriell oder materiell) verbunden. Während ersteres nicht kurzfristig beeinflußt werden kann, kann die Aussicht auf Nutzen produziert werden:

---

7 Am Beispiel des ALLBUS kann man feststellen, daß gerade beim Interviewereinsatz die Realität mit der Erwartung, die Zahl der Interviews pro Interviewer zu begrenzen, nicht immer vereinbar ist. So führten zum Beispiel beim ALLBUS 1996 (vgl. Wasmer u. a. 1996: 66) im Westen 30,9 Prozent der eingesetzten Interviewer mehr als zehn Interviews durch, 4,9 Prozent mehr als 20, der Spitzenreiter 52.

durch das Interviewerverhalten, das Thema der Befragung[8], durch ein Anschreiben, das den Nutzen der Studie darstellt, usw. Problematisch ist die Aussicht auf materiellen Nutzen. Während gelegentlich die Teilnahme an Interviews honoriert wird (Geld, Geschenke, Lotterielose), scheint dies bei Standardumfragen keine Strategie zu sein, welche die Institute verfolgen wollen (Porst 1996: 24–27), da befürchtet wird, daß die pekuniäre Honorierung der Teilnahme an Interviews auf mittlere Sicht dazu führen könnte, daß Personen sich nur noch gegen Geld befragen lassen.

Wie gut die Befragungsperson ihre Rolle ausfüllt, hängt sicherlich zu einem gewissen Teil von ihr selbst ab, zu einem großen Teil aber auch vom Institut (Klarheit des Erhebungsinstruments, Motivationsförderung, Interviewerschulung) und vom Interviewer (dessen Rollenverhalten). Sind zum Beispiel Fragen zu kompliziert formuliert, muß die Befragungsperson scheitern, selbst wenn sie gutwillig ist; sie produziert *item nonresponse* oder – vielleicht im ungünstigeren, weil nicht kontrollierbaren Falle – „Rauschen". Über die Befragten zu einer Verbesserung der Qualität der Feldarbeit zu kommen ist wohl eher unwahrscheinlich, da sie durch die Forschung nicht direkt beeinflußt werden können. Positiv auf die Befragten wirken allenfalls das allgemeine Klima, die Qualität der Fragebogen, die Überzeugungskraft von Anschreiben oder die Überzeugungskraft der Interviewer. Hier ist also anzusetzen.

5.6 Vorläufiges Fazit

Die Qualität der Feldarbeit in der hier definierten Weise hängt vor allem von der Fähigkeit und Bereitwilligkeit des Interviewers ab, die an seine Rolle gebundenen Verhaltenserwartungen zu erfüllen. Neben einigen allgemeinen Rahmenbedingungen, die ihm diese Aufgabe erleichtern, spielen die Interviewerschulung und die Kontrolle der Interviewertätigkeit unter dem Gesichtspunkt der Qualität der Feldarbeit die entscheidende Rolle. In dem Maße, in dem es gelingt, die Interviewertätigkeit so zu gestalten, daß Interviewerfehler vermieden oder, wo sie auftreten, entdeckt, korrigiert und sanktioniert werden, gelingt es, die Qualität der Feldarbeit zu verbessern. Unter diesem Gesichtspunkt sind abschließend die beiden folgenden Fragen zu diskutieren:

- Ist das Telefoninterview unter dem Gesichtspunkt der besseren Kontrollierbarkeit der Feldarbeit dem persönlich-mündlichen Interview eindeutig überlegen?
- Führen *access panels* („Berufsbefragte") unter dem Gesichtspunkt der Minimierung von Interviewerfehlern bei der Ermittlung der Zielhaushalte und Zielpersonen auf den richtigen Weg?

8 Dem Thema der Befragung wird von Vertretern führender Umfrageinstitute besonderes Gewicht für ein erfolgreiches Absolvieren einer Befragung zugemessen (vgl. Porst 1996: 19–21).

5.7 Telefoninterviews

Telefoninterviews haben Vorteile gegenüber der persönlich-mündlichen Befragung, die dann noch stärker in den Vordergrund treten, wenn sie – wie mittlerweile üblich – computergestützt (CATI) durchgeführt werden (Saris 1991; Porst u. a. 1994). Im Zusammenhang mit der Qualität der Feldarbeit ist dabei besonders zu erwähnen, daß

- der Einfluß der Interviewer auf die Auswahl der Zielhaushalte praktisch ausgeschaltet werden kann, wenn intelligente CATI-Programme die Adreß- und Terminverwaltung übernehmen. Dem Interviewer werden dabei auf den Bildschirm Telefonnummern zugespielt, gegebenenfalls verbunden mit Informationen über bisherige Kontaktversuche;
- der Einfluß der Interviewer auf die Auswahl der Zielperson im Haushalt minimiert werden kann, wenn ihr Vorgehen von einem Supervisor kontrolliert wird; es kann jederzeit mitgehört werden, ob der Interviewer die Zielperson richtig auswählt;
- Interviewerfehler wie falsches oder unvollständiges Vorlesen einer Frage durch den Supervisor erkannt und sofort – spätestens für das nächste Interview – korrigiert werden können;
- Interviewerfehler wie Auslassen einer Frage oder Übersehen eines Filters aufgrund des programmgesteuerten Ablaufes der Befragung nicht möglich sind;
- grundsätzlich eine Kontrolle der Interviewer in allen Phasen des Interviewprozesses erleichtert wird, Fehler schneller aufgedeckt und unverzüglich behoben werden können.

Aufgrund dieser und weiterer Vorteile ist das computergestützte Telefoninterview (ähnliches gilt mit Einschränkungen etwa bei der Auswahl der Zielhaushalte und Zielpersonen auch für das computergestützte persönliche Interview) außerordentlich gut geeignet, die Qualität der Feldarbeit zu verbessern.

Auf der anderen Seite ist das Telefoninterview zeitlich und technisch durch den Umstand beeinträchtigt, daß es in der Regel weniger Zeit in Anspruch nehmen kann als das persönlich-mündliche Interview und daß Befragungshilfen, die das persönlich-mündliche Interview standardmäßig nutzt (Listen, Kartenspiele), nicht zum Einsatz kommen können. Darüber hinaus ist die Möglichkeit komplexer Fragedesigns (zum Beispiel Matrixabfragen, Listen- oder Bildvorlagen) eingeschränkt. Vor allem dieser Aspekt macht das Telefoninterview gerade für sozialwissenschaftliche Befragungen, die nicht selten mit komplexen Fragedesigns arbeiten, nicht immer einsetzbar.

Grundsätzlich ist in jedem Einzelfall abzuwägen, für welche Form der Datenerhebung man sich entscheidet. Diese Entscheidung hängt von den Inhalten der Befragung ebenso ab wie von ihrer Zielgruppe, ihrer Komplexität, dem zeitlichen Rahmen usw., wobei Entscheidungen in dieser Frage häufig ad hoc getroffen werden, weil noch ein großer Bedarf an einschlägiger Forschung besteht.

Unter dem Gesichtspunkt der Qualität der Feldarbeit ist das computergestützte Telefoninterview aber durchaus eine ernstzunehmende Alternative zur persönlich-mündlichen Befragung, und Verbesserungen der Qualität der Feldarbeit durch den Einsatz von Telefoninterviews können zweifelsfrei in den Fällen erreicht werden, in denen das Verfahren den Anforderungen an den Fragebogen gerecht werden kann. Ist das – wie bei komplexen Fragedesigns – nicht der Fall, könnte eher das Gegenteil erreicht werden; Probleme und Verständnisschwierigkeiten könnten zu mehr Nachteilen in der Datenqualität führen und damit die spezifischen Vorteile des Telefoninterviews ausgleichen. Bei einfachen, kurzen Befragungen ist das computergestützte Telefoninterview jedoch auf jeden Fall ein Mittel zur Verbesserung der Feldarbeit. Das gilt im Prinzip auch bei komplexen, zeitlich aufwendigeren Befragungen; die Eignung für die telefonische Befragungsmethode ist jedoch im Einzelfall zu prüfen. Sind komplexe Fragendesigns, die ohne optische Unterstützung nicht kommunizierbar sind, im Fragebogen unverzichtbar, so ist das persönliche computergestützte Interview (CAPI) die Alternative. Das Problem der Auswahl der Zielhaushalte und Zielpersonen tritt hier in gleicher Weise auf wie beim traditionellen persönlich-mündlichen Interview.

5.8 *Access Panels*

Access panels (vgl. Abschnitt 6.2.2) kommen zustande, indem Befragte im Rahmen von normalen Befragungen interviewt und danach um ihre Zustimmung zur Speicherung von Name und Adresse gebeten werden, falls sie sich bereit erklären, an künftigen Umfragen teilzunehmen. Methodische Voraussetzung für diese Art von Panel ist, daß die Hauptstichprobe *(master sample)*, aus der die jeweils benötigten Stichproben gezogen werden, einer Zufallsstichprobe aus der Grundgesamtheit entspricht.

Die Idee des *access panel* besticht durch die relativ einfache, schnelle und deshalb kostengünstige Verfügbarkeit von Befragungspersonen. Als mögliche Nachteile des Verfahrens, die sich auf die Qualität der Daten auswirken könnten, lassen sich anführen, daß

- ein Panel von „Bereitwilligen" aufgebaut wird, die sich in ihrem Antwortverhalten systematisch von den Befragten einer normalen Zufallsstichprobe unterscheiden (Selbstselektion), und
- Personen durch wiederholtes Befragtwerden ihr Antwortverhalten verändern und kontrollieren.

Zu beachten sind ferner die „üblichen" Panelprobleme wie Panelmortalität, Panelsteuerung oder Auffüllung des Panels.

Die Probleme bei der Auswahl der Zielhaushalte und Zielpersonen stellen sich beim *access panel* zunächst einmal genauso dar wie bei sonstigen Befragungen: Ermittelt man, wie üblich, die Teilnehmer im Nachgang zu einer „normalen" Befragung (oder durch Formen der nichtzufälligen Anwerbung), treten die gleichen Schwierigkeiten und Fehlerquellen auf wie dort. Sind die Teilnehmer allerdings erst einmal rekrutiert, wird die Ermittlung der Zielpersonen für jede spezifische Studie vollkommen aus der Hand des Interviewers in die Hände des Namen und Adressen speichernden Instituts gegeben. Für den Interviewer ergibt sich dann die gleiche Situation wie bei Personenstichproben, allerdings mit dem großen Vorteil, daß er im

Feld auf vorbereitete, motivierte und wohl auch gutwillige Befragte treffen wird. Überzeugungsarbeit hat der Interviewer nicht mehr zu leisten.

Die Probleme in der Durchführungsphase des Interviews unterscheiden sich nicht von den Problemen, die im „normalen" Interview auftreten; allerdings könnte sich die Befragungserfahrung von Personen positiv auf die Erfüllung ihrer Rolle und auf die Antizipation der Erwartungen des Interviewers auswirken. Wenn man schon weiß, welche Aufgaben der Interviewer hat und was von einem selbst erwartet wird, kann das Interview reibungsloser ablaufen als ohne diese Vorkenntnisse.

Alles in allem kann durch die Anwendung von *access panels* die Qualität der Feldarbeit in einigen Punkten (Auswahl der Befragungseinheiten, Kontaktphase) verbessert werden. In anderen Punkten unterscheiden sie sich von „normalen" Befragungen nur wenig oder könnten sich sogar eher negativ auswirken („Berufsbefragte"), obgleich hier die notwendige Grundlagenforschung fehlt. Für das *access panel* sprechen die niedrigeren Kosten gegenüber wiederholten Stichprobenziehungen für Einmalbefragungen, die leichtere Erreichbarkeit spezifischer Zielgruppen und die aufgrund der veränderten Befragtenauswahl verkürzten Feldzeiten. Achtet man schließlich darauf, daß die Thematiken aufeinanderfolgender Umfragen über jede einzelne Befragungsperson hinreichend variieren, kann man sicherstellen, daß das Antwortverhalten bei einer Umfrage nicht durch die Antworten beeinflußt wird, die in der vorangegangenen Befragung gegeben worden sind. Gelingt es schließlich, durch Einsatz elektronischer Netze das *access panel* ohne Intervention eines Interviewers ablaufen zu lassen, können Fehler bei der Befragung weiter reduziert werden. Erst eine häufigere Nutzung von *access panels* und eine diese systematisch begleitende Grundlagenforschung werden ein fundiertes Urteil über die Zukunftschancen dieser Befragungsmethode zulassen.

6 Standards der Umfrageforschung, Prozeßkontrolle und internationale Situation

6.1 Vorbemerkung

Die Bearbeitung der zahlreichen ineinander verzahnten Arbeitsschritte bei Umfragen auf hohem oder zumindest angemessenem Qualitätsniveau erfordert einen großen technischen, methodischen und personellen Aufwand. Dies belegt unter anderem ein umfangreiches Dokument der britischen Market Research Quality Standards Association (MRQSA), das wesentliche Prozeßelemente von Umfragen beschreibt (Market Research Quality Standards Association 1997). Die Vielzahl der dort angegebenen einzelnen Arbeits- und Produktionsschritte und der damit in jedem Falle verbundenen Entscheidungen über Qualitätsstandards ist beeindruckend. Um beispielsweise eine mittelgroße Umfrage wie etwa den ALLBUS mit zirka 3500 Befragten durchzuführen, sind Teams zur Fragenentwicklung, zur Fragebogengestaltung und zur Stichprobenziehung zu koordinieren sowie mehrere hundert Interviewer in über hundert Städten und Gemeinden anzuleiten und zu kontrollieren. Danach müssen Datenerfasser und -manager die Antworten der Befragten in mehr als 400 einzelnen Informationseinheiten (Variablen) festhalten. Das ergibt bei 3500 Befragten 1400000 einzelne Angaben, von denen erwartet wird, daß sie korrekt und verarbeitbar sind.

Daß jede dieser in dem beschriebenen komplexen Prozeß gewonnenen Informationseinheiten auf ihre Richtigkeit zumindest im Prinzip überprüfbar ist, wird durch Kontrollen etwa nach den Standards der MRQSA oder durch Verfahren nach ISO 9000 (siehe dazu Abschnitt 6.3.2) sichergestellt. Zugleich können inzwischen für zentrale Elemente einer sozialwissenschaftlichen Umfrage quantifizierbare, wissenschaftlich abgesicherte Qualitätskriterien angegeben werden.

Im folgenden werden zunächst die wesentlichen inhaltlichen Qualitätsstandards im Anschluß an ein Grundsatzdokument der American Association for Public Opinion Research (AAPOR) erörtert, das diese unter dem Titel *Best Practices for Survey and Public Opinion Research* (American Association for Public Opinion Research 1997a; siehe im Anhang Abschnitt 16.1) veröffentlicht hat. Daran anschließend wird die Einführung von *Prozeßkontrollen* im internationalen Rahmen diskutiert werden.

6.2 Vorbildliche Umfrageforschung

6.2.1 Einführung

Die verschiedensten berufsständischen Organisationen der Sozial- und Marktforschung haben in Kenntnis der vielfältigen mit der Erzeugung von Daten der Umfrageforschung verbundenen Probleme seit längerem Verhaltenskodices *(Codes of Ethics)* zur Sicherung professioneller Standards beschlossen. Hier seien neben der Research Industry Coalition (RIC) genannt: die American Association of Public Opinion Research (AAPOR), die American Sociological Association (ASA), die Deutsche Gesellschaft für Soziologie (DGS), die European Society for Opinion and Marketing Research (ESOMAR), das International Statistical Institute (ISI), der Arbeitskreis Deutscher Markt- und Sozialforschungsinstitute e. V. (ADM) und für alle Forschungsgebiete übergreifend seit kurzem die Deutsche Forschungsgemeinschaft (Deutsche Forschungsgemeinschaft 1998). Diese *Codes of Ethics* befassen sich mit allgemeinen, oft eher abstrakten Regeln zur Einhaltung wissenschaftlicher Standards. Ein Beispiel ist die folgende, dem ESOMAR-Code entnommene Regel: *Marketing research must always be carried out objectively and in accordance with established scientific principles.*

Als übergreifendes Prinzip ist den Codes die Offenlegung der Verfahren gemeinsam. Welches jedoch die relevanten, über eine Aufzählung beliebig detaillierter Elemente hinausgehenden Qualitätskriterien sind, wird mit einer Ausnahme nicht behandelt. Diese Ausnahme bilden die genannten *Best Practices for Survey and Public Opinion Research* der AAPOR.

Im folgenden werden die dort aufgeführten Qualitätskriterien erörtert und der Forschungsstand dokumentiert. Dabei ergeben sich gelegentlich Überschneidungen, auf die an geeigneter Stelle hingewiesen wird.

Das AAPOR-Dokument hat für eine deutsche Diskussion vorbildlicher Umfragepraktiken erhebliche Bedeutung, denn erstens handelt es sich bei AAPOR um eine Organisation, in der alle wesentlichen Vertreter der akademischen und der privatwirtschaftlich verfaßten Empirischen Sozialforschung der USA vertreten sind, darunter insbesondere Universitäten, Forschungsinstitute, Statistische Ämter und Massenmedien. Zweitens reguliert die AAPOR mit ihren Standards den derzeit weltweit größten sozialwissenschaftlichen Markt, was nicht ohne Rückwirkung auf die internationale Konkurrenzfähigkeit der deutschen Umfrageforschung bleiben kann.

6.2.2 AAPOR-Standards

In der Einleitung zu den im Mai 1997 veröffentlichten *Best Practices for Survey and Public Opinion Research* (American Association for Public Opinion Research 1997 a) wird als eines der Ziele formuliert, Standards oder Kriterien hinsichtlich einer vorbildlichen Umfragepraxis (*excellence in survey practice*, siehe insbesondere Punkt 12 im Abschnitt 16.1.2) festzuhalten. Es wird argumentiert, daß inhaltliche Qualitätsstandards wegen der der Umfrageforschung immanenten Zielkonflikte nicht in aller Breite verpflichtend sein können. Dazu gehören unter anderem Konflikte zwischen der Ausschöpfung von Stichproben und der zur Verfügung stehenden *Erhebungszeit* (eine hohe Ausschöpfung erfordert viele Kontaktversuche zum Erreichen der potentiellen Befragten, was wiederum zu mehr Erhebungszeit führt) oder Konflikte zwischen den Zielen der Vollständigkeit und der Genauigkeit der Erfassung eines Themas einerseits und der Belastung der Befragten andererseits (nicht immer ist es notwendig, ein bestimmtes Thema in allen seinen Facetten auszuloten, sondern häufig reicht eine mit einer kürzeren Befragungszeit verbundene Behandlung der Problematik aus). Von besonders großer Bedeutung ist in diesem Zusammenhang die Beantwortung der Frage, ob eine Untersuchung den Charakter einer Referenzstudie besitzt, an der die Ergebnisse anderer, weniger aufwendiger Studien gemessen werden, oder ob es sich um eine Standarderhebung handelt, bei der weniger hohe Ansprüche an Technik und Methodologie gestellt werden (vgl. dazu auch Kapitel 13).

Entsprechend wird in dem Qualitätsdokument der AAPOR auf die Notwendigkeit einer klaren Zielsetzung des Forschungsvorhabens hingewiesen. Es warnt ausdrücklich vor der Vermengung mit anderen Zielen, etwa dem des Verkaufs von Produkten, und erinnert daran, daß Daten durch Umfragen nur dann erhoben werden sollten, wenn die gewünschte Information anders nicht gewonnen werden kann. Hervorzuheben ist ferner die im zweiten Teil des genannten AAPOR-Dokuments, und zwar im Unterpunkt *Survey Practices That AAPOR Condemns* (siehe Abschnitt 16.1.3 im Anhang), zum Ausdruck kommende Doppelstrategie: Um das Qualitätsbewußtsein der Fachöffentlichkeit zu fördern, werden nicht nur die Standards für „gute Forschung" definiert, sondern es werden auch die Vorgehensweisen beschrieben, die es unter dem Aspekt hoher wissenschaftlicher Qualität der Forschung zu vermeiden gilt.[9]

Im folgenden werden einige Elemente des Umfrageforschungsprozesses behandelt, die in dem AAPOR-Dokument hervorgehoben werden und auch für die deutsche Sozialforschung einschlägig sind.

6.2.2.1 Kosten-Nutzen-Gesichtspunkte

Kosten-Nutzen-Gesichtspunkte betreffen eine Reihe von Qualitätsaspekten einer Umfrage. Hierzu gehören nicht zuletzt die Angemessenheit von Stichprobengröße, Erhebungsmodus und Fragentypen bezüglich der zu bearbeitenden Forschungsfrage. Die Komplexität des Instrumentariums der Umfrageforschung soll dabei nochmals am Beispiel der Erhebungsmodi erläutert werden. Daraus wird gleichzeitig eine Begründung für die Entscheidung abgeleitet, im folgenden nur noch allgemeingültige Qualitätskriterien zu behandeln.

Die beiden Graphiken *Befragung mit Interviewern* und *Befragung ohne Interviewer* (Abbildung 1) zeigen – immer noch sehr vereinfacht – Arten der Kontakte zu und Kommunikationsformen mit den zu befragenden Personen. *Befragung mit*

---

9 AAPOR verurteilt alle Praktiken, die unter dem Deckmantel von Forschung dem Verkauf oder dem Sammeln von Spenden dienen, manipulative Fragestellungen *(push polls)*, das Ausgeben von Anrufaktionen *(TED)* als „Umfragen" und vor allem die Preisgabe der Identität der Befragten ohne deren Erlaubnis (vgl. die *Survey Practices That AAPOR Condemns* im Anhang, Abschnitt 16.1.3).

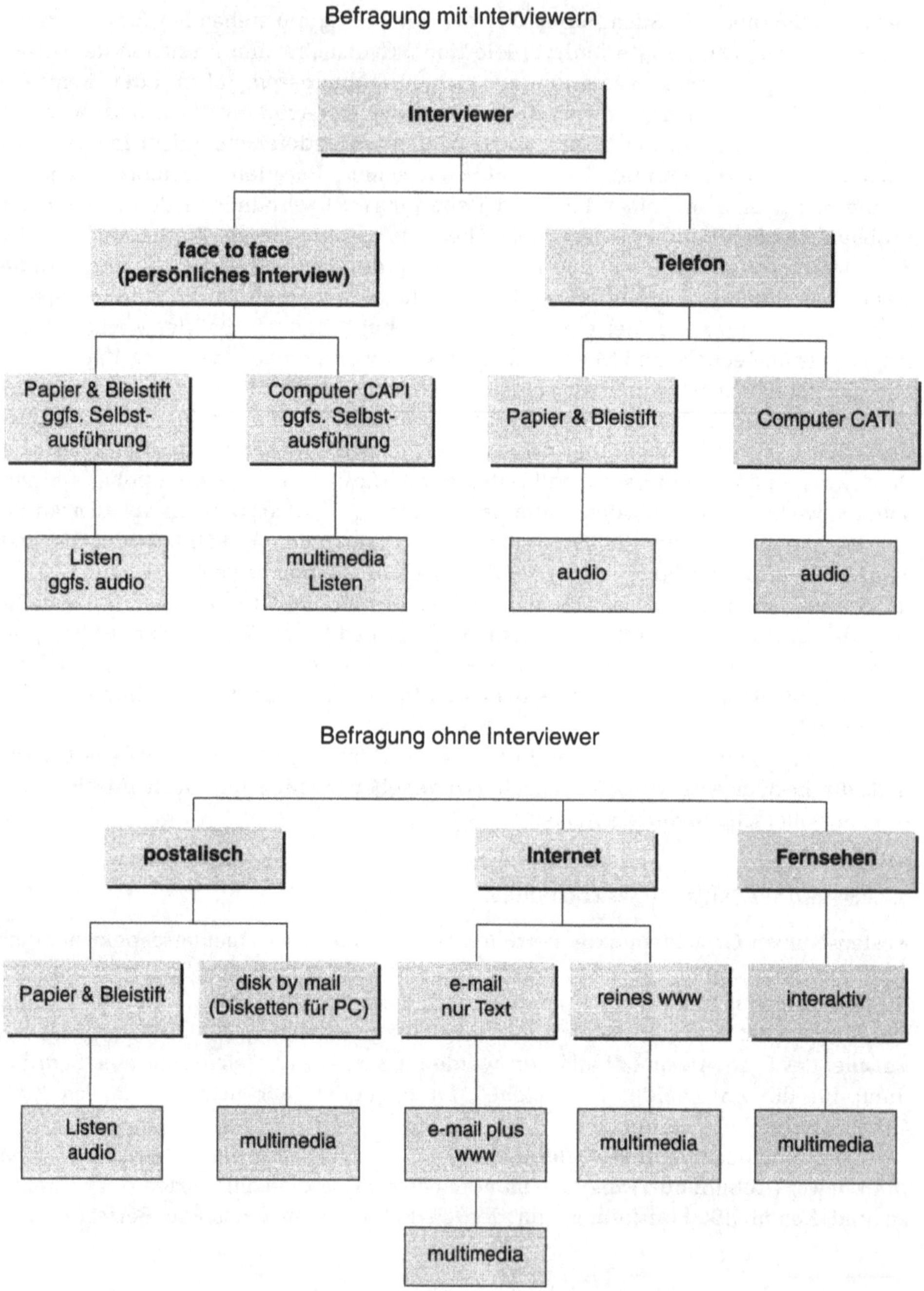

Abbildung 1: Befragungsmethoden

Interviewern bedeutet hier, daß speziell ausgebildete Personen (Interviewer) auf eine von den Forschern vorgeschriebene Weise Befragte kontaktieren und im Erfolgsfalle ein Interview durchführen. Neben vorgelesenen Fragen werden heute als Hilfsmittel Listen, Toninformationen, Abbildungen und andere Methoden bis hin zu multimedialen Darstellungen eingesetzt. Diese Methoden sind in den Graphiken beispielhaft angeführt.

Neben der interviewergestützten Befragung hat die postalische Befragung eine große Tradition als eine Methode der Kommunikation zwischen Forschern und Befragten. Demnächst werden auch Internet und Fernsehen als Kommunikationskanäle zunehmend verwendet werden. Umfragen im Internet finden in großer Zahl bereits statt (allerdings *keine* repräsentativen Bevölkerungsumfragen), während Befragungen über Fernsehkanäle noch nicht verbreitet sind.

Jeder dieser Erhebungsmodi weist bezüglich der Datenqualität eigene Randbedingungen auf. Teilweise liegen hierzu inzwischen Forschungsergebnisse vor, die jedoch noch kein abschließendes wissenschaftliches Urteil über Qualitätsunterschiede der einzelnen Modi erlauben (de Leeuw und Collins 1997; siehe dazu auch Kapitel 4 und 5).

6.2.2.2 Stichproben

Als erstes wesentliches Qualitätsmerkmal wird von AAPOR das Stichprobendesign behandelt. Zufallsstichproben werden als einzige wissenschaftlich fundierte Art der Stichprobenziehung bezeichnet: „Virtually all surveys taken seriously by social scientists, policy makers, and the informed media use some form of random or probability sampling, the methods of which are well grounded in statistical theory and the theory of probability" (*Best Practices*, Punkt 3). Denn nur Zufallsstichproben erlauben es, die Auswahlwahrscheinlichkeit jeder befragten Person eindeutig zu berechnen, und gestatten damit einen wissenschaftlich gesicherten Schluß von der Stichprobe auf die Grundgesamtheit (vgl. dazu auch Kapitel 3).

Aus dieser Festlegung der Zufallsstichprobe als einem Qualitätskriterium für eine sozialwissenschaftliche Umfrage zuungunsten von Quotenstichproben läßt sich eine Unterscheidung in *wissenschaftlich fundierte* (Zufalls-) und zumindest *in der Praxis bewährte* (Quoten-)Stichproben vornehmen, ohne daß dieses so in dem AAPOR-Dokument ausgedrückt wurde.

Bei einer Zufallsstichprobe wird erwartet, daß sie alle Merkmalsvariationen in verkleinertem Maßstab abbildet. Für allgemeine Bevölkerungsumfragen wird dabei (etwa im Falle einer regional geschichteten Flächenstichprobe) nur die regionale Verteilung der Grundgesamtheit (Population) berücksichtigt. Durch Vergleich demographischer Merkmale der Stichprobe (zum Beispiel Alter und Geschlecht) mit Volkszählungs- oder Mikrozensusdaten läßt sich dann unter anderem auch die Qualität der realisierten Stichprobe im Einzelfall beurteilen.

Anders stellt sich die Situation bei Quotenstichproben dar; denn dort werden Informationen aus Großstatistiken wie etwa der Volkszählung oder aus dem Mikrozensus benutzt, um die Anteile der zu befragenden Männer und Frauen in bestimmten Altersgruppen, Regionen usw. im voraus festzulegen (Quoten). Interviewer erhalten dann zum Beispiel die Anweisung, zwei Männer unter 30 Jahren, einen Mann über

60 Jahren sowie drei Frauen über 50 Jahren usw. zu befragen. Im Prinzip werden so lange Personen kontaktiert, bis das Quotenschema vollständig abgearbeitet ist. Abgesehen von dem Problem, wie Interviewer an den vorgegebenen Orten gerade die Personen finden, welche sie für eine bestimmte Studie benötigen, ist festzuhalten, daß wegen der beschriebenen Logik von Quotenstichproben deren Qualität grundsätzlich nicht anhand von Volkszählungs- oder Mikrozensusdaten geprüft werden kann. Dies ist neben dem nur durch Praxis, aber nicht durch wissenschaftliche Gesetze abgedeckten Schluß von der Stichprobe auf die Gesamtheit einer Bevölkerung der zweite wesentliche Nachteil von Quotenstichproben in einer qualitätsorientierten Perspektive.

Für alle Stichproben gilt im übrigen, daß genaue Informationen über die Grundgesamtheit unabdingbare Voraussetzung für die Stichprobenbildung sind. Dieser kritische Punkt wird besonders deutlich bei Stichproben, die aus besonderen Grundgesamtheiten gezogen werden sollen, etwa der Population „alle Familien mit mindestens einem Kind in der Sekundarstufe II". Auch für Telefonumfragen und postalische Befragungen besteht im übrigen die Notwendigkeit, über diese Information zu verfügen (für diesbezügliche Probleme siehe Gabler und Häder 1997).

Als weitere zentrale Qualitätsmerkmale für Zufallsstichproben nennt die AAPOR die Ausschöpfung oder *response rate* (Verhältnis der Zahl der gültigen, auswertbaren Interwiews zur Größe der gezogenen bereinigten Stichprobe) sowie die Vermeidung systematischer Fehler *(bias)* wie etwa einer regionalen Konzentration oder der Untererfassung bestimmter Teilgruppen der Bevölkerung. Bezüglich der Quotenstichproben ist nur anzumerken, daß der Indikator Ausschöpfung beziehungsweise *nonresponse* nicht berechenbar ist.

Die Forschung hat sich in den letzten Jahren auf die Erforschung der Gründe der Nichtbeteiligung und dabei mehr auf die Nichtteilnahme an der Befragung als auf die Nichtbeantwortung einzelner Fragen konzentriert (vgl. unter anderem Couper und Groves 1996). Die Ergebnisse sind insofern eindeutig, als ganz bestimmte Schichten und Gruppen aus der Grundgesamtheit unterschiedliche Umfragebereitschaften aufweisen (in Deutschland beteiligen sich unterdurchschnittlich unter anderem Arbeiter, Bewohner von slumartigen Wohnquartieren und Eliten). Andererseits stärken die vorliegenden Ergebnisse auch die von Esser (1986) formulierte These des *situationsbedingten nonresponse* (das heißt, die Zahl derer, die grundsätzlich nicht an einem Interview teilnehmen, ist gering).

Die Zufallsstichprobe und die Quotenstichprobe teilen im übrigen alle anderen Qualitätsmerkmale bezüglich der Durchführung einer Studie, also die Notwendigkeit der klaren Zieldefinition und der akribischen Dokumentation des tatsächlichen Studienverlaufs (etwa inwieweit Interviewervorgaben erfüllt wurden oder nach welchen Kriterien Befragte als sogenannte stichprobenneutrale Ausfälle eingeordnet werden).

Nicht behandelt werden von AAPOR Sonder- beziehungsweise Mischformen der Stichprobenziehung wie etwa die *access* oder *convenience panels* (siehe dazu auch Abschnitt 5.8).

Access oder *convenience panels* bezeichnen Verfahren, bei denen Befragte angeworben werden, sich an verschiedenen, in beliebigen Abständen aufeinanderfolgenden Umfragen zu beteiligen („Berufsbefragte"). Aus einem durch die Anwerbungserhebung gebildeten *Pool* von Adressen mit wohldefinierten, über die Demographie hinausgehenden Merkmalen können dann bequem *(convenient)* Sub-Stichproben nach Kundenwünschen gezogen werden. Wenn bei der Ziehung der großen Pool-Stichprobe und der Unterstichproben keine systematischen Fehler unterlaufen, erfüllen solche Panels alle Standards einer Zufallsstichprobe.

Die mehrmalige Verwendung von Befragtenadressen für unterschiedliche Stichproben könnte insbesondere dann ein Anreiz dafür sein, sich an solchen Pools als Befragte zu beteiligen, wenn damit bestimmte Belohnungen real oder vorgeblich verbunden sind (zum Beispiel Teilnahme an Verlosungen). Ob damit ein Einfallstor für alle möglichen Interessengruppen in die Umfrageforschung und damit in die öffentliche Meinung geschaffen wird, sollte beobachtet werden.

6.2.2.3 Pretest: Entwicklung und Erprobung von Frageinstrumenten und -techniken

Zu qualitativ hochwertigen Umfragen, so AAPOR, gehören immer Pretests zur Überprüfung von Fragen und Erhebungsprozeduren (Punkte 5 und 6 der *Best Practices*; siehe ferner die Kapitel 4 und 5 dieser Denkschrift sowie Mohler und Porst 1996). In den letzten zehn Jahren sind wesentliche Fortschritte auf diesen Gebieten erzielt worden. Methoden und Befunde der Grundlagenforschung erlauben inzwischen, mit großer Zuverlässigkeit festzustellen, was Befragte unter einer bestimmten Frage verstehen, welche Entscheidungsprozesse bei der Beantwortung von Fragen ablaufen und wie sich die Kommunikationsform Interview zu anderen Kommunikationsformen verhält (Lyberg u. a. 1997; Biemer u. a. 1991; Schwarz 1996; Sudman u. a. 1996). Dementsprechend ist auch die Dokumentation der Fragenentwicklung und der damit verbundenen Pretests ein wichtiges Qualitätskriterium für die Umfrageforschung (zu erwähnen ist in diesem Zusammenhang das ZUMA-Skalenhandbuch beziehungsweise das ZUMA-Itembuch; siehe hierzu Glöckner-Rist und Bandilla 1997).

6.2.2.4 Interviewerauswahl und -training

Neben vielen anderen prozeduralen Fragen, wie sie etwa in den Punkten 4 und 8 des AAPOR-Dokuments oder durchgängig im Qualitätskodex der britischen Market Research Quality Standards Association behandelt werden, verdienen Interviewerauswahl und Interviewertraining unter Qualitätsgesichtspunkten besondere Aufmerksamkeit (siehe dazu Kapitel 5).

Obgleich in der Literatur der Umstand, daß den Interviewern die zentrale Rolle im Prozeß der Umfrage zukommt, ausführlich gewürdigt wird (vgl. unter anderem Lyberg und Kasprzyk 1991), können keine Qualitätsmerkmale ausgemacht werden, die über die in Punkt 7 des AAPOR-Dokuments genannten Aspekte wissenschaftlich fundiert hinausgehen: „Good interviewer techniques should be stressed, such as how to make initial contacts, how to deal with reluctant respondents, how to conduct interviews in a professional manner, and how to avoid influencing or biasing responses."

Was im einzelnen gute Interviewtechniken prozedural bedeuten, hängt von der Befragungskultur in einzelnen Ländern ebenso ab wie von den Erfahrungen einzelner Institute. An dieser für die Umfrageforschung zentralen Stelle weist die Literatur noch erhebliche weiße Flecken auf. So eröffnet sich ein wesentliches, über die vorhandenen „Erfahrungssätze", Beschreibungen und Spekulationen hinausreichendes Forschungsfeld.

6.2.2.5 Statistische Aufbereitung und Auswertung

Ein weiteres Qualitätsmerkmal betrifft die statistische Aufbereitung und Auswertung einer Umfrage (Punkt 10 des AAPOR-Dokuments). Schon in den fünfziger Jahren wurde von Duff (1979; erste Auflage 1954) einschlägig zum Thema *How to lie with statistics* publiziert – und dies, anders als der Titel suggerieren mag, unter besonderer Berücksichtigung von Kriterien einer transparenten und wissenschaftlich zutreffenden Statistik.

Zur statistischen Aufbereitung und Analyse von Umfragedaten gehören neben klassischen und modernen Auswertungsverfahren vor allem auch die Behandlung fehlender Angaben und die Gewichtung mit dem Ziel der Anpassung der Randverteilungen demographischer Variablen in Umfragen an Zensusdaten.

Als fehlende Werte *(missing values)* werden in der Umfrageforschung Merkmale von Befragten bezeichnet, die aus einem inhaltlich definierten Rahmen herausfallen. Typischerweise werden Verweigerungen von Angaben (etwa über die Höhe des Einkommens oder über bestimmte Krankheiten) sowie Unentschiedenheit (Antworten wie „weiß nicht" oder „kann mich nicht entscheiden") als fehlende Werte markiert.

Gewichtung heißt, die in der Stichprobe tatsächlich vorliegende Verteilung bestimmter, in der Regel demographischer Merkmale durch ein einfaches Rechenverfahren an eine externe, als gültig angesehene Verteilung anzupassen. Ein Beispiel wäre etwa die Anpassung der Verteilung nach Alter und Geschlecht in einer Stichprobe an die aus der Volkszählung beziehungsweise aus dem Mikrozensus bekannte Verteilung; ein anderes Beispiel wäre die Umrechnung von Haushaltsstichproben auf Personenstichproben, weil bei Haushaltsstichproben die Mitglieder von Mehrpersonenhaushalten eine geringere Auswahlchance als die Mitglieder von Einpersonenhaushalten besitzen.

Gewichtung und Ersetzung fehlender Werte haben insbesondere bei für politische Entscheidungen wichtigen Umfragen (zum Beispiel Gesundheitsforschung) eine große Bedeutung, denn dort können schon kleinere Abweichungen von den tatsächlichen Gegebenheiten zu erheblichen Fehlleitungen von öffentlichen Geldern führen. Ähnliches gilt auch für Marketinguntersuchungen und für die Wahlforschung. Zur Ersetzung fehlender Werte wurde, aufbauend auf Rubins bahnbrechender Arbeit *Multiple Imputation for Nonresponse in Survey* (1987), eine Reihe von Prozeduren entwickelt, die inzwischen Eingang in die allgemeine sozialwissenschaftliche Praxis gefunden haben.

In der amerikanischen Sozialforschung spielen Fragen der Gewichtung keine wesentliche Rolle mehr; die Anwendung von Gewichtungsverfahren gehört dort zur Normalität des Forschungsprozesses. Dem steht eine ausführliche deutsche Auseinandersetzung mit diesem Problem gegenüber. Allgemein festzuhalten ist, daß mit Ausnahme sogenannter Designgewichte, also zum Beispiel der Anpassung von einer Haushalts- an eine Personenstichprobe, alle anderen Gewichtungen immer einer besonderen Prüfung und einer eingehenden Begründung bedürfen (vgl. dazu Gabler u. a. 1994).

Wenig Beachtung in der Literatur findet bisher die kritische Auseinandersetzung mit den für bestimmte Datentypen jeweils angemessenen Auswertungsverfahren. Dabei wird nicht so sehr an die umfangreiche Literatur zu Methoden der Empirischen Sozialforschung als an die inhaltliche Auseinandersetzung mit vorgelegten Forschungsergebnissen gedacht.

6.3 Prozeßorientierte Qualitätskontrollen

6.3.1 Zum internationalen Diskussionsstand

In den nationalen Verbänden der privatwirtschaftlich verfaßten Markt- und Sozialforschungsinstitute wird Qualität vornehmlich im Zusammenhang mit Systemen des prozeßorientierten Qualitätsmanagements, das heißt der Zertifizierung nach ISO 9000 (siehe dazu den nächsten Abschnitt), sowie der Sicherstellung einer Mindestqualität durch verbindliche Qualitätsstandards diskutiert.[10] Wichtig im Zusammenhang mit prozeßorientierten Qualitätskontrollen sind auch der Begriff *Total Quality Management* (TQM) und die damit verbundenen Prinzipien. Faktisch ist eine ISO-9000-Zertifizierung ohne Anwendung von TQM-Verfahren nicht durchführbar.

6.3.2 Zertifizierung nach ISO 9000

Mit der Normenreihe ISO 9000 liegt eine international anerkannte Norm der grundlegenden Anforderungen an ein umfassendes System des Qualitätsmanagements insbesondere für die Dienstleistungsbranchen vor. Unternehmen können sich nach ISO 9000 zertifizieren lassen. Ziel der Zertifizierung ist der Nachweis einer *Unternehmensstruktur*, mit der eine *vom Unternehmen definierte* Qualität der Produkte beziehungsweise Dienstleistungen nachhaltig sichergestellt werden kann. Die Zertifizierung an sich garantiert deshalb *nicht* die Einhaltung besonders strenger, inhaltlich definierter Qualitätsmaßstäbe. Gleichwohl bietet die Zertifizierung eines Marktforschungsinstituts sowohl dem Institut selbst als auch seinen Auftraggebern Vorteile.

Auf der Seite des Instituts trägt der Prozeß der Zertifizierung dazu bei, mögliche Schwachstellen in den einzelnen Arbeitsabläufen zu erkennen und die verschiedenen Schritte des Forschungsprozesses bei gleichbleibender wissenschaftlicher Qualität effizienter und rationaler zu gestalten. Für die Auftraggeber werden die Studiendurchführung und die inhaltlich definierten Qualitätskriterien durch die Zertifizierung transparenter. Sie können sich überzeugen, daß die einzelnen Forschungsschritte in einer ihren Ansprüchen genügenden Qualität durchgeführt werden.

---

10 Das bedingt einen Qualitätsbegriff, der in erster Linie an der Durchführung der einzelnen Schritte des Forschungsprozesses unter wissenschaftlich-methodischen Gesichtspunkten orientiert ist. Die qualitätsrelevanten Aspekte der Grundlagenforschung sowie der wissenschaftlichen Ausbildung des akademischen Nachwuchses treten demgegenüber in den Hintergrund.

Ohne genaue Zahlen angeben zu können, darf man doch davon ausgehen, daß die privatwirtschaftlich verfaßten deutschen Marktforschungsinstitute einer Zertifizierung nach ISO 9000 mehrheitlich zunächst skeptisch bis ablehnend gegenüberstanden. Soweit gegenwärtig ein Umdenken festzustellen ist, sind hierfür neben der sich allmählich durchsetzenden Erkenntnis, daß die Zertifizierung nicht zwangsläufig eine Einengung der wissenschaftlichen Kreativität bedeutet, hauptsächlich die möglichen Produktivitäts- und Marketingvorteile der Zertifizierung sowie ein tatsächlicher oder vermeintlicher Marktzwang verantwortlich.

Gegenwärtig sind in Deutschland nur wenige Markt- und Sozialforschungsinstitute nach der Normenreihe ISO 9000 zertifiziert. Inwieweit die Zertifizierung als Wettbewerbsvorteil genutzt werden kann, hängt wesentlich vom Verhalten der Auftraggeber ab. Wenn sie durch ihr Ausschreibungs- und Auftragsverhalten zertifizierte Marktforschungsinstitute bevorzugen, dürfte sich die Einführung der Normenreihe ISO 9000 in der deutschen Markt- und Sozialforschung erheblich beschleunigen.

Am Ende dieser Entwicklung wird es wahrscheinlich nur noch sehr wenige nicht zertifizierte Institute geben. Dann allerdings hat die Zertifizierung als Differenzierungsmerkmal im Wettbewerb keine Bedeutung mehr; eine rein wettbewerbsorientierte Zertifizierung bietet den zertifizierten Instituten also nur temporäre Vorteile. Unter dem Aspekt der wissenschaftlichen Qualität der Markt- und Sozialforschung wäre eine wettbewerbsorientierte Zertifizierung der Institute aber dann ein Fortschritt, wenn auf diese Weise letztlich das Qualitätsniveau der Sozial- und Marktforschung *insgesamt* ansteigen würde.

In verschiedenen Ländern haben die nationalen Verbände der Marktforschungsinstitute beschlossen, die Zertifizierung zu einem formalen Kriterium der Mitgliedschaft zu machen. Beispielsweise müssen in den Niederlanden alle Mitgliedsinstitute von der Vereniging van Marktonderzoekbureaux (VMO) bis zum Ende des Jahres 1997 zertifiziert sein; neu eintretende Mitglieder müssen innerhalb von 18 Monaten die Zertifizierung erlangen. In Italien müssen alle Mitgliedsinstitute der Associazione Istituti Ricerca di Mercato, Sondaggi di Opinione, Ricerca Sociale (ASSIRM) bis Ende 1998 zertifiziert sein; neue Mitglieder haben zwei Jahre Zeit, sich zertifizieren zu lassen. In Spanien müssen die Mitgliedsinstitute der Associación Nacional de Empresas de Investigación de Mercados (ANEIMO) spätestens bis zum Ende des Jahrtausends nach ISO 9000 zertifiziert sein. In Frankreich hat das Chambre syndicale des sociétés d'Etudes et de Conseils (SYNTEC CONSEIL) für seine Mitgliedsinstitute die Zertifizierung nach ISO 9000 zwar nicht verbindlich gemacht, empfiehlt und unterstützt sie aber.

In Deutschland hat der ADM hinsichtlich der Zertifizierung seiner Mitgliedsinstitute keinen Beschluß gefaßt. Zumindest in mittelfristiger Perspektive ist es eher unwahrscheinlich, daß die Zertifizierung nach ISO 9000 eine formale Voraussetzung der Mitgliedschaft im ADM wird. Ob sich die Zertifizierung nach ISO 9000 in der deutschen Marktforschung durchsetzen wird, hängt deshalb maßgeblich von einer entsprechenden Nachfrage der Auftraggeber ab, die allerdings vermutlich zunehmen wird.

6.3.3 Nationale Standards

Durch die Zertifizierung nach ISO 9000 werden die einzelnen Schritte des Forschungsprozesses nur dokumentiert; die Normenreihe selbst setzt aber keine an wissenschaftlichen Kriterien orientierte Maßstäbe für deren Durchführung. Dazu bedarf es allgemein akzeptierter inhaltlicher Qualitätsstandards. Ohne solche Standards ist die Bedeutung der Zertifizierung für die wissenschaftliche Qualität der Markt- und Sozialforschung weitgehend vom Qualitätsbewußtsein und der Qualitätsphilosophie des einzelnen Instituts, das sich zertifizieren läßt, abhängig.

Die internationalen Standesregeln der Markt- und Sozialforschung verpflichten die Institute, Forschung nach anerkannten wissenschaftlichen Grundsätzen kosteneffizient, mit angemessener Qualität und entsprechend den mit dem Auftraggeber vereinbarten Vorgaben durchzuführen (vgl. European Society for Opinion and Marketing Research 1995: Artikel 12). Markt- und Sozialforschung bewegen sich im Spannungsfeld zwischen wissenschaftlicher Qualität und zeitlicher Verfügbarkeit der Ergebnisse sowie den dafür entstehenden Kosten der Untersuchung (siehe dazu im einzelnen Kapitel 13). Die wissenschaftliche Qualität der Untersuchungsergebnisse ist mithin entscheidend von den Ansprüchen und Erwartungen der Auftraggeber abhängig.

Bei der Formulierung von Qualitätsstandards für die Marktforschung nimmt Großbritannien schon seit Jahren in Europa die führende Position ein. Im Jahr 1996 hat die Market Research Quality Standards Association (MRQSA) den *Service Standard for Market Research* vorgelegt. MRQSA ist ein Zusammenschluß der verschiedenen Verbände, die in Großbritannien die Interessen der Anbieter und Nutzer von Markt- und Sozialforschung repräsentieren. Der *Service Standard for Market Research* setzt sich aus fünf Teilen zusammen: Qualitätssicherung, Studiendurchführung, Datenerhebung, Datenverarbeitung und Zertifizierung.

Damit ein Marktforschungsinstitut das MRQSA-Zeichen als Garantie für ein Arbeiten gemäß dem *Service Standard for Market Research* erhält, ist die Zertifizierung durch eine von United Kingdom Accreditation Service (UKAS) für die Marktforschung akkreditierte Institution erforderlich. Der *Service Standard for Market Research* und die Zertifizierung nach ISO 9000 sind in der Weise komplementär, daß eine erfolgte ISO-Zertifizierung einzelne Teile der Zertifizierung nach dem MRQSA-Standard einschließt.

Inzwischen ist der von MRQSA entwickelte *Service Standard* von den zuständigen Regierungsbehörden als offizieller *British National Standard* (British Standards Institution 1998) anerkannt worden. Gegenwärtig schließen sich in Großbritannien die beiden Verbände Association of Market Survey Organisations (AMSO) und Association of British Market Research Companies (ABMRC) zur British Market Research Association (BMRA) zusammen. Für die Mitglieder dieses neuen Verbandes von Marktforschungsinstituten wird der offizielle *British National Standard* verbindlich sein.

Der britische *Service Standard for Market Research* hat auch Auswirkungen auf die Diskussion und Entwicklung in anderen europäischen Ländern. In Schweden will Föreningen Svenska Marknadsinformationsföretag (SMIF) Mindeststandards entwickeln, die mit dem von MRQSA entwickelten Servicestandard übereinstimmen.

Der spanische Verband ANEIMO will ein für seine Mitgliedsinstitute verbindliches Qualitätshandbuch herausgeben, das auf dem britischen *Service Standard* basiert.

In Italien hat ASSIRM (1996) mit *Standard di Qualità* Mindeststandards für die Mitgliedsinstitute beziehungsweise für die Aufnahme neuer Mitglieder entwickelt, desgleichen in den Niederlanden die VMO. Problematisch ist bei den niederländischen Qualitätsstandards die offenbar vorhandene Möglichkeit, daß kleinere Institute sich aus Kostengründen zusammenschließen und die Zertifizierung gemeinsam erlangen.

In Frankreich hat SYNTEC CONSEIL einen stark auftraggeberorientierten *Guide pratique de la Qualité en Études de Marché* (1998) formuliert, der inzwischen von der European Federation of Associations of Market Research Organistions (EFAMRO) in einer englischen Übersetzung als *Practical Guide to Quality Market Research* (1998) herausgegeben worden ist. Damit besteht eine relative Ähnlichkeit zwischen diesem französischen Ansatz und dem Vorhaben des ADM (siehe unten), einen Katalog qualitätsrelevanter Kriterien zu entwickeln, der alle Schritte des Forschungsprozesses umfaßt.

In den USA wird die Qualitätsidee unter anderem vom Council of American Survey Research Organizations (CASRO) vorangetragen. CASRO hat dazu ein Survey Research Quality Committee gegründet, das Richtlinien zur Qualität der Umfrageforschung herausgibt. Neben CASRO sind es in den USA vor allem der Council for Marketing and Opinion Research (CMOR) und das Research Industry Leaders Forum (RILF), die sich mit speziellen Aspekten der Qualität der empirischen Forschung befassen: CMOR mit der Verbesserung der Teilnahmebereitschaft an Umfragen, RILF mit der Notwendigkeit systematischer Ausbildungs- und Trainingsprogramme.

Nicht zuletzt aufgrund verschiedener Kampagnen im amerikanischen Kongress, die sich gegen eine freie Umfrageforschung richteten, hat die Research Industry Coalition (RIC), ein Zusammenschluß der dreizehn wichtigsten berufsständischen und akademischen Organisationen in den Vereinigten Staaten, *Professional and Ethical Standards for Marketing, Opinion and Media Research* beschlossen (vgl. Abschnitt 16.3). Diese beinhalten auf einem relativ hohen Abstraktionsniveau alle relevanten ethischen und Qualitätsgesichtspunkte, die im weiteren behandelt werden.

6.3.4 Internationale, länderübergreifende prozeßorientierte Qualitätsstandards

Es ist das Ziel von MRQSA, dem britischen *Service Standard* europaweite Anerkennung zu verschaffen. Da das Gegengewicht aus anderen Ländern nicht schwer genug wiegt, ist es in der Tat wahrscheinlich, daß zukünftige europäische Qualitätsstandards in erheblichem Ausmaß von dem *Service Standard for Market Research* von MRQSA beeinflußt werden. Vor kurzem hat die European Federation of Associations of Market Research Organisations (EFAMRO) europäische Qualitätsstandards entwickelt und ihren Mitgliedsorganisationen vorgelegt.

Ob die Entwicklung internationaler beziehungsweise europäischer Standards tatsächlich dazu beitragen kann, die wissenschaftliche Qualität der Markt- und Sozialforschung zu sichern und zu verbessern, hängt davon ab, daß drei Gefahren vermieden werden. Erstens darf kein schon vorliegender nationaler Entwurf unreflektiert übernommen werden, denn die institutionellen und organisatorischen Strukturen der Forschung in den verschiedenen Ländern weisen durchaus Unterschiede mit daraus resultierenden Konsequenzen für das Qualitätsmanagement auf.

Internationale Qualitätsstandards für die Markt- und Sozialforschung müssen deshalb zwangsläufig einen höheren Abstraktionsgrad aufweisen als nationale Entwürfe. Das darf aber nicht dazu führen, daß sie zweitens als hochabstrakte Zielvorstellungen formuliert werden, denen zwar jeder vorbehaltlos zustimmen kann, aus denen aber niemand praktische Konsequenzen ziehen muß. Drittens schließlich dürfen internationale Qualitätsstandards nicht als selbstverständliche Minimalanforderungen formuliert werden, um die Konsensfindung zu erleichtern und ihre Akzeptanz in allen Ländern zu gewährleisten.

Nur wenn diese drei Gefahren vermieden werden, können internationale Qualitätsstandards einen Beitrag dazu leisten, daß die wissenschaftliche Qualität der Markt- und Sozialforschung auch in den diesbezüglich fortgeschrittenen Ländern gesichert und verbessert wird. Schon aufgrund der zunehmenden Internationalisierung der Forschung steht außer Zweifel, daß die Entwicklung internationaler Qualitätsstandards für die Markt- und Sozialforschung mittel- und langfristig kaum verzichtbar sein wird.

Gewissermaßen als Konkurrenz zu internationalen Qualitätsstandards für die Markt- und Sozialforschung könnten die europa- beziehungsweise weltweit operierenden Institutsketten als Wettbewerbsmerkmal eigene Qualitätsstandards entwickeln. Dies gilt vor allem für die sich ausdehnende Systemmarktforschung mit ihren *branded products*, bei der dem Auftraggeber durch kombinierten Einsatz verschiedener standardisierter Forschungsmodule eine auf seine individuellen Probleme zugeschnittene Forschungsstrategie angeboten wird.

6.3.5 Zur Situation in Deutschland

In Deutschland hat der ADM (1998b) kürzlich Standards zur Qualitätssicherung in der Markt- und Sozialforschung entwickelt, die einen den gesamten Forschungsprozeß umfassenden Orientierungsrahmen für Institute und Auftraggeber bieten sollen. Die Standards zur Qualitätssicherung beschreiben die qualitätsrelevanten Erfordernisse der verschiedenen Schritte des Forschungsprozesses und sind in die folgenden Kapitel gegliedert:

- Allgemeine Aspekte der Qualitätssicherung
- Zusammenarbeit mit dem Auftraggeber
- Konzeptionelle Studienbegleitung/Studienleitung
- Datenerhebung
- Datenverarbeitung
- Beratung der Auftraggeber.

Die einzelnen Kriterien sind dabei als Ziele und Standards zu lesen, die es zu erreichen gilt, um die wissenschaftliche Qualität von Forschungsergebnissen sicherzustellen. Nicht zu verstehen sind sie als eine Liste von Normen, die auf eine jeweils festgelegte Weise erfüllt werden müssen.

6.3.6 Zur Qualitätsdiskussion im System der europäischen amtlichen Statistik

Der Erfolg und die Leistungsfähigkeit des europäischen statistischen Systems werden durch die Anwendung von Qualitätskonzepten gesichert und verbessert. Die Qualität von Statistiken wird anhand der folgenden Kriterien beurteilt:

- Relevanz der Produkte
- Genauigkeit der Daten
- Aktualität und Pünktlichkeit
- Vergleichbarkeit der Statistiken
- Datenzugang und Klarheit der Informationen
- Kohärenz
- Vollständigkeit.

Jeder Qualitätsbestandteil wird in beobachtbare und quantifizierbare Elemente zerlegt und künftig nach und nach für jede Statistik in Qualitätsberichten beschrieben. Die Qualitätsbewertung wird auf der Basis einheitlicher Leitlinien für die Messung von den nationalen statistischen Ämtern vorgenommen. Die Einführung von Qualitätsmanagementsystemen in zahlreichen statistischen Ämtern wird zu einer weiteren Verbesserung der Produkt- und Dienstleistungsqualität führen.

Teil 2

International vergleichende Umfrageforschung und Archivierung von Umfragen

7 International vergleichende Umfrageforschung

7.1 Vorbemerkung

Der internationale Vergleich ist für die Sozialwissenschaften das methodische Instrument, das in den Naturwissenschaften das Experiment darstellt. Gerade die Vielfalt gesellschaftlicher und kultureller Erscheinungen etwa in Europa, die sich in einem langen historischen Prozeß herausgebildet hat, ermöglicht die Überprüfung komplexer gesellschaftswissenschaftlicher Theorien, die die Interaktion von individuellen Befindlichkeiten (Mikroebene) und nationalen institutionellen Formen (Makroebene) zum Gegenstand haben. Dazu ist nicht zuletzt die Verfügbarkeit von international vergleichend angelegten Umfragen eine wesentliche Voraussetzung.

Umfrageforschung war in den vergangenen Jahrzehnten häufig dem Vorwurf ausgesetzt, sie sei parochial, international vergleichend werde kaum gearbeitet, und wenn überhaupt, dann nur aus ex post vergleichender Perspektive. Auch am Ende des 20. Jahrhunderts beruhen internationale Vergleiche noch immer in erster Linie auf Umfragen, die im Land des jeweiligen Forschers nach nationalen Prioritäten erhoben wurden und nicht mit Erhebungen in anderen Ländern koordiniert sind, selbst wenn sie dank vergleichbarer Fragestellungen Anhaltspunkte für komparative Forschung bieten. Daraus resultieren häufig unter einem Buchtitel zusammengefaßte Länderberichte mit bestenfalls konzeptionellen Berührungspunkten, kaum aber in Form von wirklich vergleichbaren und ländervergleichenden Analysen.

Defizite dieser Art wurden bereits in den frühen fünfziger Jahren erkannt. Trotz intensiver Bemühungen des norwegischen Sozialwissenschaftlers Stein Rokkan und des International Social Science Council (ISSC) der UNESCO, die Datenbasis für komparative Forschung zu verbessern, gab es zunächst nur kleine Fortschritte (Szalai 1977). Mit der Ausbildung eines Netzes nationaler sozialwissenschaftlicher Datenarchive verbesserte sich die Situation jedoch zunehmend. Waren in den frühen fünfziger Jahren kaum empirische Daten zu den meisten Fragestellungen verfügbar, so wuchsen die Bestände seit den siebziger Jahren ständig an, und heute ist für die Sozialwissenschaften sogar bereits ein gewisser Datenreichtum zu konstatieren. Trotz dieser verbesserten Ausgangslage in den einzelnen Ländern ist die Datenbasis für die international vergleichende Sozialforschung aber noch nicht befriedigend:

Aufeinander abgestimmte Erhebungen sind die Ausnahme, Meßinstrumente werden immer wieder neu entwickelt, aber nicht „geeicht", Vergleichbarkeit und Kontinuität sind selten gegeben, und eine nachträgliche Harmonisierung ist nur schwer herzustellen.

7.2 Effekte der Internationalisierung

Im Zuge der Europäisierung und Globalisierung von Politik, Wirtschaft und Gesellschaft profitieren die Sozialwissenschaften allerdings von einer Reihe von Initiativen. Die privatwirtschaftlich verfaßte Markt- und Sozialforschung orientiert sich zunehmend an den Erfordernissen des europäischen Marktes. Die internationale akademische Datenschutzdiskussion und die Entwicklung demographischer Standards haben Eingang in Arbeiten der europäischen Vereinigung der Meinungs- und Marktforscher, der European Society for Opinion and Marketing Research (ESOMAR), gefunden (Jung 1993). Europaweite Sekundäranalysevorhaben wie das von der European Science Foundation (ESF) finanzierte *Beliefs-in-Government*-Projekt (BiG) (Kaase und Newton 1995) führten neben wichtigen inhaltlichen Ergebnissen zu einer Bestandsaufnahme der Möglichkeiten und Grenzen komparativer Forschung auf der Grundlage vorliegender Daten in ausgewählten Forschungsfeldern. Die Archive verstärkten im Rahmen der gegebenen Ressourcen mit nachhaltiger Unterstützung der ESF, des European Consortium for Political Research (ECPR), einer europaweiten Vereinigung politikwissenschaftlicher Forschungsinstitute, und der Europäischen Union ihre Bemühungen um die Integration der europäischen Datenbasis (Tanenbaum und Mochmann 1994 a).

Diese Initiativen legen die Schlußfolgerung nahe, daß trotz der bereits vorhandenen Datenfülle künftige Erhebungen mehr als in der Vergangenheit auf eine international vergleichende Perspektive ausgerichtet werden müssen (Tanenbaum und Mochmann 1994 b; European Science Foundation 1998a: 8).

7.3 Perspektiven der international vergleichenden Sozialforschung

Entsprechende Verbesserungen haben sich bereits über einige kontinuierliche internationale Erhebungsprogramme ergeben. Einen wichtigen, wenngleich mancherlei Methodenkritik ausgesetzten Beitrag haben hier zum einen die zweimal jährlich in allen Ländern der Europäischen Union im Auftrag der Europäischen Kommission durchgeführten Repräsentativbefragungen, die sogenannten *Eurobarometer*, geleistet (Reif und Inglehart 1991; Moschner 1993; Saris und Kaase 1997). Hinzugekommen sind theoretisch geleitete und methodisch kontrollierte internationale Umfrageprogramme wie das *International Social Survey Programme* (ISSP) (Davis und Jowell

1989), die *Comparative Study of Electoral Systems* (CSES) (Rosenstone 1994) oder die EU-weiten europäischen *Haushalts-Panelstudien*. Schließlich wird 1998/99 mit Unterstützung der European Science Foundation eine akademisch gesteuerte, in regelmäßigen Abständen (vermutlich alle zwei Jahre) durchzuführende Repräsentativbefragung in den Mitgliedsländern der ESF, der *European Social Survey* (ESS), vorbereitet (European Science Foundation 1999). Allen internationalen akademischen Umfrageprogrammen gemeinsam ist die Verpflichtung auf eine fundierte theoretische Vorbereitung und auf die anspruchsvolle methodische Kontrolle der Erhebungen. *Safari research*, das heißt Befragungen ohne Mitwirkung von Wissenschaftlern aus den am Befragungsprogramm teilnehmenden Ländern (Szalai 1977: 69–79), wird durch die Kooperation profilierter Forscher aus den beteiligten Ländern vermieden. Dabei findet die Verfolgung gemeinsamer Standards in dem Bemühen, möglichst vergleichbare *Operationalisierungen* im Bereich der demographischen Variablen einzusetzen, ihren Niederschlag. Eine systematische Grundlage hierfür gibt es aber, anders als zum Beispiel in Deutschland mit der *ZUMA-Standarddemographie*, nicht, einmal ganz abgesehen davon, daß nationale Besonderheiten zum Beispiel des Bildungssystems immer wieder neue Probleme der Vergleichbarkeit zwischen Ländern aufwerfen. Die Frage nach der Äquivalenz der Meßinstrumente stellt insofern nach wie vor ein Hauptproblem der international vergleichenden Sozialforschung dar (Scheuch 1973: 219–227; van Deth 1998; Harkness 1998).

7.4 Harmonisierungsbestrebungen in der europäischen Statistik

Intensive Harmonisierungsbestrebungen sind auch im Kontext der europäischen amtlichen Statistik zu beobachten (Haug u. a. 1998). Harmonisierte Daten werden dort vor allem über drei Strategien gewonnen (Grais 1995: 62–64):

- eine *Input-Harmonisierung* (auch *ex-ante-* oder *Methoden-Harmonisierung*);
- eine *Output-Harmonisierung* (auch *ex-post-* oder *Produkt-Harmonisierung*);
- eine Harmonisierung über die Vorgabe einer *Zielstruktur* (*target structure strategy*).

Bei der Input-Harmonisierung werden Erhebungsinhalte und -methoden sowie Definitionen und Abgrenzungen von Variablen vorgegeben, die in den einzelnen nationalen statistischen Ämtern umzusetzen sind. Die Entwicklung und Einführung neuer Erhebungen – wie zum Beispiel des Europäischen Haushaltspanels – durch suprastaatliche Institutionen kann als ein klassisches Beispiel für die Input-Harmonisierung angeführt werden. Grundsätzlich ist auch die Angleichung von Erhebungsmerkmalen und -methoden in vorhandenen nationalen Statistiken an die Harmonisierungsvorgaben denkbar. Im Endergebnis steht jeweils ein harmonisierter *Mikrodatenfile* zur Verfügung.

Bei der Output-Harmonisierung wird ein statistisches Ergebnis (Produkt) festgelegt; es ist dann aber den einzelnen statistischen Ämtern überlassen, welche

Quelle für die Datenlieferung genutzt wird, das heißt, die Informationen können aus einer existierenden Erhebung oder auch aus Registern bereitgestellt werden. Beispiele für output-harmonisierte Erhebungen sind die Haushaltsbudgeterhebungen und der Bevölkerungszensus. Als Ergebnis erhält man über die Aggregation der Einzelinformationen harmonisierte *Makrodaten*.

Anders als diese beiden Verfahren zeichnet sich die Vorgabe einer Zielstruktur durch ein strategisches Vorgehen bei der Harmonisierung aus, indem zentrale Erhebungsmerkmale und -schritte definiert und Verfahren zur Vereinheitlichung vorgeschrieben werden. Diese Zielvorgaben werden vom Europäischen Statistischen Amt (EUROSTAT) in Abstimmung mit den nationalen Ämtern für Statistik formuliert und verbindlich vorgegeben. Die Arbeitskräfteerhebung ist ein Beispiel für diesen Harmonisierungsweg. Das Verfahren entstand aus der Erfahrung, daß internationale Bestrebungen zur Vereinheitlichung von Erhebungsmerkmalen in den etablierten nationalen Statistiksystemen schwierig durchzusetzen sind. Abhängig von der Wichtigkeit einzelner Erhebungsbestandteile, werden bei diesem Verfahren Erhebungsmethoden und -merkmale, die essentiell für europäisch vergleichbare Ergebnisse einer Statistik sind, input-harmonisiert, andere hingegen werden nach dem Output-Verfahren angepaßt.

Die beschriebenen Harmonisierungsverfahren weisen alle Vor- und Nachteile auf. Das Output-Verfahren basiert auf bereits bestehenden Datensätzen und ist deshalb kostengünstiger und schneller umzusetzen, das heißt, die Ergebnisse stehen innerhalb kurzer Zeit zur Verfügung. Der große Nachteil dieses Verfahrens liegt in der unbefriedigenden Datenqualität der harmonisierten Erhebungen. Beim internationalen Vergleich und bei der Interpretation der Daten muß immer beachtet werden, daß die Informationen nicht unbedingt kongruent sind, denn Ergebnisunterschiede können Artefakte des Harmonisierungsverfahrens sein. Bei der Vorgabe einer Zielstruktur sollen durch ein strategisches Vorgehen Vorteile der beiden erstgenannten Verfahren genutzt und deren Nachteile minimiert werden (zum Beispiel bessere Qualität und Vergleichbarkeit der Daten für die Kernvariablen – sowohl national als auch international –, Verfügbarkeit harmonisierter Mikrodaten, aufwendige und zeitraubende Input-Harmonisierung nur für eine begrenzte Zahl von Variablen). In kurz- bis mittelfristiger Sicht wird sich diese Strategie vermutlich als Harmonisierungslösung durchsetzen.

7.5 Entwicklungsprioritäten

Inzwischen gibt es bereits einen vergleichsweise breit getragenen Konsens über Prioritäten zur nachhaltigen Förderung der international vergleichenden Sozialforschung. So wurden auf Initiative der ESF zur Vorbereitung des vierten Rahmenprogramms der Europäischen Union folgende Empfehlungen als zentral für die Förderung komparativer Forschung in Europa benannt (Newby u. a. 1991: 78–79):

- Harmonisierung und Durchsetzung von Standards für Meßinstrumente, Datenrepräsentation und Datendokumentation;

- Erleichterung des Datenzugangs und Intensivierung der Nutzung;
- Unterstützung internationaler Kooperation mit infrastruktureller Unterstützung projektorientierter Netzwerke;
- Stärkung der Infrastruktur für die Sozialforschung.

Dabei ist jede Investition in die a-priori-Koordination der Primärforschung ein Gewinn für alle weiteren auf diesen Daten aufbauenden Analysen, da Vergleichbarkeit ex post nur mit viel höherem Aufwand hergestellt werden kann.

In der internationalen Diskussion werden die sektorenübergreifenden Bemühungen von amtlicher Statistik, akademisch verfaßter und privatwirtschaftlicher Sozialforschung um eine gemeinsame Standarddemographie (Ehling u. a. 1992), wie sie zwischen dem ADM, der ASI und dem Statistischen Bundesamt vereinbart wurde, als nachahmenswertes Modell betrachtet. Die infrastrukturelle Unterstützung, verstärkte Grundlagenforschung zur Zuverlässigkeit *(Reliabilität)* und Gültigkeit *(Validität)* verschiedener Meßinstrumente und Erhebungsmodi sowie die programmübergreifende Koordination der Großerhebungen sind Ziele zur Verbesserung der Arbeitsbedingungen für die komparative Sozialforschung.

Das weitere Vorgehen im Rahmen der Harmonisierung von amtlichen Erhebungen in der Europäischen Union sieht vor, etwa 20 sozioökonomische Hintergrundvariablen zu vereinheitlichen und als Kernmerkmale in allen Sozialstatistiken zu erfragen (Government Statistical Service 1996: 12–19). Zu diesen Variablen zählen unter anderen Alter, Geschlecht, Familienstand, Staatsangehörigkeit, Bildungsabschluß, Haushaltszusammensetzung, Wohnverhältnisse, Art und Umfang der Erwerbsbeteiligung sowie Einkommen. In den Harmonisierungsprozeß sollen langfristig die Arbeitskräfteerhebung, das Europäische Haushaltspanel, die Haushaltsbudgeterhebungen, der Bevölkerungszensus sowie die Erhebungen über die Zeitverwendung einbezogen werden.

Aus wissenschaftlicher Sicht ist unstrittig, daß eine Harmonisierung auf der Mikroebene der Einzelpersonen zu besseren Ergebnissen führt als Anpassungen auf der Makroebene einer Gesellschaft insgesamt, die zu zusätzlichen Fehlern und Verzerrungen führen können. Unter Kosten-Nutzen-Gesichtspunkten ist es allerdings eine nicht immer einfache Zielabwägung, welcher Weg zur Harmonisierung von Erhebungsinhalten und -methoden gewählt wird.

Die beschriebenen Harmonisierungsbestrebungen der amtlichen Statistik sind nicht zuletzt auch deshalb positiv zu bewerten, weil sie einen entsprechenden Druck auf die Umfrageforschung zur Standardisierung von soziodemographischen Hintergrundvariablen bei gleichzeitiger Anschlußfähigkeit an die Daten der Statistischen Ämter ausüben werden. Dies kann für die international vergleichende Sozialforschung nur von Nutzen sein.

8 Archivierung von Umfragedaten

8.1 Vorbemerkung

Die Überprüfung behaupteter Befunde setzt neben der Auseinandersetzung mit den Forschungsberichten auch den Zugang zur empirischen Basis der Analysen voraus. Allein die Mitteilung von Umfrageergebnissen in Form von *Randverteilungen* (Verteilung der Befragten auf die Antwortkategorien der Fragen) und *Tabellen* (Aufgliederung nach mehreren Merkmalen) erschöpft den Informationsgehalt einer Umfrage bei weitem nicht. Die erhobenen Daten können zur Beantwortung einer Vielzahl von Forschungsfragen herangezogen werden, die von den Primärforschern nicht thematisiert wurden. Für die Mikroebene der Bürger liegen nämlich nunmehr Informationen zu deren Einstellungen und Verhaltensweisen vor, die der historischen Forschung wissenschaftlich fundiert Einblicke in das und Zugänge zu dem Leben der Menschen auf repräsentativer Grundlage ermöglichen, die so vor der Ära der Umfrageforschung nicht möglich waren. Schon aus diesem Grunde ist die *Archivierung* der Daten für Zwecke der Sekundäranalyse unverzichtbar. Darüber hinaus besteht auch die Möglichkeit der wissenschaftlichen Überprüfung der Aussagen und Tabellenwerke der Primärforscher (intersubjektive Überprüfbarkeit; siehe dazu auch Deutsche Forschungsgemeinschaft 1998: 12–13). Ferner können Variablen für unterschiedliche Auswertungsziele neu kombiniert werden, denn die Bedeutung von Fragen und Antworten kann unter verschiedenen theoretischen Bezugsrahmen interpretiert werden. Soweit Vergleichbarkeit der Meßinstrumente gegeben ist, wird ex post komparative Forschung über Zeit und Raum möglich. Durch erneute Einschaltung von Fragen, zu denen früher Daten erhalten wurden, eröffnen sich weitere Möglichkeiten für die historische Forschung (Rokkan 1966; Scheuch 1973; Hyman 1972; Klingemann und Mochmann 1975).

Sekundäranalysen und *intersubjektive Nachprüfbarkeit* setzen eine fachgemäße Archivierung voraus. Hierzu sollten die verschlüsselten Antworten der Befragten als anonymisierter Datensatz gespeichert werden (de Guchteneire und Mochmann 1990; Kaase u. a. 1980). Eine Archivierung der ausgefüllten Fragebogen ist hingegen weder nötig noch üblich. Die Studienbeschreibung (Zeitpunkt der Erhebung, Zielpopulation, Ausschöpfung der Stichprobe usw.) muß zusammen mit einer Dokumentation der Frageinstrumente (Fragebogen, Kartenspiele) und des *Codeplans* für den Datensatz für den Sekundärforscher verfügbar gehalten werden. Neben vielfältiger innerbetrieblicher Praxis haben sich hierfür international Mindeststandards herausgebildet, wie sie von den Mitgliedern der International Federation of Data Organisations for the Social Sciences (IFDO) und des Council of European Social Science Data Archives (CESSDA) praktiziert werden (Dodd 1982; Scheuch 1990; Inter-university Consortium for Political and Social Research 1996; Tanenbaum und Mochmann 1994 a: 505–509). Hierzu gehören Eingangskontrollen, Aufbereitung und Dokumentation der Daten, Langzeitspeicherung und Bereitstellung für Sekundäranalysen.

8.2 Eingangskontrollen der Umfragen

Ziel der Eingangskontrollen ist die Erstellung eines Datensatzes mit zugehöriger Dokumentation, in dem alle Fälle vollständig vorhanden und eindeutig identifiziert sind und für den Daten und Codeplan übereinstimmen. Dazu sind erforderlich:

- die technische Kontrolle des Speichermediums der Daten;
- die Anfertigung einer Grundauszählung;
- die Kontrolle der Fälle auf Vollständigkeit und Eindeutigkeit ihrer Identifizierung;
- die Bereinigung der festgestellten Fehler;
- die Kontrolle der Auszählung anhand des Codeplans.

Diese Kontroll- und Bereinigungsarbeiten können sehr aufwendig sein, zum Beispiel wenn der Originaldatenträger in einem nicht (mehr) gängigen technischen Format erstellt wurde, wenn es sich um Systemfiles (zum Beispiel SPSS, SAS oder institutsspezifische Formate für eigene Auswertungsprogramme) handelt, wenn die Studien aus mehreren Teilen bestehen (mehrere Wellen, mehrere Befragtengruppen) oder wenn ein gewichteter Datensatz vorliegt. In solchen Fällen sind die Kontrollen nur in geringem Umfang standardisierbar.

8.3 Datenaufbereitung und Dokumentation

Das Ziel der Aufbereitung einer Umfrage ist die Herstellung eines benutzungsfreundlichen Datensatzes, der auch nach langer Speicherung problemlos analysiert werden kann. Zu einer vollständig aufbereiteten Umfrage gehört ein maschinenlesbares Codebuch. Diese Arbeiten umfassen zum Teil Umcodierungen von mitunter ungewöhnlichen in ein technisch problemlos zu verarbeitendes Format, Konsistenzkontrollen inhaltlicher und formallogischer Art sowie die Anpassung der unterschiedlichen Vercodungsstrategien an Archivregeln. Außerdem werden Datensätze auf der Ebene bestimmter Befragtengruppen zusammengefügt. Studien, die in regelmäßigen Zeitabständen oder zu bestimmten Themen erhoben werden, sind auf Vergleichbarkeit und Kontinuität der Meßinstrumente zu prüfen. Dazu werden *Fragenkorrespon-*

denzlisten erstellt. Daten der betreffenden Umfragen werden so recodiert, daß sie eine vergleichbare Struktur erhalten und somit für vergleichende Sekundäranalysen leichter zugreifbar sind.

Die einzelnen Arbeitsschritte sollten ständig durch Zwischenzählungen kontrolliert werden. Welchen Umfang die einzelnen Arbeiten haben, hängt – abgesehen von der Anzahl der Variablen – von dem technischen Zustand des Originaldatensatzes ab.

Zur Aufbereitung der Originalunterlagen von Umfragen in maschinenlesbarer Form wird ein den Umfragedatensatz ausführlich beschreibendes Codebuch erstellt. Bestandteile des Codebuches sind:

- Frage- und Antworttexte, die so originalgetreu wie möglich aus dem Fragebogen beziehungsweise dem Codeplan übernommen werden;
- die Beschreibung der Informationseinheiten (Variablen) auf der technischen Ebene (Positionen der Variablen im Datensatz, Feldlänge, Anzahl der Dezimalstellen, Definition der fehlenden Werte/*missing values* usw.);
- absolute und relative univariate *Häufigkeiten* je Variable;
- methodische Informationen über die vorliegende Umfrage im Vorspann;
- ausführliche Informationen zu bestimmten Variablen im Anhang.

Außerdem werden die Originaldokumente (ein Muster des Fragebogens, die Methodenbeschreibung sowie technische und inhaltliche Angaben zur Umfrage in der Studienbeschreibung) mit Sicherungskopie gespeichert. Dies erfolgt heute über Scanner im internetfähigen Format (PDF).

8.4 Langzeitspeicherung

Die Umfragedaten werden in anonymisierter Form auf Datenträger in physisch verteilten Datenarchiven mit mehreren Sicherungskopien gespeichert. Da auch die hochwertigsten der heute verfügbaren Speichermedien nur begrenzt haltbar sind, ist das erneute Kopieren der Archivmedien nach festgelegten Intervallen erforderlich. Das Archivformat und die Archivtechnik garantieren über Zeit die Lesbarkeit der Daten.

8.5 Bereitstellung für Sekundäranalysen

Die Nutzung von Umfragedaten für Sekundäranalysen erfordert spezifische Datenkenntnisse, Vertrautheit mit Analyseverfahren und Wissen über den Entstehungskontext der Daten. Hierzu stellen die Archive spezielle Beratung bereit. Grundvoraussetzung aber ist, aus der Vielzahl von Variablen die für die jeweiligen Forschungsfragen relevanten Variablen zu finden. Die Suchprozesse werden auf der Ebene der inhaltlichen Angaben über ganze Studien wie auch durch die Recherche in Fragenformulierungen und Antwortvorgaben des Fragebogens unterstützt. Zunehmend wird auf standardisierte Variablennamen beziehungsweise *Deskriptoren* für Variablen Wert gelegt, um so vergleichbare Indikatoren aus unterschiedlichen Datenbasen gezielt zusammenführen zu können. Die Bereitstellung der Daten erfolgt je nach Wunsch der Benutzer auf Diskette, CD ROM oder als Datei über das Internet, in vereinzelten Fällen auch noch auf Magnetband.

Der internationale Datentransfer wird durch CESSDA und IFDO koordiniert (Mochmann 1998). Soweit dies mit den Interessen der Auftraggeber und den Vorschriften des Datenschutzes vereinbar ist, stellen auch Markt- und Meinungsforschungsinstitute auf Anfrage ausgewählte Daten für Sekundäranalysen zur Verfügung (Noelle-Neumann 1992: 433–438). Mit dem Internet stehen heute Projektgruppen oder Einzelanbietern bereits Möglichkeiten für einen weltweiten Datenvertrieb offen. Allerdings ist hier insbesondere nach der Qualität der Datenprüfung und der langfristigen Sicherheit der Archivierung der Daten zu fragen.

Zur *Validierung* von Befunden ist die prinzipielle Zugänglichkeit der Daten, die nicht externem Auftraggeberschutz unterliegen, zu fordern. Für die Gemeinschaft der Wissenschaftler kann dies durch Bereitstellung der Daten über das Zentralarchiv für Empirische Sozialforschung (ZA) erfolgen (siehe dazu auch Wissenschaftsrat 1985: 256). Die Archivierung der Daten sollte daher Bestandteil jeder Bewilligung von Forschungsprojekten sein, die aus öffentlichen Mitteln finanziert werden. Soweit besondere Auftraggeberinteressen zu schützen sind, sollte dies zum Beispiel durch Freigabe der Daten zu einem späteren Termin geschehen. Die Archivierung in Umfrageinstituten oder bei privaten Auftraggebern sollte ebenfalls die hier aufgeführten Archivierungsregeln berücksichtigen.

Teil 3

Ausbildung und Massenmedien

9 Die universitäre und praktische Ausbildung im Bereich der Empirischen Sozialforschung

9.1 Diagnose

Zu den extern postulierten und auch von der Profession selbst akzeptierten Zielen gehört es, die Qualität der akademischen Lehre so zu gestalten, daß sie zur beruflichen Qualifizierung geeignet ist (Gerhard und Hradil 1996: 45–46). In Wirklichkeit kann aber heute in einigen Bereichen der Empirischen Sozialforschung die akademische Ausbildung den Anforderungen der Praxis nicht mehr genügen, weil zum Beispiel neue technische Entwicklungen einen Einsatz von Ressourcen erfordern, die an den Universitäten nicht zur Verfügung stehen. So wurden in der jüngeren Vergangenheit die Möglichkeiten der Datenerhebung durch die Einführung von computergestützten Befragungen mittels Telefon (CATI), tragbaren Computern (CAPI) und sogar Befragungen via Internet erheblich erweitert. Diese Entwicklung ist mit gravierenden Veränderungen im Anforderungsprofil der universitären Ausbildung (zum Beispiel bezüglich Auswahlverfahren, Fragebogengestaltung, Interviewertraining usw.) verbunden, denen die Absolventen der Hochschulen mangels Expertise und Ressourcen der Hochschulen nicht mehr genügen können.

So wurden 1997 im privatwirtschaftlich verfaßten Bereich der Markt- und Sozialforschung bereits 40 Prozent der Befragungen mit dem Telefon (CATI) durchgeführt und fast 14 Prozent der persönlichen Interviews mit dem Laptop gewonnen (Arbeitskreis Deutscher Markt- und Sozialforschungsinstitute e. V. 1998 a: 5). Demgegenüber ergeben Recherchen in den Datenbanken des Informationszentrums Sozialwissenschaften (IZ), daß in den Forschungsprojekten und wissenschaftlichen Publikationen, in denen auf Befragungen zurückgegriffen wurde, Telefonumfragen nur eine geringe Rolle spielen. Für den Zeitraum von 1992 bis 1997 ist das in der IZ-Literaturdatenbank SOLIS nur in 0,5 Prozent der Fälle und in der Forschungsprojekt-Datenbank FORIS für den Erhebungszeitraum 1987 bis 1996 nur in 4,0 Prozent der Fälle geschehen (siehe dazu die Tabellen 1 und 3 in Kapitel 17). Während in den Mitgliedsinstituten des ADM 1997 ungefähr 2200 CATI-Plätze installiert waren, konnten zu Beginn des Jahres 1998 in den Universitäten insgesamt nicht mehr als etwa 100 gezählt werden.

Angesichts der Bedeutung der Befragung für die Empirische Sozialforschung und der Asymmetrie zwischen Ressourcen und der in der Praxis entwickelten Kenntnisse einerseits sowie der Entwicklung von Theorie, Methodologie und Analyseverfahren in den Universitäten andererseits liegt ein intensiverer Austausch zwischen Praxis und Universität nahe. Alle Recherchen und Primärerfahrungen deuten aber bisher eher auf ein Rinnsal von Austausch hin. Weder die Informationen des ADM noch die Ergebnisse einer von der Redaktion der Zeitschrift *planung und analyse* durchgeführten Erhebung und ebensowenig die Datenbank für Lehre des IZ geben einen Hinweis darauf, daß das in der Praxis gewonnene Wissen über Lehraufträge in nennenswertem Umfang in die universitäre Lehre ein- beziehungsweise zurückfließt.

9.2 Optionen für eine Verbesserung der Situation

Die Ausbildung an den Universitäten muß in der Empirischen Sozialforschung den veränderten Bedingungen entsprechend Rechnung tragen. Diese Forderung wird sich jedoch nur schwer verwirklichen lassen, weil sie bei gegebenen Studienanteilen ein Spannungsverhältnis zwischen dem eigentlichen Fachstudium und einer erweiterten Methodenausbildung konstituiert. Einerseits sichern die etablierten Curricula zumindest eine solide Grundausbildung. So werden nach der Rahmenprüfungsordnung der Kultusministerkonferenz 1990 16 Prozent der Semesterwochenstunden für die Methodenausbildung empfohlen. Nach der Datenbank Lehre (Westdeutschland) des IZ wurde für das Wintersemester 1991/92 bei einem hochdifferenzierten Lehrangebot ein Anteil an Methodenveranstaltungen von 12 Prozent ermittelt (Artus 1996: 68). In Ostdeutschland betrug der durchschnittliche Anteil an Veranstaltungen zu den Methoden der Empirischen Sozialforschung zwischen dem Sommersemester 1992 und Wintersemester 1994/95 20 Prozent (Hartmann und Nase 1996: 28), unter denen die Veranstaltungen zu den Erhebungsverfahren sogar dominierten (Hartmann und Nase 1996: 31).

Angesichts des genannten Spannungsverhältnisses zwischen Fach- und Methodenstudium und der obigen Zahlen ist allerdings nicht zu erwarten, daß der Wunsch nach einer Expansion der Methodenanteile allenthalben auf Zustimmung in der Profession stoßen wird. Dennoch erscheint eine Diskussion über die Notwendigkeit zu Akzentsetzungen angesichts knapper Ressourcen im Interesse einer hochwertigen Ausbildung in den Methoden der Empirischen Sozialforschung, die auch aktuellen Entwicklungen in der Praxis Rechnung trägt, durchaus sinnvoll (Binder und Stahl 1996: 100). Solche Akzentuierungen sind durch einen besseren Austausch zwischen Universitäten und der Praxis nachhaltig zu stärken (siehe dazu auch Kapitel 12).

10 Umfrageforschung und Öffentlichkeit

10.1 Vorbemerkung

Eine öffentliche, nicht auf die Fachwelt beschränkte Diskussion über Qualitätskriterien der Umfrageforschung kann überhaupt nur deshalb und nur insoweit stattfinden, als Umfrageergebnisse durch die Massenmedien veröffentlicht werden. Im Mittelpunkt des öffentlichen Interesses steht dabei weniger die Problematik professioneller Qualitätssicherung im „Binnenverhältnis" zwischen Umfrageinstitut und Auftraggeber beziehungsweise zwischen den am Markt konkurrierenden Instituten untereinander, sondern vielmehr in erster Linie die Problematik angemessener Transparenzsicherung im „Außenverhältnis" zwischen Umfrageinstituten, Massenmedien und Öffentlichkeit – als Publikum, Konsument oder vielleicht sogar Adressat von Umfrageergebnissen.

Im Wettbewerb miteinander besitzen die privatwirtschaftlichen Markt- und Meinungsforschungsinstitute durchaus ein gemeinsames Interesse an der Definition und Beachtung von Qualitätskriterien. Mit dem Bedarf an schnell verfügbaren Umfrageergebnissen zu aktuellen Themen wächst die Gefahr, daß der Wettbewerb zwischen den Instituten unter Vernachlässigung von Qualitätskriterien nur noch über den Preis ausgetragen wird, wobei gleichermaßen die Qualität von Stichproben, Frageformulierungen und Feldarbeit zur Diskussion steht. Dies gilt erst recht, wenn auf seiten der Auftraggeber keine eigenständige Fachkompetenz zur Bewertung von Qualitätsunterschieden vorausgesetzt werden kann. Verstärkt wird diese Problematik dadurch, daß Befragungsergebnisse häufig ohne den Wortlaut der Fragetexte und ohne Angaben über die Stichprobe und die Durchführung der Befragung durch die Massenmedien publiziert und in der Öffentlichkeit diskutiert werden – wiederum erst recht dann, wenn auf seiten der Medien beziehungsweise Journalisten keine hinreichende Urteilskompetenz vorhanden ist.[11]

11 Nur etwas mehr als die Hälfte der Presseberichte über Wahlumfragen in Deutschland enthält Angaben über die Zahl der Befragten, nur ein Drittel teilt den Wortlaut der Fragen mit (Brettschneider 1996). Auch eine internationale ESOMAR/WAPOR-Erhebung ergab, daß weniger als 40 Prozent der 147 (von 206) befragten Meinungsforscher aus 87 Ländern der Berichterstattung über Umfrageergebnisse in den Medien eine hohe Qualität zusprachen (Foundation for Information 1997).

Die Frage nach Qualitätskriterien stellt sich damit nicht nur für die Produktion, sondern vor dem Hintergrund eines drohenden öffentlichen Vertrauensverlustes, einer vielfach unterstellten politischen Instrumentalisierung sowie eines oft uninformierten journalistischen Umgangs mit Umfrageergebnissen vorrangig auch für die Diffusion und die Rezeption von Befunden der Umfrageforschung, insbesondere im Zusammenhang mit der Vermittlung von Umfrageergebnissen an die Medien beziehungsweise über die Medien an die Öffentlichkeit.

Welche professionellen Qualitätskriterien sollten also im Falle einer Veröffentlichung von Umfrageergebnissen gelten

- für die Herausgabe der Befunde durch die Institute,
- für die Verbreitung der Befunde durch die Medien,

und welche praktischen Konsequenzen und konkreten Empfehlungen ergeben sich daraus

- für die Institutionalisierung *redaktioneller Standards* und
- für die Qualifizierung journalistischer Kompetenz?

Als Ausgangspunkt können hier sicherlich die von den einschlägigen Berufs- oder Branchenorganisationen der Markt- und Meinungsforschungsinstitute (zum Beispiel ADM, ASI, AAPOR, ESOMAR) definierten und bereits ausführlich erörterten Mindestanforderungen für die professionelle Praxis und die legitime Nutzung der Umfrageforschung dienen. Dabei ist allerdings zu bedenken, daß diese Kriterien für die Veröffentlichung (Herausgabe) von Umfrageergebnissen sich in erster Linie an die Institute selbst richten; ihre Anwendung auf die Veröffentlichung (Publikation) durch die Medien ist zwar naheliegend, geht jedoch ins Leere ohne

- entsprechende, durch Standes- und Berufsorganisationen im Medienbereich (Presserat, BDZV, DJV) beschlossene Standards für die Veröffentlichung von Umfrageergebnissen;
- hinreichende Grundkompetenz für den redaktionellen Umgang mit Umfragen (oder mit Zahlenmaterial überhaupt) beziehungsweise entsprechende Aus- und Weiterbildung von Journalisten.

10.2 Veröffentlichung von Umfrageergebnissen

Die Definition journalistischer oder redaktioneller Standards für die Veröffentlichung von Umfrageergebnissen ist als Orientierungshilfe von besonderer Bedeutung für den öffentlichen Umgang mit Umfragen. In dieser Hinsicht ist Deutschland etwa im Vergleich mit den USA noch Entwicklungsland (Brettschneider 1991, 1996). So finden sich die in den USA sowohl für die Umfrageinstitute als auch für die Medien geltenden Mindestanforderungen der AAPOR (American Association for Public Opinion Research 1997b, im Anhang Abschnitt 16.2, insbesondere *III. Standard for Minimal Disclosure*) bisher nur unvollständig im Entwurf der entsprechenden Empfehlungen des ADM wieder (insbesondere fehlt der für eine sinnvolle Interpretation der Ergebnisse unverzichtbare Stichprobenfehler), während der Deutsche Presserat hier lediglich „empfiehlt" (Pressekodex: Richtlinie 2.1), bei der Veröffentlichung von Umfrageergebnissen

- die Zahl der Befragten,
- den Zeitpunkt der Befragung,
- den Auftraggeber sowie
- die Fragestellung

mitzuteilen, nicht hingegen die übrigen Mindestkriterien von AAPOR beziehungsweise ADM, nämlich

- Umfrageinstitut
- Grundgesamtheit (Zielpopulation)
- Stichprobenbasis (zum Beispiel Wählerliste, Meldedatei)
- Stichprobenmethode (insbesondere Zufallsauswahl)
- Erhebungsmethode (telefonisch/persönlich/schriftlich)
- Befragungsort
- Ausschöpfungsquote
- Gewichtungsverfahren
- Stichprobenfehler
- Teilstichprobengröße bei Teilergebnissen.

Dabei geht es keineswegs um methodischen Purismus, an dem amerikanische Medien und Journalisten beziehungsweise Umfrageinstitute ebensowenig interessiert sind wie deutsche, sondern allein um die Transparenz der Befunde und um Interpretationshilfen für das Publikum. Zugleich zeigt die amerikanische Praxis, daß solche Mindestkriterien weder weltfremd oder unerfüllbar sind noch die Aufnahmefähigkeit des Publikums oder die Vermittlungskompetenz der (gegebenenfalls durch Aus- oder Weiterbildungsangebote qualifizierten) Journalisten überfordern. Im Gegenteil: Sie sind zum Verständnis der veröffentlichten Befunde gerade für Laien hilfreich. Bewährt hat sich in den USA bei der Veröffentlichung von Umfrageergebnissen in diesem Zusammenhang in manchen Medien auch eine Art „demoskopisches Impressum".[12]

Während zum Beispiel in den USA in seriösen Medien (Fernsehen und Druckmedien) Umfrageergebnisse inzwischen fast immer mit Angabe des Stichprobenverfahrens (Zufallsauswahl) und insbesondere auch des Stichprobenfehlers (Fehlertoleranz) veröffentlicht werden, wird die letztere Information in Deutschland selbst dann, wenn sie vom Umfrageinstitut mitgeteilt und von den Nachrichtenagenturen weitergeleitet wird, in den Redaktionen – vermutlich aus Unkenntnis – regelmäßig aus der

12 Ein typisches Beispiel vorbildlicher Transparenz aus der *Los Angeles Times* (21. 9. 1997): „The *Times* Poll contacted 1258 adults nationwide by telephone Sept. 6–9. Telephone numbers were chosen from a list of all exchanges in the nation. Random-digit dialing techniques were used so that listed and non-listed numbers could be contacted. The sample was weighted slightly to conform with census figures for sex, age, education and region. *The margin of sampling error for all adults is plus or minus 3 percentage points; for certain subgroups the error margin may be somewhat higher. Poll results can also be affected by other factors such as question wording and the order in which questions are presented*" (Hervorhebung nicht im Original).

Meldung herausredigiert (Donovitz 1997); auch im deutschen Fernsehen – zum Beispiel bei politischen Umfragen – wird die Fehlermarge (meist zirka +/– 2 bis 3 Prozentpunkte) in der Regel nicht angegeben (statt dessen werden sogar Veränderungen von einem Prozentpunkt inhaltlich interpretiert). Zwar gilt der angegebene Stichprobenfehler nur für eine einfache Zufallsauswahl, er liefert jedoch eine hilfreiche Faustregel, um den ansonsten völlig irreführenden Eindruck einer punktgenauen Präzision der Ergebnisse zu vermeiden. Bei Befragungen mit politischem Inhalt, insbesondere gilt das für Untersuchungen im Vorfeld von Wahlen, fehlt zum Beispiel bei der Wahlabsichtsfrage in aller Regel die für die angemessene Dateninterpretation unverzichtbare Information, wie viele Befragte eine Wahlabsicht für eine konkrete Partei (noch) nicht angeben konnten und wie viele die Angabe hierzu verweigert haben.

Im übrigen können sicherlich auch Ergebnisse aus einer „Umfrage" unter 30 Besuchern eines Einkaufszentrums oder Arbeitsamts oder aus einer TED-„Umfrage" unter Umständen interessant und vielleicht sogar veröffentlichungswürdig sein – sofern diese Tatsachen mitgeteilt werden und nicht durch ihr Verschweigen der Eindruck eines verallgemeinerungsfähigen Befundes erweckt wird; dies gilt für alle zur Interpretation der Ergebnisse unerläßlichen Angaben über Zufalls- oder „repräsentative" Quotenstichproben und erst recht für Hinweise auf abweichende (nicht zufallsgesteuerte) Stichprobenverfahren oder gegebenenfalls auf besonders große Fehlermargen.[13]

Ein – unter Beteiligung der sozialwissenschaftlichen Fachorganisationen – gemeinsam von ADM, ASI, Presserat, Bundesverband der Deutschen Zeitungsverleger (BDZV) und Deutschem Journalistenverband (DJV) zu entwickelnder redaktioneller Leitfaden für die Veröffentlichung von Umfrageergebnissen könnte (ähnlich wie in Anlehnung an die AAPOR-Standards in US-amerikanischen Medienredaktionen) vor diesem Hintergrund auch in Deutschland als Orientierungshilfe dienen und eine nachhaltige qualitative Verbesserung der Berichterstattung von Umfrageergebnissen in den Medien bewirken.

10.3 Aus- und Weiterbildung von Journalisten

Die Frage der sozialwissenschaftlichen Grundkompetenz der Journalisten ist in Deutschland nicht zuletzt deshalb problematisch, weil die meisten hierzulande praktizierenden Journalisten bisher eher aus geisteswissenschaftlich orientierten und nicht aus sozial- (oder natur-)wissenschaftlichen Studiengängen stammen. Dies trägt

13 Ein typisches Alltagsbeispiel für einen problematischen journalistischen Umgang mit „Umfrageergebnissen" aus einer deutschen Qualitätszeitung (immerhin werden hier einige der relevanten Angaben mitgeteilt, die allerdings – offenbar unbemerkt – den Aussagen im Text klar widersprechen): „Wachsende Gewalt gegen Senioren: (dpa/epd) *Jeder dritte alte Mensch* ist in den vergangenen fünf Jahren Opfer von körperlicher oder seelischer Gewalt durch Fremde geworden. ... 5750 Menschen im Alter von 60 bis 94 Jahren wurden Ende des vergangenen Jahres von der Bonner Initiative „Handeln statt Mißhandeln" (HsM) dazu befragt, etwa 1000 antworteten. ..." (*Süddeutsche Zeitung*, 11.3.1998; Hervorhebungen nicht im Original).

vermutlich dazu bei, daß sie insbesondere den Methoden und Befunden der empirischen Sozialwissenschaften oft unsicher, wenn nicht gar ablehnend gegenüberstehen. Dies kann einerseits zu ungerechtfertigten Mißtrauenshaltungen, andererseits zu überzogenen Mißbrauchsvermutungen bis hin zur beliebten Forderung nach dem Verbot der Veröffentlichung von Wahlumfragen in Wahlkampfzeiten führen (Kaase 1977: 460–462).

Zwar können Probleme verminderter Akzeptanz der Umfrageforschung in der Öffentlichkeit (auch bei Journalisten und Politikern) gewiß unterschiedliche Ursachen haben, aber das Vertrauen in die Umfrageforschung kann unter anderem sowohl durch unqualifizierte pauschale Abwertung von Umfragen und unterstellte Beliebigkeit von Ergebnissen als auch durch häufige Überinterpretation der Befunde in den Medien geschwächt werden; gängiges Beispiel für letzteres sind etwa die üblichen „Wahlprognosen" (die in aller Regel gar keine echten Prognosen sein wollen) sowie die – insbesondere mangels Angaben zur Fehlertoleranz – völlig irreführenden Eindrücke über die Präzision von Umfrageergebnissen. In jedem Fall findet eine professionelle Behandlung von Umfragen in den Medien und damit zugleich ihre sinnvolle Rezeption durch die Öffentlichkeit allerdings ihre Grenze an der Sachkompetenz und Urteilsfähigkeit der Journalisten. Damit stellt sich die Frage nach der Qualität der journalistischen Ausbildung in diesem Bereich.

Eine Reduzierung bisheriger Ausbildungsdefizite kann nur langfristig durch eine stärkere Verankerung sozialwissenschaftlicher Methoden in publizistik-, kommunikationswissenschaftlichen und journalistischen Studiengängen beziehungsweise in Lehrplänen der außeruniversitären (privat oder öffentlich finanzierten oder auch verlagseigenen) Journalistenschulen erreicht werden. Wichtiger und kurzfristig erfolgversprechender erscheint in diesem Zusammenhang vor allem eine Verstärkung von Weiterbildungsangeboten für berufsaktive Journalisten, sei es durch spezielle Kurs- und Seminarangebote der Hochschulen (zum Beispiel die Journalistenweiterbildung an der FU Berlin) oder auch – wie etwa in den USA – durch Teilnahme ausgewählter Journalisten an den etablierten Frühjahrsseminaren beziehungsweise Sommerkursen in sozialwissenschaftlichen Methoden, wie sie zum Beispiel von ZA, ZUMA, dem European Consortium for Political Research (ECPR) und dem Inter-university Consortium for Political and Social Research (ICPSR) angeboten werden.

Allerdings hat es auch in den USA 20 Jahre gedauert, bis der AAPOR-Code von allen Mitgliedern (insbesondere den Vertretern der Institute) als verbindlich akzeptiert wurde. Und weitere 15 Jahre vergingen, bis sich, unter aktiver Beteiligung von Presse- und Journalistenverbänden und akademischen Ausbildungsinstitutionen, die entsprechenden Standards in den Medien beziehungsweise Redaktionen etabliert hatten (Gollin 1987). Dabei hat sich erst allmählich die Einsicht durchgesetzt, daß letztlich weder Umfrageinstitute noch Medien an einer Irreführung des Publikums durch Verschleierung der zur Beurteilung veröffentlichter Befunde wesentlichen Informationen interessiert sein können und daß auch in den Medien die erforderliche Grundkompetenz und Urteilsfähigkeit Teil eines zeitgemäßen journalistischen Professionalitätsprofils ist.

Teil 4

Forschungsfreiheit und Datenschutz

11 Forschungsfreiheit und Datenschutz: Bestandsaufnahme und Ausblick

11.1 Vorbemerkung

Nach Art. 5 Abs. 3 des Grundgesetzes für die Bundesrepublik Deutschland ist die Forschung frei. Damit ist eine klare Entscheidung zugunsten des Schutzes der Forschung getroffen worden, die nur dann, und zwar auf gesetzlicher Grundlage, eine Einschränkung erfahren kann, wenn es zu Konflikten mit anderen in der Verfassung festgelegten Grundrechten kommt.

Es steht heute außer Frage, daß gerade industriell hochentwickelte Länder wie die Bundesrepublik Deutschland in ihrer wirtschaftlichen, sozialen und kulturellen Existenz entscheidend von international herausragenden Leistungen in der Forschung abhängen. Auf der anderen Seite machen zahlreiche umwälzende Erfindungen in der Wissenschaft auch die damit verbundenen Risiken deutlich; die sich daraus ergebenden gesellschaftspolitischen Kontroversen, so etwa im Bereich der Genforschung, zeigen, daß sich die Forschungsfreiheit stets auch im Spannungsfeld gesellschaftlicher Konflikte bewähren und dort einen Ausgleich erfahren muß.

11.2 Datenschutz und Empirische Sozialforschung

Wie die Deutsche Forschungsgemeinschaft in ihrer Denkschrift *Forschungsfreiheit* (Deutsche Forschungsgemeinschaft 1996) ausführt, haben nicht zuletzt die mit vielen Forschungen einhergehenden Risiken bereits zu mannigfachen Einschränkungen der Rahmenbedingungen wissenschaftlicher Arbeit geführt. Als Grund für die Beeinträchtigung der Empirischen Sozialforschung wird in erster Linie auf befürchtete Gefahren verwiesen, die sich aus den durch sie gewonnenen Informationen für den einzelnen Bürger ergeben sollen. In keinem Feld haben solche Sorgen einen deutlicheren Niederschlag gefunden als in den Ende der siebziger und Anfang der achtziger Jahre auf nationaler Ebene und in den Bundesländern durch die jeweiligen Parlamente verabschiedeten Datenschutzgesetzen (Kaase u. a. 1980; Kaase 1998). Die etwa zu dieser Zeit erfolgte Umstellung der staatlichen Verwaltung auf elektronische

Datenverarbeitung schien im Prinzip neue Möglichkeiten zu schaffen, auf den einzelnen Bürger bezogene datenbasierte Persönlichkeitsprofile zu erstellen, mit der Gefahr, auf diese Weise ein die Freiheitsrechte des einzelnen beeinträchtigendes Interventionswissen zu erzeugen (man denke nur an die sogenannte Rasterfahndung des Bundeskriminalamtes in Zusammenhang mit dem politischen Terrorismus und ganz allgemein an die Diskussion über die sogenannte gläserne Persönlichkeit). Vor diesem Hintergrund sahen die Datenschutzgesetze Maßnahmen vor, die zentrale Arbeitsvoraussetzungen der Empirischen Sozialforschung zunächst in Frage stellten.

Dabei ist insbesondere an die Regelungen zu denken, welche die informierte schriftliche Einwilligung des Bürgers zur Weitergabe von bei ihm durch Befragung direkt gewonnenen Informationen zum Gegenstand hatten (Kaase u. a. 1980). An dieser Stelle muß die Geschichte dieser Kontroversen und die Lösung der aufgeworfenen Probleme nicht im einzelnen nachgezeichnet werden. Entscheidend ist, daß die beteiligten Fachverbände der Sozialwissenschaften (ASI, ADM und BVM) mit den Obersten Landesbehörden für den Datenschutz ein Verfahren gefunden haben, das unbeschadet der rechtlichen Meinungsunterschiede von allen Seiten als akzeptabel angesehen wurde. Akzeptabel in dem Sinne, daß damit der gesetzlich vorgesehene und grundgesetzlich abgesicherte Schutz der individuellen Persönlichkeitsrechte gewährleistet war und gleichzeitig die Grundvoraussetzungen für die wissenschaftliche Arbeit der Sozialforschung nicht in Frage gestellt wurden.

Zur Beruhigung an dieser Diskussionsfront hat sicherlich auch das Volkszählungsurteil des Bundesverfassungsgerichts vom 15. Dezember 1983 beigetragen, in dem die Unbedenklichkeit der Weitergabe von aus Volkszählungen gewonnenen faktisch anonymisierten Einzeldaten für Zwecke der Forschung bestätigt worden ist. Entscheidend hierbei war, daß mit dem Begriff der faktischen Anonymisierung eine Abkehr vom abstrakten Begriff der Anonymisierung und damit die Chance der Konkretisierung von Regelungen des Datenzugangs für die Sozialforschung geschaffen wurde. Diese Chance ist inzwischen durch empirische Untersuchungen so weit eingelöst worden (Müller u. a. 1991), daß über enge Kooperationsbeziehungen zwischen der Empirischen Sozialforschung (hier ist vor allem die Gesellschaft sozialwissenschaftlicher Infrastruktureinrichtungen e. V. (GESIS) als Institut der *Blauen Liste* zu nennen, die zirka 80 von Bund und Ländern gemeinsam geförderte Forschungs- und Service-Institute umfaßt) und den Statistischen Ämtern amtliche Mikrodaten zum Beispiel des Mikrozensus und der Einkommens- und Verbrauchsstichprobe über sogenannte *scientific use files* für Sekundäranalysen zur Verfügung stehen (Lüttinger und Riede 1997).

Da die Novellierung des Bundesdatenschutzgesetzes vom 20. Dezember 1990 die zwischen Empirischer Sozialforschung und den Datenschutzbehörden im Zusammenhang mit dem ersten Bundesdatenschutzgesetz und den Landesdatenschutzgesetzen getroffenen Übereinkünfte nicht tangiert, ja in § 4 Abs. 3 sogar abgesichert hat, kann nicht weiter überraschen, daß sich in den letzten zwei Dekaden im wesentlichen ein fruchtbares Miteinander von Behörden und Sozialforschern entwickelt hat.

In allen bisher genannten Kontroversen ist als eine entscheidende Regelungsvoraussetzung der Gesichtspunkt hervorzuheben, daß die Sozialforschung glaubhaft darlegen konnte, daß ihr Interesse nicht den konkreten Einzelpersonen, sondern lediglich Gruppenbefunden in Form von aggregierten Angaben gilt, bei denen der konkrete Personenbezug des Individuums keinerlei Rolle mehr spielt. Dementsprechend ist es für die Empirische Sozialforschung auch nie ein Problem gewesen, nach Durchführung bestimmter, notwendigerweise auf die Einzelperson bezogener Interviewkontrollen die Personenbezüge dauerhaft zu vernichten. In diesem Sinne wäre es, wie gleich noch weiter ausgeführt werden wird, begriffswidrig, Daten in personenbezogener Form zu Akquisitionszwecken zu verwenden. Wer Daten erhebt, um mit ihnen in personenbezogener Form zu akquirieren, betreibt keine Forschung.

Aus den bestehenden Übereinkünften zwischen Sozialforschung und Datenschutzbehörden läßt sich allerdings nicht der Schluß ableiten, daß die Datenschutzgesetze keinerlei Beeinträchtigung der sozialwissenschaftlichen Forschung nach sich ziehen würden (siehe dazu Deutsche Forschungsgemeinschaft 1996: 53–54, 72–73). Solche Einschränkungen werden besonders deutlich zum Beispiel in § 13 Abs. 2 des geltenden Bundesdatenschutzgesetzes, nach dem personenbezogene Daten beim Betroffenen zu erheben sind. Damit wird ein zunehmend an Bedeutung gewinnender Bereich der Sozialforschung, die Analyse von persönlichen Netzwerken, de facto unmöglich gemacht, obgleich es wissenschaftlich gerade von besonderer Bedeutung sein kann, daß die Wahrnehmung bestimmter Einstellungen und Verhaltensweisen von Individuen durch Dritte erfaßt wird.

Insgesamt läßt sich schlußfolgern, daß sich in der Empirischen Sozialforschung zur Zeit noch wissenschaftliche Interessen und Regelungen des Datenschutzes in einem einigermaßen stabilen, aber stets prekären Gleichgewicht befinden. Prekär ist dieses Gleichgewicht vor allem deshalb, weil das Datenschutzrecht keine Erlaubnisnorm enthält, die der verfassungsrechtlich garantierten Forschungsfreiheit entspricht. Zum Zeitpunkt der Fertigstellung dieser Denkschrift haben gerade die Anhörungs- und Beratungsverfahren zu einer erneuten Novellierung des Bundesdatenschutzgesetzes begonnen, die auch einen Einklang mit der am 24. Oktober 1995 verabschiedeten EG-Richtlinie *Zum Schutz natürlicher Personen bei der Verarbeitung personenbezogener Daten und zum freien Datenverkehr* herstellen soll. Die bisherigen Vorlagen des zuständigen Bundesministeriums des Innern lassen allerdings nicht erkennen, daß bei der erneuten Novellierung in angemessener Weise auf die Interessen der wissenschaftlichen Forschung Rücksicht genommen werden wird. Der ADM hat dargelegt, daß und warum die Markt- und Sozialforschung durch den neuen Entwurf wegen Fehlens einer Erlaubnisnorm verfassungswidrig benachteiligt wird. Hier liegt also für die Zukunft ein wichtiges neues, die Arbeitsbedingungen der Empirischen Sozialforschung möglicherweise zentral berührendes und beeinträchtigendes Konfliktfeld.

Im folgenden soll noch auf eine Besonderheit der Empirischen Sozialforschung hingewiesen werden. Schon in der Einleitung zu dieser Denkschrift ist erwähnt worden, daß sie ohne die Zusammenarbeit von universitär und privatwirtschaftlich verfaßter Sozialforschung nicht hätte zustande kommen können. Dies hat nicht zuletzt damit zu tun, daß sich in der Bundesrepublik Deutschland über mehrere Dekaden eine arbeitsteilig fundierte Synergie zwischen beiden Bereichen herausgebildet hat, aus der beide großen Gewinn gezogen haben. So konnte zum Beispiel darauf verzichtet werden, für die Hochschulforschung eine eigenständige Organisation zur Durchführung der Feldarbeit für Befragungen ins Leben zu rufen. So positiv diese Kooperation einerseits zu bewerten ist, so schwierig ist es seit jeher gewesen, dem Gesetzgeber und den Datenschutzbehörden diese Synergien deutlich zu machen.

Eine weitere wichtige Grundlage dieser Interessenkonvergenz ist, daß sowohl in der universitär als auch in der privatwirtschaftlich verfaßten Sozialforschung die gleichen wissenschaftlich fundierten Methoden der Datenerhebung und Datenanalyse verwendet werden. Wie in den folgenden Kapiteln ausgeführt werden wird, besteht kein Anlaß, daran zu zweifeln, daß diese Zusammenarbeit in der Zukunft fortdauern wird. Im Gegenteil: Es gibt gute Gründe dafür anzunehmen, daß sie sich in absehbarer Zeit, nicht zuletzt zum Nutzen der universitären Sozialforschung, noch deutlich intensivieren wird und muß (vgl. Kapitel 9). Insofern ist es auch weder sinnvoll noch erforderlich, in der Datenschutzgesetzgebung für die akademisch verfaßte Sozialforschung Sonderregelungen zu erstreiten, die nicht die privatwirtschaftlich verfaßte Markt- und Sozialforschung mit einschließen.

11.3 Zur Aushöhlung des Forschungsbegriffs

Besonders ist an dieser Stelle auf eine jüngere Entwicklung hinzuweisen, die von einer ganz anderen Seite die prinzipiellen Arbeitsgrundlagen der Empirischen Sozialforschung und die zwischen Datenschutzbehörden und Sozialforschern vereinbarten Regelungen zum Schutz der Anonymität der Befragten in Frage stellt. Der Arbeitsgruppe sind zunehmend Fälle bekanntgeworden, in denen sich Firmen mit der unzutreffenden Behauptung, Marktforschung durchzuführen, die Zustimmung von Einzelpersonen und/oder Haushalten zur Sammlung von Informationen über diese Einheiten *in Verbindung mit deren konkreter Identifikation durch Name und Anschrift* verschaffen und diese Daten zu Verkaufszwecken an Dritte weitergeben. Ganz offensichtlich wird hier eine prinzipiell bestehende Bereitschaft von Personen, Sozialforschung durch ihre Mitwirkung zu unterstützen, mit dem Ziel der Verkaufsförderung mißbraucht. Es besteht die große Gefahr, daß, falls diese Täuschungen zunehmen, das Vertrauen der Bevölkerung darauf, daß durch die Teilnahme an einer Umfrage weder die Anonymität der Befragten verletzt wird noch sie auf dieser Grundlage mit gezielten Kaufangeboten oder Werbemaßnahmen konfrontiert werden, entscheidend beeinträchtigt werden wird.

Diese Vermischung von Forschungszwecken und Verkaufszwecken ist von den nationalen und internationalen Berufsverbänden der Markt- und Sozialforscher scharf kritisiert und in den Standesregeln als nicht zulässig festgeschrieben worden. Bedauerlicherweise schließt dies nicht aus, daß von Firmen außerhalb der Markt- und Sozialforschung weiter so verfahren wird. Die Gerichte zögern erstaunlicherweise, diese den Forschungsbegriff mißbrauchende Vorgehensweise zu unterbinden. Ein Gericht hat zur fachbegriffswidrigen Verwendung des Forschungsbegriffs im Direktmarketing ausgeführt, die Bevölkerung habe keine klaren Vorstellungen vom Begriff der Forschung und deshalb werde die Bevölkerung auch nicht irregeführt (OLG

München, 6 U 1617/97). Ein anderes Gericht hat zwar die Irreführung bejaht, hat aber dem klagenden ADM die Klagebefugnis abgesprochen (OLG Köln, 6 U 188/95). Der ADM hat gegen beide Urteile das Rechtsmittel der Revision beim Bundesgerichtshof eingelegt, die inzwischen angenommen wurde. Bis jetzt ist es nicht gelungen, die Gerichte davon zu überzeugen, daß mit dieser Rechtsprechung der Forschungsbegriff in seinem verfassungsmäßigen Status und sachlichen Kern entleert wird. Wissenschaft und Politik sollten daher geeignete Maßnahmen ins Auge fassen, um dem hier zu befürchtenden Verfall des Forschungsbegriffs Einhalt zu gebieten.

Teil 5

Entwicklungsdesiderate

12 Zur Zusammenarbeit privatwirtschaftlich und akademisch verfaßter Sozialforschung

12.1 Ausgangslage

Die privatwirtschaftliche sowie die akademisch verfaßte Sozialforschung haben schon bald nach dem Kriege begonnen, sich infrastrukturell zu organisieren, um ihre durch Unterdrückung und Berufsverbote in der Zeit des Nationalsozialismus entstandene Sprachlosigkeit zu überwinden. Aus den ersten, noch durch Zoneneinteilung und Militärregierung erschwerten Aktivitäten privatwirtschaftlicher Institute gingen Mitte der fünfziger Jahre unter anderem der Arbeitskreis für betriebswirtschaftliche Markt- und Absatzforschung e. V. sowie die Vereinigung Betrieblicher Marktforscher e. V. und der Berufsverband Deutscher Marktforscher e. V. hervor. Letztere schlossen sich 1965 zum Bundesverband Deutscher Marktforscher e. V. zusammen, der sich 1980 schließlich in Berufsverband Deutscher Markt- und Sozialforscher e. V. (BVM) umbenannt hat. Der Arbeitskreis führt heute offiziell den Namen ADM – Arbeitskreis Deutscher Markt- und Sozialforschungsinstitute e. V. und vertritt als berufsständische Organisation die Interessen der im Arbeitskreis zusammengeschlossenen 39 Institute (Stand: September 1997). Diese Institute repräsentieren rund 70 Prozent des Gesamtumsatzes der deutschen Marktforschung (Arbeitskreis Deutscher Markt- und Sozialforschungsinstitute e. V. 1997a). Im BVM sind zur Zeit rund 800 der mehr als 3000 festangestellten akademisch gebildeten Mitarbeiter von privatwirtschaftlichen Markt- und Meinungsforschungsinstituten organisiert (Berufsverband Deutscher Markt- und Sozialforscher e. V. 1997).

Auch der organisatorische Beginn der akademisch verfaßten Sozialforschung liegt in den ersten Jahren der Nachkriegszeit, als 1946 zunächst die Sozialforschungsstelle Dortmund (SFS) gegründet wurde und sich 1948 verschiedene Institute zu einer „Notgemeinschaft" als Vorläuferin der Arbeitsgemeinschaft Sozialwissenschaftlicher Institute noch relativ lose zusammenschlossen. Die formale Vereinsgründung der Arbeitsgemeinschaft sozialwissenschaftlicher Institute e. V. (ASI) folgte dann 1953 (Mnich und Sahner 1989). In der ASI sind gemeinnützige sozialwissenschaftliche Forschungseinrichtungen und Universitätsinstitute zusammengeschlossen; zur Zeit hat die ASI 70 korporative und 30 persönliche Mitglieder. Ziel der ASI ist die Förderung und Intensivierung der sozialwissenschaftlichen Forschung insbesondere in ihrer empirischen Ausrichtung. Die ASI ist Träger des 1969 aus der

Koordinierungsstelle für die Dokumentation sozialwissenschaftlicher Forschung (KOST) hervorgegangenen Informationszentrums Sozialwissenschaften (IZ) in Bonn, das seit 1986 korporatives Mitglied der von Bund und Ländern gemeinsam geförderten Gesellschaft sozialwissenschaftlicher Infrastruktureinrichtungen e. V. (GESIS) ist (die beiden anderen korporativen Mitglieder sind das Zentralarchiv für Empirische Sozialforschung an der Universität zu Köln (ZA) und das Zentrum für Umfragen, Methoden und Analysen e. V. (ZUMA) in Mannheim; siehe unten).

ADM, ASI und BVM repräsentieren Personen und Institute, die aufgrund von Ausbildung und Arbeitsweise hohen wissenschaftlichen Standards der Forschung verpflichtet sind. Aus diesem Grund überschneiden und ergänzen sich naturgemäß Zielsetzungen und Selbstverständnis der drei Organisationen, zumal allen genannten Akteuren gleichermaßen an einer positiven Einschätzung der Leistungsfähigkeit der Empirischen Sozialforschung durch die Öffentlichkeit und die Nachfrager gelegen ist.

Die gemeinsamen Interessen der drei Verbände und ihrer Mitglieder haben früh ihre Zusammenarbeit befördert und seit längerem vertieft. Schon im Zusammenhang mit der Verabschiedung des ersten Datenschutzgesetzes der Bundesrepublik Deutschland 1979 und den sich daran anschließenden Erörterungen mit den obersten Landesbehörden bei seinem Vollzug kooperierten ADM, ASI und BVM eng (Arbeitskreis Deutscher Markt- und Sozialforschungsinstitute e. V. 1994). Seit der gemeinsamen wissenschaftlichen Jahrestagung von ADM und ASI 1981 in Heidelberg (Kaase u. a. 1983) in der Nachfolge der ersten großen Nachkriegskonferenz der deutschen Sozialforschung im Dezember 1951 in Weinheim (Institut zur Förderung öffentlicher Angelegenheiten 1952) wurden die wissenschaftlichen Jahrestagungen von 1989 (Franke und Scharioth 1990), 1992 (auch mit dem BVM; Breunig u. a. 1993) und 1997 ebenfalls von beiden Organisationen gemeinsam durchgeführt. Zusätzlich treffen sich seit 1986 Vertreter von ASI, ADM und des Statistischen Bundesamtes regelmäßig zu einem Informationsaustausch, der zu gemeinsamen Projekten sowie zu (bisher) zwei in Kooperation gestalteten wissenschaftlichen Tagungen (1995 und 1997) geführt hat (Statistisches Bundesamt 1996).

Doch trotz der Intensivierung der Zusammenarbeit bleibt für die anläßlich der Heidelberger Tagung 1981 formulierte Forderung, „... die bisher nur in Ansätzen erkennbare Zusammenarbeit zwischen universitärer und nichtuniversitärer Sozialforschung systematisch einzurichten und auszubauen" (Kaase u. a. 1983: 22), noch viel Raum.

Auch das 1974 gegründete, in Mannheim beheimatete Zentrum für Umfragen, Methoden und Analysen (ZUMA), bis 1985 eine Hilfseinrichtung der Forschung der Deutschen Forschungsgemeinschaft, hat sich, entgegen mancher Befürchtungen aus dem Kreis der Institute der Markt- und Meinungsforschung, nicht als Konkurrent, sondern als wichtige Schnittstelle zwischen akademischer und privatwirtschaftlicher Umfrageforschung erwiesen. Ein Schwerpunkt seiner Tätigkeit ist die Beratung und Betreuung von vor allem universitär verorteten Sozialwissenschaftlern. Als Serviceeinrichtung berät ZUMA unter anderem bei der Entwicklung von Forschungsdesigns, der Gestaltung von Erhebungsinstrumenten, der Ziehung von Stichproben und bei der Auswertung der Daten. Das Institut veranstaltet außerdem regelmäßig Methodenseminare für interessierte Wissenschaftler und gibt mit den *ZUMA-Nachrichten* und dem *Informationsdienst Soziale Indikatoren* (ISI) zwei Zeitschriften heraus. Institutionalisiert ist die Zusammenarbeit mit Instituten der Markt- und Meinungsforschung vor allem bei der Durchführung der Feldarbeit von Befragungen.

Diese Institute beschäftigen in zunehmenden Maße akademisch ausgebildete Mitarbeiter. Wenn dennoch auf die Gefahr hingewiesen werden muß, daß sich trotz intensivierter Zusammenarbeit zwischen privatwirtschaftlich und universitär verfaßter Sozialforschung die beiden Bereiche auseinanderentwickeln, so hat dies seine Gründe vor allem in neueren methodischen und forschungspraktischen Akzentsetzungen.

Bis in die zweite Hälfte der achtziger Jahre folgte die gesamte Sozialforschung weitgehend einheitlichen Standards; die Umfrage als persönlich-mündliche Befragung dominierte als *Königsweg der Sozialforschung* (René König). Das darauf bezogene akademische Forschungsinteresse an Methoden und Problemen der Fragebogenkonstruktion, an Skalierungsproblemen, Stichprobentheorien und Ausschöpfungsproblemen entsprach und nützte den die Umfragen durchführenden Instituten; die Herstellung von Transparenz über die methodischen Erkennisfortschritte lag im allgemeinen Interesse und befruchtete beide Seiten.

12.2 Zur heutigen Situation

Vor allem durch die in der zweiten Hälfte der achtziger Jahre immer häufiger eingesetzte Methode telefonischer Befragungen und die damit verknüpfte methodisch-technische Entwicklung haben die Prioritäten der privatwirtschaftlich und der akademisch verfaßten Umfrageforschung inzwischen begonnen, sich auseinanderzuentwickeln. Zunächst schien es so, als ob die telefonische Befragung die akademische Forschung begünstigen würde, weil nun Umfrageergebnisse ohne die hohen Kosten von persönlich-mündlichen Interviews durchgeführt werden könnten. Die schnelle Verbreitung von telefonischen Befragungen in Deutschland und in den anderen OECD-Staaten führte jedoch bald zu der Erkenntnis, daß die von der Sozialforschung üblicherweise verlangten Standards der Datenqualität auch bei dieser Befragungsmethode nur unter erheblichem Kapitaleinsatz und professionellen Bedingungen gesichert werden können. Der Grund hierfür ist, daß sich telefonische und persönlich-mündliche Befragungen im Hinblick auf die Formulierung der Fragen, die Fragebogenkonstruktion, die einsetzbaren Skalen und Abfragemodi, die Ziehung der Zufallsstichprobe sowie die Auswahl und die Schulung der Interviewer ganz erheblich unterscheiden (siehe dazu Kapitel 4 und 5).

Die privatwirtschaftlichen Institute, welche die telefonische Befragung einführten, haben diese Methoden natürlich nicht jedes für sich völlig neu erfunden, aber zum Teil durchaus erhebliche Mittel in die diesbezügliche Grundlagenforschung investiert (zum Beispiel Jung 1990). Die Ergebnisse dieser Forschung, die gewonnenen Erfahrungen und Lerneffekte wurden jedoch nicht zuletzt aus Wettbewerbsgesichtspunkten nicht umfassend und zeitnah publiziert. Aus diesem Grund, aber auch, weil die gewonnenen Erkenntnisse institutsspezifisch stark variieren, kann im Hinblick auf neuere Befragungsmethoden von einem gemeinsamen Kanon privatwirtschaftlich und akademisch verfaßter Umfrageforschung zunehmend nicht mehr gesprochen werden. Hinzu kommt, daß letztere nicht über die notwendigen Ressourcen verfügt, um in diesem Bereich ein vollwertiger Partner zu sein. Insgesamt gelangt die privatwirtschaftlich verfaßte Umfrageforschung so auf einen Erfahrungsstand, der die akademische Umfrageforschung vom Erkenntnisfortschritt zunehmend abzukoppeln droht.

12.3 Folgerungen

Die Folgen der am Beispiel der Einführung der telefonischen Befragungen aufgezeigten Auswirkungen für die akademische Umfrageforschung gelten insbesondere dann für alle weiteren neuen Methoden- und Verfahrensentwicklungen in der Empirischen Sozialforschung, wenn diese einen erheblichen technischen und damit Ressourcenaufwand voraussetzen. Gerade diese Tendenz ist absehbar. So werden die Interviewerstäbe für persönlich-mündliche Befragungen zunehmend mit Laptops ausgestattet, so daß auch diese computerunterstützt durchgeführt werden können (CAPI). Die im ständigen Wettbewerb stehenden privatwirtschaftlichen Institute sind gezwungen, auf Marktentwicklungen schnell zu reagieren. Eine solche Situation wird es der akademischen Umfrageforschung in Zukunft immer schwerer machen, mit neuen Entwicklungen Schritt zu halten. Dennoch ist auch künftig davon auszugehen, daß eine verstärkte Zusammenarbeit zwischen der akademischen und der privatwirtschaftlichen Markt- und Meinungsforschung in beiderseitigem Interesse liegt, denn

- in einer vom Tagesgeschäft bestimmten Atmosphäre können in den privatwirtschaftlichen Instituten nicht alle Aspekte der Entwicklung neuer Instrumente systematisch bedacht werden. Hier ist die akademische Forschung nach wie vor gefordert und im Prinzip auch leistungsfähig;
- die Methodenausbildung an Universitäten und Fachhochschulen ist eine wesentliche Grundlage der Fachkenntnisse der wissenschaftlichen Mitarbeiter von Markt- und Meinungsforschungsinstituten. Diejenigen, die diese Ausbildung leisten, verfügen allerdings häufig nicht über ausreichende eigene Erfahrungen in entsprechenden Instituten. Hier bietet sich also ein regelmäßiger Austausch zwischen beiden Bereichen an;
- die Etablierung einer sachgemäßen Infrastruktur an den Universitäten ist eine wesentliche Grundlage für die Weiterentwicklung der Empirischen Sozialforschung in Deutschland. Die Einbeziehung von Fachkompetenz aus dem Bereich der privatwirtschaftlichen Markt- und Meinungsforschung ist hierbei unverzichtbar;
- eine intensivere Kooperation von akademischer und privatwirtschaftlicher Sozialforschung kann hohe Standards der Empirischen Sozialforschung nachhaltiger sichern und auch gegenüber der interessierten Öffentlichkeit effektiver vertreten.

13 Wandel und Perspektiven der Umfrageforschung

13.1 Vorbemerkung: Qualität und Wandel

Die Praxis der Umfrageforschung befindet sich, so haben die Ausführungen in dieser Denkschrift belegt, im Wandel. Ändert sich damit die Qualität der Umfragen? Müssen sich vielleicht die Qualitätskriterien ändern?

Diese Fragen sind nicht leicht zu beantworten. Sie führen zu weiteren, teils sehr grundsätzlichen Problemen der Methoden der Empirischen Sozialforschung. Dieses Kapitel stellt dazu einige Überlegungen an.

Zu klären sind zunächst die *Qualitätskriterien*, nach denen verschiedene Umfrageverfahren beurteilt werden können. Was unterscheidet eine gute von einer weniger guten Umfrage? Woraus erwächst das Vertrauen, daß ein bestimmtes Umfrageergebnis die gesellschaftliche Realität zutreffend beschreibt? Zu erhellen ist sodann, *welche Entwicklungen* sich in der Umfrageforschung vollziehen oder abzeichnen. Dabei ist es notwendig zu verstehen, welche Antriebskräfte und Motive den Wandel bedingen. Wandel als solcher darf nicht Anlaß zur Sorge sein. Er kann etwa bestehen

- in der Suche nach Innovationen, die die Qualität der Umfragen verbessern;
- in kreativer Anpassung vorhandener Verfahren mit dem Ziel, bisherige Qualitätsstandards unter veränderten Bedingungen gewährleisten zu können;
- in Verfahrensmodifikationen, die bestimmte Qualitätsabstriche in Kauf nehmen, um die Kosten einer Umfrage zu verringern.

Schließlich sind beide Aspekte zusammenzuführen, also Entwicklungstrends und Verfahren der Umfrageforschung auf der einen Seite und geeignete Qualitätskriterien auf der anderen Seite. Das Ergebnis können keine Urteile ex cathedra sein, wohl aber ein geschärfter Blick für Qualitätsprobleme und Qualitätsniveaus von Umfragen.

Viele der hier aufgeworfenen Fragen können nur durch systematische Methodenforschung beantwortet werden. Insofern können die folgenden Überlegungen auch als Hinweise auf einen erheblichen methodischen *Forschungsbedarf* gelesen werden.

13.2 Qualitätsstandards und ihre Voraussetzungen

13.2.1 Qualitätskriterien: Richtige Ergebnisse und korrekte Verfahren

Die Umfrageforschung ist eine Methode, um mit begrenztem ökonomischem Aufwand verallgemeinerungsfähige Aussagen über gesellschaftliche Sachverhalte treffen zu können. Kern dieser sozialwissenschaftlichen Erfindung sind zwei Verfahrensweisen: das Instrument der *repräsentativen Stichprobe* in Verbindung mit dem Instrument der *standardisierten Befragung*.

Die Qualitätskriterien für die Güte einer Umfrage sind – daraus abgeleitet – im Prinzip klar: Gefordert sind

- die verzerrungsfreie Abbildung einer definierten Grundgesamtheit durch die Stichprobe;
- die gültige, zuverlässige Messung der gemeinten Sachverhalte durch die Befragung.

Dies sind theoretische Kriterien, die absolut und immer gelten. Die Schwierigkeit besteht darin, im konkreten Fall festzustellen, ob die Kriterien erfüllt sind und, falls nicht, wo die Gründe dafür liegen.

Es gibt zwei Arten von Indizien, um die Qualität von Umfragen zu bewerten, sozusagen die instrumentellen Kriterien:

- das erste sind richtige Ergebnisse;
- das zweite sind korrekte Verfahren.

Beide Punkte hängen natürlich zusammen, können aber in ihrer Bedeutung unterschiedlich gewichtet werden. Dort, wo Umfrageergebnisse die Grundlage für praktische Schlußfolgerungen und Entscheidungen bilden, wird eher das erste dieser beiden Qualitätskriterien im Vordergrund stehen, also die richtigen und brauchbaren Ergebnisse. Das gilt etwa für die Marktforschung, für die Auftragsforschung von Regierungs- und Verwaltungsstellen und für die Wahlforschung. Je nach Auftrag und Projekttyp können methodische Anforderungen und Qualitätsstandards in diesem Bereich sehr unterschiedlich sein. Erwartet wird hier, daß der methodische Aufwand in angemessenem Verhältnis zum Untersuchungsziel steht.

Im akademischen Bereich orientiert man sich stärker an Kriterien der „korrekten Verfahren". Das liegt auch daran, daß der Forschungsgegenstand oft Einstellungen oder komplexe Konstrukte sind, für die die „wahre" Verteilung in der Grundgesamtheit nicht bekannt ist. Es bleibt daher nur das Vertrauen in die „Regeln der Kunst": Wenn bestimmte wissenschaftlich begründete Verfahren angewendet wurden, dann wird die Umfrage den untersuchten Sachverhalt innerhalb gewisser Fehlergrenzen richtig abbilden.

Diese Vertrauensbildung über Verfahren ist wichtig und unverzichtbar, aber sie hat ihre Risiken. Bedenklich ist etwa, wenn einzelne Kriterien als Qualitätsmaßstab verabsolutiert werden (beispielsweise eine Stichprobenausschöpfung in bestimmter Höhe). Dies führt zu Fehleinschätzungen von Qualitätsniveaus, und zwar zu Unterschätzungen ebenso wie zu Überschätzungen. Problematisch wird es auch dann, wenn die Orientierung an etablierten Verfahren zu einem *methodischen Konservatis-*

mus führt. Auf Dauer kann nur die Bereitschaft zur Anpassung von Verfahren an gewandelte Bedingungen und die Offenheit für Innovationen hohe Qualitätsstandards sichern.

Verfahren und damit auch Verfahrensänderungen können in der Umfrageforschung erhebliche Effekte auf die Ergebnisse haben. Die Antwort auf dieses Problem darf jedoch nicht ein Festhalten an alten, möglicherweise überholten Verfahrensvorstellungen sein. Sie kann nur in dem Bemühen bestehen, Verfahrenseffekte besser zu verstehen und zu kontrollieren. Dies verlangt eine hinreichend genaue Beschreibung und Dokumentation der Verfahren. Es verlangt eine offene, sachkundige Diskussion. Und es verlangt kontinuierliche, auch auf die Praxis der Umfrageforschung gerichtete Methodenforschung.[14]

13.2.2 Historische Bedingungen: Die Infrastruktur der Umfrageforschung

Verfahrensbezogene Qualitätsstandards für die Durchführung von Umfragen können nur in einem bestimmten raum-zeitlichen Kontext gelten; sie sind an historische Bedingungen gebunden. Der Grund ist, daß die Durchführung von Umfragen außer der theoretisch-statistischen Basis auch eine bestimmte „Infrastruktur" benötigt.

Damit ist hier nicht primär die institutionelle Struktur der Institute gemeint, die Umfragen durchführen. Es geht vielmehr um ein sehr viel breiteres Set von Voraussetzungen, die alle für die Qualität der Umfragen von Bedeutung sein können:

- organisatorisch-institutionelle Voraussetzungen, so zum Beispiel, ob es ein allgemeines Personenregister gibt, aus dem Bevölkerungsstichproben gezogen werden können, ob es geschulte Interviewerstäbe gibt usw.;
- methodisch-konzeptionelle Voraussetzungen, so zum Beispiel, ob es – bei Fehlen eines zentralen Personenregisters – statistische Ersatzlösungen gibt, in Deutschland etwa das ADM-Stichprobensystem[15];
- rechtliche und kulturelle Voraussetzungen, so zum Beispiel die Bereitschaft der Bevölkerung zur Teilnahme an Umfragen; die datenschutzrechtliche Regelung dieser Situation usw.;
- technische Voraussetzungen, so zum Beispiel Techniken der Datenerfassung und Datenverarbeitung; Techniken der Kommunikation zwischen Institut und Befragungspersonen beziehungsweise Institut und Interviewern;
- wirtschaftliche Voraussetzungen, so etwa die Bereitschaft von staatlichen Stellen, Verbänden, Stiftungen und Unternehmen, Umfragen mit hohen Qualitätsstandards zu finanzieren; die Stellung der Institute, die Umfragen durchführen, als akademisch oder privatwirtschaftlich verfaßte Institute; die Wettbewerbssituation auf dem Markt für Umfragen, die Wettbewerbsstrategien der Anbieter.

---

14 Die kürzlich veröffentlichte Methodenstudie zum Eurobarometer (Saris und Kaase 1997) kann dafür als exemplarischer Beitrag gelten.

15 Das ADM-Stichprobensystem beruht auf einer Zufallsauswahl von Stimmbezirken der Bundestagswahl. In den Stimmbezirken werden zufällig bestimmte Adressen als Startpunkt für einen sogenannten *random walk* benutzt, auf dem in der Regel jeder dritte Haushalt ausgewählt wird (Loeffler und von der Heyde 1993).

Wie wichtig diese Aspekte und Faktoren sind, bemerkt man unmittelbar, wenn man vergleichende Umfrageforschung in mehreren Ländern betreiben will: Was in einem Land möglich ist, ist in einem anderen Land oft nicht in gleicher oder gleichwertiger Weise machbar. Oder man merkt es, wenn sich etwas ändert. Beispielsweise könnte eine gut gemeinte Änderung des Datenschutzrechts, die den Verbraucher vor unerbetenem Telefonmarketing schützen will und dieses nicht klar von Zwecken der Markt*forschung* unterscheidet, die Möglichkeit telefonischer Umfrageforschung von heute auf morgen in Frage stellen (vgl. Kapitel 11).

Die in einem Land vorhandene Infrastruktur der Umfrageforschung wird häufig als gegeben vorausgesetzt und nicht weiter reflektiert. Tatsächlich ist sie etwas Gemachtes, etwas Gewachsenes, etwas, das auch zum besseren oder schlechteren verändert werden kann. In den europäischen Ländern bestehen hier teilweise unterschiedliche Bedingungen, wiederum andere etwa in den USA. Dies genauer zu analysieren wäre ein reizvolles Thema für wissenschaftssoziologische Forschung. An dieser Stelle geht es lediglich um den Hinweis, daß Qualitätskriterien und Qualitätsstandards der Umfrageforschung gesellschaftliche Voraussetzungen haben und damit auch dem gesellschaftlichen Wandel unterliegen.

13.2.3 Verfahrensmodelle

Methodenstudien zur Umfrageforschung befassen sich in der Regel mit einzelnen Aspekten und Teilfragen. Eine Methodologie der *Qualitätsbewertung* von Umfragen müßte demgegenüber eine ganzheitliche Perspektive einnehmen. In der Praxis besteht eine Umfrage immer aus einer Vielzahl von Verfahrensschritten, die in einen definierten Arbeitsablauf eingebunden sind. Die resultierende Qualität der Ergebnisse entsteht in diesem Gesamtprozeß.

Das Problem ähnelt der Diskussion über Verfahren der Qualitätskontrolle in betrieblichen Produktionsabläufen. Neben die Kontrolle einzelner Prozeßschritte ist heute das Total Quality Management (TQM) getreten, also der Versuch, gesamte Prozeßabläufe zu bewerten und zu optimieren. In Analogie dazu könnte in der Qualitätsbewertung von Umfragen das Konzept eines Total Quality Measurement von Nutzen sein. Wie aber kann man sich diese Art von TQM vorstellen?

Zunächst benötigt man ein Konzept zur ganzheitlichen Beschreibung eines Umfragetypus. Dafür wird hier der Begriff des *Verfahrensmodells* vorgeschlagen. Ein Verfahrensmodell besteht aus verschiedenen Komponenten oder Dimensionen des Gesamtablaufs. Im Hinblick auf die Frage von Qualitätsstandards erscheint es sinnvoll, folgende sechs Komponenten von Verfahrensmodellen zu unterscheiden:[16]

- Ausgangsstichprobe *(Adäquation/coverage);*
- Ausfälle in der Befragung *(nonresponse);*
- Interviewmethode *(mode effects);*

16 Darüber hinaus ist natürlich der „gute Fragebogen" ein Qualitätskriterium von eminenter Bedeutung. Verfahrensmodelle für Umfragen sind jedoch unabhängig von der jeweiligen Fragebogenqualität zu diskutieren. Allerdings muß ein „guter Fragenbogen" die Möglichkeiten und Restriktionen der gewählten Interviewmethode beachten (vgl. Kapitel 4).

- Datenerfassung und -verarbeitung (Fehlermöglichkeiten/Fehlervermeidung);
- Zeitbedarf (Schnelligkeit);
- Dokumentation (Transparenz).

Innerhalb jeder dieser Komponenten gibt es ein Spektrum unterschiedlicher Verfahren, die teilweise qualitätsrelevant sind und als besser oder schlechter bewertet werden können. Die „besseren" Verfahren sind in der Regel mit höherem Aufwand, also mit höheren Kosten verbunden. Man kann dies als *Qualitätskosten* bezeichnen. Jedes konkrete Verfahrensmodell ist eine spezifische Ausbalancierung von Qualitäts- und Kostenaspekten.

Nicht jedes Verfahren innerhalb einer Komponente ist mit jedem Verfahren innerhalb anderer Komponenten kombinierbar. Schriftlich-postalische Befragungen beispielsweise sind nur möglich, wenn für die Stichprobenbildung Adressenmaterial hinreichender Qualität zu vertretbaren Kosten zur Verfügung steht. Für bundesweite oder überregionale Bevölkerungsbefragungen ist diese Voraussetzung in Deutschland leider nicht gegeben.

Eine Reihe von Verfahrensalternativen wird in den folgenden Abschnitten dieses Beitrags unter Qualitätsgesichtspunkten diskutiert. Vorab sollen wesentliche Entwicklungstrends der Umfrageforschung dargestellt werden.

13.3 Entwicklungstrends der Umfrageforschung

13.3.1 Neue Informations- und Kommunikationstechniken

Das Interview in Form des persönlichen Gesprächs *(face to face)*, durchgeführt anhand eines standardisierten Fragebogens, in den Antworten eingetragen werden *(paper and pencil)*, wird seit Beginn der achtziger Jahre und zunehmend in den neunziger Jahren durch andere Interviewformen ergänzt oder ersetzt: das telefonische Interview – das zunächst mit herkömmlichen Papierfragebogen geführt wurde, relativ bald dann computerunterstützt am Bildschirm (CATI) oder sogar in automatisierter Form ohne Interviewer; die Nutzung der Computerunterstützung auch in persönlich-mündlichen Interviews mit Hilfe von Laptops oder Pentops (CAPI); diverse Formen der Selbstausfüllung von Fragebogen durch die Befragten am Bildschirm (zu Hause, in Studios, auf Messen usw.); Befragungen im Internet.

Die Ersetzung des herkömmlichen Interviews durch diese neuen Formen ist in den angelsächsischen Ländern bereits weit fortgeschritten. Dort gibt es auch eine umfangreiche methodische Literatur, welche die neuen Interviewtechniken beschreibt und in Hinblick auf Qualitätsaspekte bewertet. In Deutschland geht die Entwicklung in dieselbe Richtung, wenn auch zeitlich verzögert.

Man muß die neuen Interviewtechniken im Zusammenhang sehen, um die Bedeutung und die Dynamik der Entwicklung zu verstehen. Die Durchführung von Umfragen kann als die Organisation eines komplexen Kommunikationsvorgangs gesehen werden, an dem eine große Zahl von Menschen beteiligt ist. Warum sollten neue Informations- und Kommunikationstechnologien, die zunehmend alle gesellschaftlichen Bereiche durchdringen, ausgerechnet an diesem Bereich vorbeigehen?

Die Vorteile der neuen Techniken liegen auf der Hand. Sie machen die Arbeitsabläufe, die mit der Durchführung einer Umfrage verbunden sind, schneller und kontrollierbarer. Sie bieten erweiterte Möglichkeiten wie etwa die Einbeziehung audiovisueller Komponenten in das Interview. Sie eröffnen verbesserte Möglichkeiten der Fehlervermeidung im Interview und bei der Datenerfassung. Dabei verändert sich die Interviewsituation als solche – etwa beim persönlich-mündlichen Interview mit Hilfe des Laptops – gegenüber dem herkömmlichen Interview nur wenig. Was sich durch die Umstellung auf elektronische Medien radikal verändert, sind die vorgelagerten und die nachgelagerten Arbeitsabläufe.

Umfrageforschung wird damit auf eine neue Basis gestellt. Sie wandelt sich, betrachtet als professionelle Dienstleistung, von einer Low-Tech- zu einer High-Tech-Branche.

13.3.2 Der Markt für Umfragen: Angebot und Nachfrage

Qualitätskriterien von Umfragen können wissenschaftlich begründet und diskutiert werden. Über die Bedeutung von Qualitätskriterien in der Umfragepraxis entscheidet jedoch der Markt. Verfahrensmodelle mit hohen Qualitätsstandards werden auf seiten der anbietenden Institute nur entwickelt und angeboten, wenn es dafür eine Nachfrage gibt, also Auftraggeber, die auf die spezifischen Qualitätskriterien Wert legen und den dafür erforderlichen Aufwand auch zu finanzieren bereit sind.

In dieser Hinsicht sind die Zeiten nicht einfach. Die Marktforschung als größter Nachfragesektor für Umfragen spürt die harten Kostensenkungsstrategien der Unternehmen. Auftragsentscheidungen werden zunehmend von den Einkaufsabteilungen getroffen, die nicht nach Qualitätsgesichtspunkten, sondern nach dem Preis entscheiden. Im Bereich der öffentlichen Hand zwingt die Finanzsituation zu Einsparungen auch in den Forschungsbudgets. Teure sozialwissenschaftliche Umfragen können in nur wenigen Projekten finanziert werden. Preiskriterien spielen – legitimerweise – bei vielen Bewilligungs- und Auftragsentscheidungen eine wesentliche Rolle, und in welcher Weise Preisunterschiede mit Qualitätsunterschieden einhergehen, ist oft schwer erkennbar.

In dieser Situation gibt es einen starken Druck zur Suche nach vereinfachenden, „schlanken" Verfahrensmodellen für die Durchführung einer Umfrage *(lean survey)* – auch unter Inkaufnahme von Qualitätseinbußen im Sinne sozialwissenschaftlicher Verfahrenskriterien. Solche Bemühungen sind völlig legitim, und die Qualitätseinbußen sind möglicherweise vertretbar. Das Problem ist, daß diese Fragen nicht offen diskutiert werden. Erhebungsinstitut wie Auftraggeber wollen sich nicht unbedingt der Kritik aussetzen, ihre Umfrage entspräche nicht den geltenden Qualitätsstandards. In diesem Klima entstehen methodische Graubereiche und *black boxes,* Tabuzonen und Rituale, nur schwer aber eine rationale Diskussion über Qualität.

Hinzu kommt ein weiteres Problem. Die Qualitätskriterien verschiedener Auftraggebergruppen auf dem Umfragenmarkt sind nicht deckungsgleich, und sie sind es zunehmend weniger. Unternehmen verlangen von der Marktforschung heute schnelle und entscheidungsrelevante Informationen; die entsprechenden Qualitätskriterien der Umfragen sind Geschwindigkeit und Problemorientierung der Instrumente. Demgegenüber gilt das sozialwissenschaftliche Qualitätsinteresse den Verfahren der Stichprobenziehung und der Feldarbeit, der Stichprobenausschöpfung, eventuellen *mode effects* usw.

Die Kontrastierung dieser Bereiche ist hier sicher etwas überzogen. Wichtige Sektoren des Marktes für Umfragen liegen zwischen den beiden Polen. Ressourcen und Know-how für den einen Bereich helfen auch, Ressourcen und Know-how für den anderen Bereich bereitzustellen. Aber es gibt konkurrierende Qualitätsansprüche und Prioritäten. Umfragen mit hohen sozialwissenschaftlichen Qualitätsstandards durchführen zu können ist nicht selbstverständlich. Es ist eine Fähigkeit, die entwickelt werden muß und die auch verlorengehen kann.

13.3.3 Pluralisierung der Verfahrensmodelle

Aus dem Gesagten ergibt sich, zusammenfassend, folgendes:

- Die Welt der Umfrageforschung ist heute vielfältiger und bunter als vor 20 Jahren. Es gibt eine *Pluralisierung der Verfahrensmodelle.*
- Die Pluralisierung beinhaltet auch eine Differenzierung von Qualitätsniveaus.
- Diese Entwicklung wird sich, bedingt durch die Möglichkeiten der neuen Informations- und Kommunikationstechniken, in Zukunft fortsetzen.
- Angesichts unterschiedlicher Qualitätskriterien und unterschiedlicher finanzieller Möglichkeiten verschiedener Auftraggeber von Umfragen ist dies eine notwendige und angemessene Entwicklung.
- Es entsteht damit allerdings auch ein erhöhter Bedarf nach methodischer Orientierung und Evaluation. Hier stellt sich der sozialwissenschaftlichen Methodenforschung eine wichtige Aufgabe.

13.4 Kontroversen und Perspektiven

Die Qualitätskriterien der Umfrageforschung sind theoretisch klar, aber praktisch weit weniger klar. Qualität hat viele Facetten. Je nach Gewichtung verschiedener Aspekte und unter Berücksichtigung der Qualitätskosten kann man zu unterschiedlichen Einschätzungen oder Präferenzen kommen (*best practices* vs. *good practices*, vgl. Kapitel 5). Daher ist in der Qualitätsdebatte auch Raum für Kontroversen und unterschiedliche Strategien.

Dies soll im folgenden näher ausgeführt werden. Die Darstellung bezieht sich auf allgemeine Bevölkerungsumfragen mit freiwilliger Teilnahme der Befragten, also sozusagen den Grundtypus der Umfrageforschung. Für andere Umfragentypen und Untersuchungseinheiten (zum Beispiel Betriebe) wären die Überlegungen entsprechend abzuwandeln.

Die diskutierten Punkte sollen das Spektrum möglicher Qualitätsdimensionen nicht vollständig oder ausgewogen abdecken. Ausgewählt werden solche Aspekte, die unterschiedliche Verfahrensmodelle – heute praktizierte ebenso wie denkbare, künftige Modelle – kennzeichnen.

13.4.1 Stichprobenqualität

13.4.1.1 Ein Kriterienraster

Die folgenden Aussagen zu Kriterien der Stichprobenqualität dürften weitgehende Zustimmung finden:

- Die Grundgesamtheit, die durch die Stichprobe repräsentiert werden soll, muß eindeutig definiert sein (1).
- Anzustreben ist eine Zufallsauswahl, die jeder Person der Grundgesamtheit die gleiche oder wenigstens eine angebbare Auswahlwahrscheinlichkeit gibt (*random*-Stichprobe). Ein Verzicht auf die Zufallsauswahl zugunsten einer Quotenstichprobe kann pragmatisch zu rechtfertigen sein, aber grundsätzlich ist die Präferenz: *random* vor Quote (2).
- Die Auswahlgrundlage sollte alle Teilgruppen der Grundgesamtheit umfassen *(coverage)* (3).
- Eine gleiche Auswahlchance für jede Person ist einer ungleichen Auswahlchance vorzuziehen, es sei denn, die disproportionale Struktur ist aus bestimmten Gründen gewollt oder nicht zu vermeiden (4).
- Es ist von großem Vorteil, wenn über die Einheiten der Bruttostichprobe vorab Informationen vorliegen, die eine Strukturanalyse ermöglichen. Damit kann die Übereinstimmung der Bruttostichprobe mit der Grundgesamtheit (unabhängig von späteren Ausfällen in der Befragung) überprüft werden. Nach Vorliegen der realisierten Nettostichprobe können anhand dieser Strukturdaten Determinanten der Ausfälle in der Befragung *(nonresponse)* analysiert werden (5).
- Eine wenig geklumpte Stichprobe ist einer stärker geklumpten Stichprobe vorzuziehen (6).
- Der Einfluß des Interviewers auf die Auswahl der Befragten sollte möglichst gering sein (7).
- Eine Substitution gültiger Befragungsadressen durch andere Adressen sollte nur nach festen Auswahl- und Dokumentationsregeln zulässig sein (8).
- Es sollten alle erdenklichen Anstrengungen unternommen werden, um einen möglichst hohen Anteil der ausgewählten Befragungspersonen tatsächlich interviewen zu können (Stichprobenausschöpfung) (9).
- Für alle Ausfälle in der Befragung *(nonresponse)* sollten Informationen über den Ausfallgrund vorliegen. Wenn darüber hinaus auch Strukturinformationen über die Ausfälle erhoben werden können – dies wird in der Regel nur lückenhaft gelingen –, ist dies zu begrüßen, weil es Hinweise auf eventuelle Struktureffekte der Ausfälle geben kann (10).[17]

17 Dies ist ein (allerdings unzulängliches) Ersatzverfahren für den oben genannten Punkt, vorab Strukturinformationen über die Bruttostichprobe zu besitzen.

Diese zehn *Qualitätsdimensionen* beschreiben die Anforderungen an eine ideale Stichprobe im Bereich der Bevölkerungsumfragen. Es ist ein Kriterienraster, nach dem jedes Verfahrensmodell für die Durchführung von Umfragen in Hinblick auf die erreichbare Stichprobenqualität bewertet werden kann.

Unter den in der deutschen Sozialforschung angewendeten Verfahren für allgemeine Bevölkerungsumfragen gibt es immerhin eines, das alle zehn Qualitätskriterien erfüllt hat: Dies ist das Verfahrensmodell des ALLBUS 1994 und 1996, das mit der Adressenziehung aus Einwohnermeldeamtsregistern arbeitete. Allerdings zeigt dieses Beispiel auch das Dilemma einer hohen Qualitätsorientierung. Die Kosten dieses Verfahrensmodells waren höher als das verfügbare Forschungsbudget, das Modell konnte daher nicht fortgeführt werden.

Alle anderen Stichprobenverfahren müssen bei dem einen oder anderen Qualitätskriterium Abstriche machen oder tun dies aus Kostengründen bewußt. *Random-route*-Stichproben[18] (für persönlich-mündliche Befragungen) und Telefonstichproben sind - wenn man alle genannten Qualitätskriterien berücksichtigt - im oberen bis unteren Mittelfeld anzusiedeln; wegen unterschiedlicher Ausgestaltungsmöglichkeiten dieser Verfahren ist die Spannbreite der Qualitätsniveaus groß.[19] Quotenstichproben liegen nach dem verwendeten Kriterienraster am unteren Ende der Skala.

13.4.1.2 Ausgewählte Qualitätsaspekte von Bevölkerungsumfragen

Kritische Punkte für die Qualitätsbeurteilung gängiger Umfrageverfahren können in dem oben dargestellten Kriterienraster verortet werden. Drei Fragen aus diesem Raster sollen hier ihrer Bedeutung wegen herausgegriffen werden: ungleiche Auswahlchancen (4. Kriterium), Substitution (8. Kriterium) und Stichprobenausschöpfung (9. Kriterium).

Ungleiche Auswahlchancen

Bevölkerungsstichproben werden in der Regel auf dem Umweg über Haushaltsstichproben erstellt. Auswahleinheit sind nicht direkt die Personen, sondern zunächst die Haushalte. Das gilt sowohl für persönlich-mündliche Befragungen nach *random-route*-Verfahren („Klingelschild-Auswahl") als auch für Telefonbefragungen mit einer Zufallsauswahl von Telefonnummern. Im Haushalt wird dann aus den vorhandenen, zur Grundgesamtheit gehörenden Personen eine Person für die Befragung ausgewählt. Die Auswahlwahrscheinlichkeit einer Person nimmt mit der Haushaltsgröße ab. Anders gesagt: Man arbeitet in der Regel mit Bevölkerungsstichproben, die nach Haushaltsgrößenklassen disproportional geschichtet sind.

Dies führt zu erheblichen Verzerrungen der Stichproben. Jugendliche und junge Erwachsene (die häufig noch im elterlichen Haushalt, also in Mehr-Personen-

---

18 Als *random-route*-Stichproben werden die auf Basis des ADM-Stichprobensystems gebildeten Stichproben bezeichnet. Vgl. Fußnote 15.

19 Dabei sind einige statistische Qualitätskriterien bei telefonischen Befragungen leichter zu realisieren als bei persönlich-mündlichen Befragungen. Vgl. dazu unten Abschnitt 13.4.2.

Haushalten leben) sind beispielsweise unterrepräsentiert. Das liegt nicht unbedingt an ihrer geringeren Antreffbarkeit oder Teilnahmebereitschaft (9. Kriterium), sondern schon an ihrer geringeren Auswahlchance (4. Kriterium).

Wie ist diese Qualitätsminderung der Bevölkerungsumfragen zu vermeiden oder zu beheben?

- Man kann diese ungleichen Auswahlchancen rechnerisch ausgleichen (sogenannte Designgewichtung). Dies setzt voraus, daß die Zahl der möglichen Befragungspersonen im Haushalt festgestellt wird und als Merkmal im Datensatz enthalten ist. Die Umfrageinstitute berücksichtigen die Designkorrektur (Redressment) meist in ihrer Stichprobengewichtung. Demgegenüber verzichten Datennutzer im akademischen Bereich häufig auf jede Stichprobengewichtung – in diesem Fall verwenden sie designbedingt verzerrte Stichproben.
- Stichprobentheoretisch ist es die bessere Lösung, ungleiche Auswahlchancen von vornherein zu vermeiden. Bei Haushaltsstichproben ist dies dadurch möglich, daß *alle* zur Grundgesamtheit gehörenden Personen im Haushalt befragt beziehungsweise erfaßt werden.[20] Der andere Weg ist die direkte Auswahl von Personen – ohne den Umweg über den Haushalt. Dies ist für Bevölkerungsstichproben in Deutschland nur mit dem aufwendigen Verfahren der Einwohnermeldeamts-Stichprobe möglich.
- Andere Verfahrenslösungen sind denkbar, bisher jedoch nicht eingesetzt worden. Dabei müßte die verringerte Auswahlchance von Personen in größeren Haushalten durch eine entsprechende Überbesetzung der größeren Haushaltsklassen in der Bruttostichprobe – also ex ante – ausgeglichen werden. Das dafür erforderliche Screening-Verfahren könnte für weitere Qualitätsgewinne genutzt werden, etwa die Kontrolle der Stichprobenstruktur auf der Bruttoebene (5. Kriterium). Hier ist Raum für die Entwicklung neuer Verfahrensmodelle für Umfragen mit hohen methodischen Qualitätsanforderungen.

Substitution

Wird in *random*-Stichproben eine nach dem Zufallsverfahren ausgewählte Befragungsperson durch eine andere ersetzt, weil mit der ursprünglich ausgewählten Person ein Interview nicht zustande kommt, spricht man von *Substitution.*

Substitution ist ein Bestandteil in vielen Verfahrensmodellen der Stichprobenbildung. *Für* dieses Verfahren spricht, daß nur so eine gleichmäßige Verteilung der Stichprobe über die regional definierten Auswahleinheiten der 1. Stufe *(sample points)* erreicht werden kann (eine Annahme, die bei mehrstufigen Stichprobenplänen in der Regel der Schätzung des Zufallsfehlers zugrunde liegt). Wenn Substitution nicht zugelassen wird, können – beispielsweise – bei einer Pointgröße von zehn Befragungsadressen, je nach Befragungserfolg, einzelne Points in der realisierten Nettostichprobe mit 0, 1 oder 2 Interviews vertreten sein, andere mit 8, 9 oder 10.

20 Das Sozio-oekonomische Panel (SOEP) ist eine seit 1984 laufende jährliche Befragung von rund 6000 Haushalten, durchgeführt vom Deutschen Institut für Wirtschaftsforschung (DIW) in Kooperation mit Infratest Burke. Vgl. Projektgruppe Panel 1993; Burkhauser u. a. 1997.

Wenn der Befragungserfolg in bestimmten Regionen, Gemeinden oder Wohngebieten (zum Beispiel den Ballungsräumen) systematisch niedriger ist als in anderen, ist deren Bevölkerung in der Stichprobe unterrepräsentiert.

Für die *praktische* Organisation der Feldarbeit hat Substitution den weiteren großen Vorteil, daß die angestrebte Nettofallzahl an Interviews relativ sicher erreicht werden kann, womit zeit- und kostenaufwendige Nachbearbeitungsprozeduren in der Regel vermieden werden. Die Standardverfahren der Umfrageinstitute für persönlich-mündliche Befragungen auf *random*-Basis dürften daher durchweg mit Substitution arbeiten. Verfahren ohne Substitution sind mit deutlich höherem Zeit- und Kostenaufwand verbunden.

Die methodische Bewertung von Substitutionsverfahren hängt von deren Gestaltung und Dokumentation ab. Die Substitution kann etwa aus einem Reservepool zufällig gezogener Adressen erfolgen oder durch Verlängerung eines *random walk* (der Interviewer kontaktiert, ausgehend von einer nach dem Zufallsprinzip ermittelten Startadresse, nach bestimmten Vorgaben eine zuvor festgelegte Anzahl von Haushalten) oder durch Austausch einer Befragungsperson im Haushalt oder über Quotenmerkmale. Substitution, die nicht vom gewählten Zufallsverfahren abweicht, ist unbedenklich. Jeder dokumentierte Substitutionsfall erhöht allerdings die Bruttozahl der eingesetzten Adressen und verringert dementsprechend die errechnete Stichprobenausschöpfung. Es ist daher mit einer gewissen Tendenz zu rechnen, Substitution nicht vollständig zu erfassen und zu dokumentieren.

Stichprobenausschöpfung

Die Stichprobenausschöpfung gibt an, welcher Anteil der über ein Zufallsverfahren gewonnenen Bruttostichprobe tatsächlich befragt werden konnte. Dieser Anteil sollte möglichst hoch sein. Das ist wichtig, weil die nicht befragbaren Personen sich von den befragten Personen möglicherweise systematisch unterscheiden. Es geht also um die mögliche *Selektivität* im Realisierungsprozeß einer Umfrage.

Man kann sagen, daß die Stichprobenausschöpfung der meistbenutzte Qualitätsindikator in der Umfrageforschung ist. Das liegt sicherlich auch daran, daß er sich – anders als andere Qualitätsaspekte – in einer Maßzahl ausdrücken läßt. Ohne Zweifel ist das Bemühen um eine hohe Stichprobenausschöpfung wichtiger Bestandteil einer qualitätsorientierten Feldarbeit. Die Frage ist aber, ob die Konzentration auf diesen Indikator einer rationalen Qualitätsdebatte nicht eher im Wege steht. Folgende Punkte sollten jedenfalls bedacht werden:

- Ob eine Stichprobe die Grundgesamtheit verzerrungsfrei wiedergibt, hängt von vielen Faktoren ab. Es wurde oben ein Kriterienraster dargestellt, das zehn Qualitätsdimensionen benennt. Nur die Gesamtheit dieser Kriterien ermöglicht ein zutreffendes Urteil.
- Die Aussagekraft der errechneten Stichprobenausschöpfung kann unterschiedlich sein. Sie hängt davon ab, wie die verwendeten Bruttoadressen ausgewählt und dokumentiert wurden. In dieser Hinsicht gibt es zwischen verschiedenen Verfahrensmodellen erhebliche Unterschiede. Je „härter" die Verfahrensregeln für die Bestimmung und Dokumentation des Stichprobenbrutto sind – was unter Qualitätsgesichtspunkten positiv zu werten wäre –, um so niedriger ist die errechnete

Stichprobenausschöpfung. Da diese als wesentliches Qualitätsmaß gilt, wird hohe Qualitätsorientierung geradezu bestraft.

- Die Stichprobenausschöpfung gibt an, wie groß der *Spielraum* für Selektivität durch *nonresponse* ist. Sie besagt nichts über die *tatsächliche* Selektivität. Diese kann nur anhand der Ergebnisse abgeschätzt werden. Mögliche Verfahren dafür sind der Vergleich der Stichprobenstrukturen mit externen Referenzstatistiken oder der – meist schwierige – Versuch, Strukturinformationen auch über die Ausfälle zu erhalten (*nonresponse*-Studien). Es wäre wünschenswert, wenn künftig mehr Qualitätsmaße entwickelt und verwendet würden, die unmittelbar hier ansetzen (von der Heyde 1998).

Es gibt eine Debatte darüber, ob die Bereitschaft der Bevölkerung zur Teilnahme an Umfragen in der Tendenz abnimmt. Dies würde sich in sinkenden Stichprobenausschöpfungen niederschlagen. Obwohl die in der Methodenforschung festgestellten Ausschöpfungsquoten eine solche Entwicklung nur der Tendenz nach bestätigen (Schnell berichtet als Ergebnis seiner Analyse von 300 Studien einen Rückgang der Ausschöpfungsraten von 1970 bis 1990 um etwa fünf Prozent, vgl. Schnell 1997: 130) und überdies eine große Variabilität der Daten nach Befragungsthemen und durchführenden Instituten zu beobachten ist, handelt es sich zweifellos um ein wichtiges Problem, das für die Umfrageforschung ein Grund zur Sorge ist.

Bei niedrigen oder sinkenden Stichprobenausschöpfungen stellt sich die Frage, ob man dann nicht gleich von *random*-Stichproben zu Quotenstichproben übergehen, also auf das Prinzip der kontrollierten Zufallsauswahl in der Stichprobenbildung verzichten sollte. Diese Frage muß diskutiert werden, aber man darf das Kind nicht mit dem Bade ausschütten. Das Kind, das ist die in der Wahrscheinlichkeitstheorie begründete Erwartung, daß der Zufall am besten geeignet ist, Selektivität in der Stichprobenbildung zu vermeiden.

Quotenstichproben lassen mehr Raum für Selbstselektion durch die Befragungsteilnehmer und für unkontrollierte Selektion durch die Interviewer (zum Beispiel kannten bei der Shell-Jugendstudie 1984, die mit Quotenstichproben gearbeitet hat, 86 Prozent der befragten Jugendlichen den Interviewer bereits vor dem Interview; siehe dazu Jugendwerk der deutschen Shell 1985: 67). Das mag bei manchen Untersuchungsgruppen unvermeidlich und bei manchen Untersuchungszielen akzeptabel sein, aber es ist nicht zu sehen, warum es zu besseren, abbildungstreueren Stichproben führen sollte.

Eine denkbare, sich teilweise bereits abzeichnende Entwicklung könnte dahin gehen, die Vorteile von zufallsbasierten und von quotengestützten Stichprobenverfahren zu verbinden. Dabei werden Pools von grundsätzlich befragungsbereiten Personen oder Haushalten – eben die in den Kapiteln 5 und 6 beschriebenen *access panels* – gebildet, die nach Zufallsverfahren ausgewählt und für die wichtige Merkmale ermittelt werden. Aus diesem Reservoir werden bei Bedarf geschichtete Zufallsstichproben gezogen, Stichproben also, deren Struktur nach wichtigen Merkmalen kontrolliert werden kann und die eine hohe Teilnahmebereitschaft erwarten lassen.

Eine Ausgestaltung dieser Grundüberlegung ist in vielfältigen Formen und auf unterschiedlichen Qualitätsniveaus möglich. Ein Kernelement ist die Mehrfachbefragung befragungsbereiter Personen. Man muß nicht gleich von „Berufsbefragten" sprechen, aber irgendeine Form von Gratifikation wird den Befragten in solchen Systemen geboten werden müssen. Dafür kann möglicherweise auf den Interviewereinsatz zugunsten eines Selbstausfüllens durch die Befragten verzichtet werden. So gibt es solche Vorratsstichproben bisher vorwiegend in der Form von sogenannten *mail panels*. Die Attraktivität dieses Stichprobentypus steigt, weil er in Zukunft die Basis für schnelle und kostengünstige Befragungen mit elektronischen Medien sein wird.

13.4.2 Interviewmethoden und neue Techniken

Neue Methoden und Techniken in der Umfrageforschung werden eingeführt, weil und soweit sie Vorteile bringen. Das können verringerte Kosten oder verringerter Zeitbedarf sein, ebenso aber Qualitätsgewinne oder erweiterte Möglichkeiten (zum Beispiel Multimedia, *conjoint measurement*).

Das läßt sich erläutern am Beispiel der telefonischen Interviewmethode, die die herkömmlichen persönlich-mündlichen Interviews zu einem großen Teil verdrängt hat. Was sind die Vorteile?

- Es gibt gute Möglichkeiten für die Bildung von Zufallsstichproben hoher Qualität.
- Die Interviewsituation ist durch die Einrichtung von Telefonstudios in bezug auf alle Verfahrensabläufe ebenso wie auf die Gesprächsführung der Interviewer besser zu kontrollieren.
- Die Computerunterstützung der Interviews ist leichter und mit geringeren Investitionskosten einzuführen als für flächendeckende persönlich-mündliche Befragungen.
- Die Kontaktkosten, um Zielpersonen zu erreichen, sinken drastisch. Damit kann die Zahl der Kontaktversuche zur Vermeidung von Ausfällen in der Befragung erhöht werden.
- Die Gesamtkosten des Verfahrens sind deutlich niedriger, zumindest solange nicht eine bestimmte Interviewdauer überschritten wird.
- Die Schnelligkeit in der Durchführung der Umfrage kann erheblich erhöht werden, sofern eine ausreichende Kapazität an Interviewerplätzen vorhanden ist.

Weltweit gesehen dürfte heute die Mehrzahl aller Interviews in repräsentativen Umfragen telefonisch durchgeführt werden. Die Abqualifizierung dieser Methode als „quick and dirty" ist angesichts der breiten Anwendung längst überholt. Beispielsweise führt das Statistische Amt Kanadas, das eine hohe Reputation als besonders wissenschaftsorientiertes Amt hat, sämtliche bevölkerungsbezogenen Erhebungen mit Telefoninterviews durch. In den deutschen Sozialwissenschaften gibt es zunehmend Beispiele für empirische Erhebungen hoher Komplexität, die telefonisch durchgeführt wurden (Babka v. Gostomski u. a. 1997).

Allerdings: Die Entwicklungen auf dem Telekommunikationsmarkt erschweren zunehmend die Stichprobenbildung.[21] Rechtliche Einschränkungen der Möglichkeiten für telefonische Befragungen sind nicht auszuschließen. Auch hier bleibt die

21 Zu erwähnen sind hier die Tendenz zu mehreren Telefonanschlüssen pro Haushalt (ISDN, Handy) und die zunehmende Verbreitung von Anrufbeantwortern.

Entwicklung im Fluß, werden Anpassungen an sich wandelnde Bedingungen erforderlich sein.

Änderungen in den Umfrageverfahren ebenso wie im Wortlaut der Frageformulierungen können die Umfrageergebnisse beeinflussen. Überall dort, wo Zeitreihen vergleichbarer Daten eine Rolle spielen, steht man Verfahrensänderungen zu Recht mit großer Vorsicht gegenüber. Die methodische Diskussion wird unter dem Stichwort *mode effects*, das heißt Auswirkungen von Interviewmethoden *(modes)*, geführt. Es geht im wesentlichen um den Vergleich von persönlich-mündlichen, telefonischen und schriftlichen Befragungen, neuerdings auch um die Umstellung von herkömmlichen auf computerunterstützte Befragungsformen.

Selbstverständlich gibt es *mode effects*. Ob die Kommunikation über das Ohr oder das Auge oder eine Kombination von beidem läuft, beeinflußt die einzusetzenden Instrumente und den Kommunikationsvorgang selbst. Die Forschungsbefunde zu *mode effects* sind allerdings uneinheitlich. Das ist angesichts der Vielschichtigkeit des Problems auch nicht verwunderlich. Drei grundlegende Punkte sind zu beachten:

- Eine bestimmte Interviewmethode ist immer Bestandteil eines umfassenderen Verfahrensmodells. Der einfache Vergleich von Umfrageergebnissen, die mit persönlich-mündlicher oder telefonischer Befragung entstanden sind, sagt über *mode effects* im engeren Sinne daher wenig aus. Stichprobenbildung und Abläufe der Feldarbeit sind in den jeweiligen Verfahrensmodellen sehr unterschiedlich. Forschung zu *mode effects* muß daher durch geeignete experimentelle Designs versuchen, die Effekte unterschiedlicher Komponenten der zugrundeliegenden Verfahrensmodelle zu trennen.[22]
- Umgekehrt gilt, daß nicht jede Veränderung eines Verfahrensmodells *mode effects* beziehungsweise Auswirkungen auf die Ergebnisse mit sich bringen muß. Das gilt insbesondere für den Umstieg von herkömmlichen auf computerunterstützte Interviewtechniken. Im telefonischen Interview beispielsweise verändert der Wechsel vom Papierfragebogen zu CATI die Interviewsituation überhaupt nicht. Ob und in welcher Weise die Interviewsituation in persönlich-mündlichen Befragungen durch die Verwendung von Laptops (CAPI) verändert wird, ist eine Frage der Gestaltung. So ist etwa die Verwendung optischer Hilfsmittel im Interview (Vorlage von Listen, Skalen usw.) auch bei Laptop-gestützter Befragung möglich, sei es auf Papier oder auf dem Bildschirm.
- Wenn abweichende Ergebnisse zwischen einer Umfrage mit herkömmlicher und einer Umfrage mit neuer Interviewtechnik auftreten, dann muß das nicht gegen das neue Verfahren sprechen. Vielleicht bildet das neue Instrument die Realität richtiger und besser ab. Dies zu bewerten, erfordert wiederum ergebnisorientierte Qualitätsmaße. Trendfortschreibungen in Zeitreihen können durch Anpassungsfaktoren abgestützt werden, die aus geeigneten Methodenstudien abzuleiten sind (Saris und Kaase 1997).

22 So wurde etwa in der Methodenstudie zum Eurobarometer festgestellt, daß die erheblichen Unterschiede in den Ergebnissen zwischen telefonischer und persönlich-mündlicher Befragung zum kleinen Teil *mode effects* im engeren Sinne darstellen, der größere Teil jedoch auf unerklärte Faktoren zurückzuführen ist, die als „Institutseffekt" bezeichnet werden (Saris und Kaase 1997).

Welche Entwicklungen in der Zukunft sind auf dem Gebiet der Interviewmethoden und Interviewtechniken zu erwarten?

Es kann an dieser Stelle kein Überblick über die vielfältigen Verfahren gegeben werden, mit denen weltweit und gerade in Ländern mit hochentwickelten Qualitätsstandards der Umfrageforschung experimentiert wird.[23] Zwei Haupttendenzen lassen sich ausmachen:

Erstens werden alle Interviewformen, die die Chancen elektronischer Medien in Kommunikation und Informationsverarbeitung nutzen, weiter an Bedeutung gewinnen. Schnelligkeit, erhöhte Kontrolle der Abläufe und Einsatz von Multimediatechnik sind Pluspunkte von großem Gewicht. Die anbietenden Institute werden ihre Ressourcen und ihr Know-how in diese Richtung entwickeln. Das heißt auch, daß sie eines Tages gar nicht mehr in der Lage sein werden, Umfragen nach herkömmlichen Verfahrensvorstellungen durchzuführen, ein Aspekt, der gar nicht genug herausgehoben werden kann.

Zweitens sind gute Interviewer eine knappe Ressource. Alle Verfahren, die dem Interviewer die Arbeit erleichtern, werden daher bevorzugt. Dazu gehört etwa, daß ein Interviewer sich auf das Interviewen konzentrieren soll, statt seine Zeit mit langen Anfahrten in vielleicht unwirtliche Stadtviertel mit frustrierenden Kontaktversuchen bei möglicherweise befragungsunwilligen Zielpersonen zu verbringen. Alle Verfahren, die ganz ohne Interviewer auskommen, sind von großem Interesse. Die Möglichkeiten neuer elektronischer Medien und Techniken werden nicht zuletzt hierfür genutzt werden.

13.4.3 Aufgaben der sozialwissenschaftlichen Qualitätsdebatte

Der Wandel der Umfrageforschung muß von den Sozialwissenschaften als eine Herausforderung verstanden werden, betrifft er doch eine der wesentlichen Methoden zur Gewinnung von Informationen über die gesellschaftliche Realität. Aufgabe einer sozialwissenschaftlichen Qualitätsdebatte ist es, den Wandel kritisch-evaluierend zu begleiten, interessante Entwicklungen zu unterstützen und bedenkliche Entwicklungen vermeiden zu helfen. Dazu abschließend vier Thesen:

Erstens: Zur Entwicklung des Qualitätsbewußtseins gehört, daß in Qualitätsbewertungen zwei Ebenen getrennt werden:

- die erreichbare Qualität der jeweiligen Verfahrensmodelle sowie
- die erreichte Qualität im konkreten Fall einer individuellen Umfrage.

Eine Umfrage, die nach einem Verfahrensmodell für höchste Qualitätsstandards durchgeführt wird, kann in ihrer Realisierung gleichwohl Mängel aufweisen. Eine Umfrage, die nach einem einfacheren Verfahrensmodell durchgeführt wurde, kann im Rahmen ihrer Möglichkeiten ein gutes Ergebnis liefern. Qualitätsmaße und Qualitätsmaßstab müssen dem jeweiligen Verfahrensmodell angemessen sein.

23 Für die USA und Kanada vgl. etwa Federal Committee on Statistical Methodology 1990; InterCASIC'96; US Bureau of the Census 1997 sowie eine Vielzahl von Beiträgen in American Statistical Association 1994, 1995.

Zweitens: Die sozialwissenschaftliche Qualitätsdebatte sollte sich mit dem gesamten Spektrum möglicher Qualitätsniveaus befassen. Sie kann es sich aus finanziellen Gründen gar nicht leisten, immer auf höchsten Qualitätsstandards zu bestehen. Vereinfachende Verfahrensmodelle müssen vorurteilsfrei geprüft, aber nicht etwa von einer kritischen Qualitätsbewertung ausgenommen werden. Auf der anderen Seite ist es nicht zuletzt Aufgabe der Sozialwissenschaften, im Sinne von *best-practice*-Demonstrationen Umfragen mit hohen Qualitätsanforderungen zu realisieren. Nur so ist Qualitätsbewußtsein zu erhalten.

Drittens: Die Sozialwissenschaften müssen sich gezielt um neue Verfahren und Techniken der Umfrageforschung kümmern. Gelegenheiten, diese zu erproben und zu bewerten, müssen frühzeitig gesucht werden. Es ist niemandem damit gedient, wenn sozialwissenschaftliche Lehrmeinungen und Qualitätsvorstellungen der Entwicklung der Umfragepraxis hinterherhinken.

Viertens: Die Qualitätsbewertung von Umfrageverfahren benötigt neben der theoretischen Fundierung auch eine empirische Basis. Diese kann nur durch vermehrte Methodenforschung geschaffen werden. Vergleichende Methodenexperimente und -evaluationen müssen gezielt gefördert werden. Da nicht zu erwarten ist, daß die privatwirtschaftlichen Institute hierfür in größerem Umfang eigene Mittel bereitstellen können, liegt hier eine wichtige Aufgabe für die öffentliche Forschungsförderung und für die akademisch verfaßte Sozialforschung.

Teil 6

Empfehlungen

14 Zusammenfassende Analyse und Empfehlungen

1. Die Umfrageforschung ist für moderne Demokratien unverzichtbar.

Die systematische Erhebung von Daten mit den wissenschaftlichen Methoden der Umfrageforschung ist für die wirtschaftliche, gesellschaftliche, politische und wissenschaftliche Beobachtung moderner Gesellschaften unverzichtbar. Sie kann insofern als ein wesentliches Instrument der Analyse, Diagnose und – bis zu einem gewissen Punkt – auch der Gestaltung zeitgenössischer demokratischer Gesellschaften gelten. Sie entspricht damit einer „Philosophie", die bereits in der frühen Nachkriegszeit von in Deutschland tätigen amerikanischen Sozialwissenschaftlern mit dem Hinweis auf das demokratische und demokratisierende Potential der Umfrageforschung für eine offene Gesellschaft dezidiert vertreten worden ist.

2. Umfragen bleiben der *Königsweg* der Empirischen Sozialforschung.

Schwerpunkte der Genese der modernen Sozialforschung – und dabei insbesondere der Umfrageforschung – waren die USA, in denen in den vierziger und fünfziger Jahren, teilweise durch europäische Emigranten, die theoretischen, methodischen und praktischen Grundlagen dieser Forschung entwickelt worden sind. In diese Periode fällt auch ein erster Höhepunkt der methodologischen Reflexion über dieses neue Instrumentarium, aus der in vielfacher Weise konkrete Verhaltenskonsequenzen für die Etablierung einer leistungsfähigen Forschung abgeleitet worden sind. Dabei lagen die Akzente zum einen bei der Methodologie der Ziehung von repräsentativen Zufallsstichproben sowie zum anderen in der fundierten Entwicklung von Instrumenten der Erhebung und Analyse der einschlägigen Daten. Einer Feststellung des Kölner Soziologen René König folgend, kann von der Umfrageforschung als einem *Königsweg* der Empirischen Sozialforschung gesprochen werden, ein Diktum, das auch heute ausweislich der Forschungserhebungen des Bonner Informationszentrums Sozialwissenschaften nichts von seinem Gewicht verloren hat (Gräf und Rohlinger 1997: XVII).

3. Empirische Sozialforschung ist inter- und multidisziplinär.

Innerhalb der Empirischen Sozialforschung hat es seither eine Vielzahl von Differenzierungen gegeben, obgleich ihr sachlicher und ihr Ausbildungsschwerpunkt nach wie vor in der Soziologie liegen, mit erheblicher Ausstrahlung in die Felder der Politischen Wissenschaft, Kommunikationswissenschaft, Sozialpsychologie und Empirischen Wirtschaftsforschung. Aber auch an betriebswirtschaftlichen Instituten sind – insbesondere im Fach Marketing – seit etwa 25 Jahren Methoden der Empirischen Sozialforschung eingeführt und werden in Forschung und Lehre vertreten. Nicht zuletzt die Bemühungen, mit statistisch-mathematischen Verfahren Konsumverhalten zu prognostizieren, sowie die Suche nach Begründungen für jenes Verhalten haben zu neuen Methodenentwicklungen beigetragen. Zu erwähnen ist in diesem Zusammenhang auch die psychologische Markt-, Meinungs- und Sozialforschung mit ihren vielfältigen Methodenansätzen.

4. Die Durchführung repräsentativer Umfragen ist eine professionelle Dienstleistung.

Die Durchführung repräsentativer Umfragen benötigt neben dem methodischen Wissen erhebliche finanzielle und organisatorische Ressourcen. Anbieter dieser professionellen Dienstleistung sind in Deutschland im wesentlichen privatwirtschaftlich verfaßte Forschungsinstitute. Im akademisch-sozialwissenschaftlichen Bereich besteht das ZUMA als Beratungseinrichtung, das für die Durchführung größerer Umfragen seinerseits auf die Dienstleistung privatwirtschaftlich verfaßter Institute zurückgreift.

Die akademisch-sozialwissenschaftliche Forschung tritt auf dem Markt der Umfrageforschung als eine von mehreren Nachfragegruppen auf – neben den Unternehmen (Marktforschung), dem Staat (Ressortforschung) und den Medien (Meinungsforschung, Wahlberichterstattung usw.). Sie hat dabei teilweise andere, häufig höhere Qualitätsstandards in methodischer und statistischer Hinsicht als andere Nachfragegruppen. Anders als in manchen anderen Ländern, etwa den USA, besteht in Deutschland keine eigene, im akademischen Bereich angesiedelte Angebotsinfrastruktur. Dies hat Vor- und Nachteile, hat sich aber insgesamt bisher angesichts der Notwendigkeit großer Feldorganisationen für nationale persönlich-mündliche Befragungen bestens bewährt.

Die Zusammenarbeit mit privatwirtschaftlich verfaßten Umfrageinstituten hat der akademisch-sozialwissenschaftlichen Forschung den Verzicht auf den Aufbau einer eigenen leistungsfähigen, kostenträchtigen Infrastruktur ermöglicht. Die hohe Wettbewerbsintensität auf dem Markt der Umfrageforschung stellt die Anbieter dabei unter Kostendruck und zwingt zur Nutzung technologischer Innovationen. Inwieweit dies mit Qualitätsstandards der akademisch-sozialwissenschaftlichen Forschung auch künftig vereinbar ist, bedarf der ständigen Beobachtung und Bewertung.

Soweit universitäre Forschungsgruppen selbst mit eigenen Mitteln Umfragen durchführen, ist auch für sie die Frage nach Qualitätsstandards und Qualitätsbewertungen in gleicher Weise zu stellen.

5. Die Umfrageforschung befindet sich auf dem Weg zum Total Quality Management.

Ähnlich wie in Industrie, Handel und Gewerbe ist in der privatwirtschaftlich verfaßten Markt- und Sozialforschung eine Rückbesinnung auf Kernkompetenzen und Total Quality Management (TQM) in vollem Gange, wie sie zum Beispiel einen gewissen Ausdruck in der ISO-9000-Zertifizierung findet. Die auf seiten der Auftraggeber an das eigene Unternehmen gestellten Forderungen werden dann auch von den „Lieferanten", den empirischen Sozialforschern, erfüllt werden müssen. Daher dürfte in absehbarer Zeit für die Institute der Markt- und Meinungsforschung eine Zertifizierung nach ISO 9000 Voraussetzung für die Gewinnung von Aufträgen sein. Wenn diese Zertifizierungen sich auch in erster Linie auf Abläufe, also auf formalisierte Prozesse, und weniger auf geistige Kreativität beziehen, so werden dennoch durch die Forscher selbst definierte Qualitätsforderungen zunehmend Maßstäbe setzen. Ein Schritt in diese Richtung sind die in der Markt-, Meinungs- und Sozialforschung zunehmend entwickelten *branded products,* also Quasi-Markenartikel.

6. Telefonumfragen sind auf dem Vormarsch, aber persönlich-mündliche Interviews bleiben wichtig.

Die Entwicklung des Anbietermarktes für Umfrageforschung ist entscheidend durch technologisch bedingte Innovationen begünstigt worden (CAPI, CATI, Multimedia und World Wide Web). Zu erwähnen ist hier vor allem die wachsende Verbreitung von Telefonumfragen, die unzweifelhaft qualitätsförderliche Vorteile aufweisen, darunter vor allem die höhere Standardisierung der Befragungssituation und die bessere Kontrolle der Interviewer. Andererseits weisen Telefonumfragen für die akademische Sozialforschung wegen der Probleme bei der Präsentation komplexer Erhebungsinstrumente während der Befragung und der zeitlichen Begrenzung für die Dauer von Telefoninterviews Nachteile auf. Dies macht auch künftig den Rückgriff auf eine gute Infrastruktur für persönlich-mündliche Interviews der privatwirtschaftlich verfaßten Institute der Markt- und Sozialforschung erforderlich.

Akademische und privatwirtschaftliche Sozialforschung müssen noch enger zusammenarbeiten. Die aus dem Aufkommen der Telefoninterviews resultierende Verfahrensdifferenzierung erfordert dringend eine verstärkte, unterschiedliche Erhebungsmethoden vergleichende Grundlagenforschung. Dies gilt um so mehr, als die Zukunft der Umfrageforschung in zunehmendem Maße durch ein Nebeneinander unterschiedlicher Erhebungsmethoden gekennzeichnet sein wird, das in dieser Denkschrift als Pluralisierung der Verfahrensmodelle bezeichnet worden ist.

7. Weitere technische Entwicklungen werden die Umfrageforschung verändern.

Weitere technische Neuentwicklungen werden früher oder später einen erheblichen zusätzlichen Einfluß auf die Methodik der sozialwissenschaftlichen Datenerhebung gewinnen. Dabei ist in erster Linie an die Möglichkeit zu denken, Stichproben aus Grundgesamtheiten so zu ziehen, daß mit den zu rekrutierenden, repräsentativ ausgewählten Befragten über Datenfernverarbeitungsnetze unter Nutzung zum Beispiel eines im Haushalt vorhandenen, technisch geeigneten Gerätes Umfragen durchgeführt werden können. Eine solche Entwicklung wird völlig neue methodische Fragen aufwerfen. In diesen Bereich fällt auch die Informationsgewinnung über das Internet.

Insgesamt wird sicherlich noch einige Zeit vergehen, bis zuverlässig beurteilt werden kann, ob diese Entwicklungen zu einer für die Umfrageforschung akzeptablen Reife bei vertretbarem Kostenaufwand gebracht werden können. Offen erscheint zur Zeit, in welchem Umfang diese Tendenzen den Übergang zu einer neuen Philosophie der sozialwissenschaftlichen Datenerhebung in dem Sinne einleiten werden, daß für repräsentative Stichproben feste Vertragsverhältnisse mit Befragten eingerichtet werden, die dann über eine längere Zeit zu einer Vielzahl von Themen gehört werden *(access panels)*.

8. Auch die Umfrageforschung internationalisiert sich.

Prozesse der Internationalisierung und Globalisierung haben auch vor den Sozialwissenschaften nicht haltgemacht. Dies bedeutet in zunehmendem Maße sowohl für die akademisch als auch für die privatwirtschaftlich verfaßte Sozialforschung die Notwendigkeit, ihre Forschungen international vergleichend zu konzipieren und hierfür die entsprechenden Instrumentarien zu entwickeln. Beispiele für die Richtungen, die diese Entwicklungen nehmen könnten, sind zum einen die immer höher institutionalisierte internationale Kooperation in Form von Projekten im Bereich der Markt- und Meinungsforschung sowie der zur Zeit laufende Versuch der akademischen Sozialforschung, in den Ländern Europas eine in regelmäßigen Abständen durchzuführende repräsentative Bevölkerungsumfrage als European Social Survey (ESS) einzurichten. Ferner hat die amtliche Statistik EU-weit in den letzten Jahren erhebliche Fortschritte bei der Harmonisierung des statistischen Programms erzielen können. Ein wesentlicher Anteil ihrer Statistiken beruht inzwischen nicht mehr auf nationalen, sondern auf europäischen Rechtsgrundlagen.

9. Eine hohe Qualität der Umfrageforschung ist nicht selbstverständlich.

Das etablierte Methodenarsenal und die Qualitätsstandards für Befragungen werden zunehmend durch eine wachsende Zahl von Anbietern in Frage gestellt, die nicht selbstverständlich in der Lage sind, den seitens der Profession kodifizierten Qualitätskriterien für die unterschiedlichen Befragungsarten zu entsprechen. Der Grund hierfür ist, daß ein Markteintritt für neue, ressourcenschwache Anbieter insbesondere von Telefoninterviews durch technische (Hardware) und sonstige Entwicklungen (Verfügbarkeit standardisierter und preiswerter Befragungssoftware) sehr erleichtert worden ist.

Hinzu kommt, daß sich insbesondere auf seiten der privatwirtschaftlichen Nachfrager nach Umfragedienstleistungen zunehmend Personen in entscheidungsrelevanten Positionen befinden, die selber nicht mehr qua methodischer Kompetenz und inhaltlichem Interesse hohen Qualitätsstandards der Sozialforschung verpflichtet sind, sondern eine Auftragsvergabe im wesentlichen nach ökonomischen Gesichtspunkten vornehmen.

So ergibt sich ein zunehmender Druck auf den Anbietermarkt mit dem Schwerpunkt der Kostenreduzierung unter Inkaufnahme von minderer beziehungsweise geringerer Qualität der Produkte. Aus dieser Überlegung soll allerdings kein grundsätzlicher Vorbehalt gegen eine Nachfragestrategie abgeleitet werden, Untersuchungsziele und das zu deren Realisierung erforderliche Methodenarsenal auch unter Kostengesichtspunkten zu optimieren.

10. Der Forschungsbegriff ist durch Mißbrauch der Umfrageforschung in Gefahr.

Da in zunehmendem Maße Daten unter der Vorgabe, Sozialforschung zu betreiben, zu Verkaufszwecken erhoben werden und damit weder methodisch-wissenschaftlich noch unter rechtlichen Aspekten dem grundgesetzlich verankerten Forschungsbegriff entsprechen, ist eine eindeutige Trennung von Forschung und von der Verkaufsförderung und/oder der Werbung dienenden Befragungen unabdingbar. Es besteht die große Gefahr, daß der Forschungsbegriff durch derartige, vor allem der Sammlung von Adressen beziehungsweise dem Direktmarketing dienenden „Befragungen" nachhaltig und irreparabel diskreditiert wird (rechtlich gesehen handelt es sich um unlauteren Wettbewerb, wenn unter dem Deckmantel von Forschung werbende Tätigkeiten stattfinden). Die durch diese Irreführung bewirkte Gefährdung der Auskunftsbereitschaft der Befragten (Ausschöpfungsquoten) bedroht zentrale Grundlagen der Empirischen Sozialforschung. Hier sind rechtliche Klarstellungen und eine Aufklärung der Öffentlichkeit dringend erforderlich.

11. Die Empirische Sozialforschung in den Hochschulen ist in Gefahr zurückzufallen.

Die an den Hochschulen verankerte Sozialforschung ist wegen ihres im Vergleich zur Marktforschung quantitativ geringen Volumens an Befragungen sowie wegen ihrer thematischen und methodischen Vielfalt schon jetzt nicht mehr in der Lage, an den genannten, technisch äußerst aufwendigen und hohe wirtschaftliche Ressourcen erfordernden Entwicklungen selbständig aktiv teilzuhaben. Entsprechend muß noch stärker als bisher eine systematische Zusammenarbeit der Sozialwissenschaftler an Hochschulen und an privatwirtschaftlich verfaßten Instituten der Markt- und Meinungsforschung angestrebt werden. Diese Kooperation sollte sich insbesondere methodischen Neuerungen und der Implementation innovativer Forschungsdesigns sowie Erhebungs- und Auswertungstechniken zuwenden. Sie würde nicht einseitig die akademische Sozialforschung begünstigen, denn die privatwirtschaftlich verfaßte Sozialforschung kann von der methodologischen Grundlagenforschung an den Hochschulen profitieren, für die den privaten Instituten die zeitlichen und finanziellen Ressourcen fehlen. Dafür müssen Forschungsprojekte so definiert werden, daß Methodenvergleiche oder methodische Innovationen und die wissenschaftliche Mitarbeit des Kooperationsinstituts ausdrücklich gefördert werden.

12. Die universitäre Ausbildung in Empirischer Sozialforschung muß verbessert werden.

Stichprobenpläne, Fragebogengestaltung, Datenerhebung, Datenauswertung und Datendokumentation in der Umfrageforschung haben sich in den letzten 40 Jahren immer weiter verfeinert und stellen zunehmende Ansprüche an die Qualifikation der Personen, die Sozialforschung betreiben. Dementsprechend muß die universitäre Ausbildung von Sozialwissenschaftlern und sozialwissenschaftlich orientierten Studierenden (zum Beispiel Journalismus, Marketing) so verändert werden, daß die Absolventen besser als zur Zeit den gestiegenen theoretischen, methodischen und praktischen Anforderungen entsprechen. Hierzu werden keine detaillierten Empfehlungen vorgelegt, weil die jeweils vor Ort gegebenen Rahmenbedingungen flexibel zu berücksichtigen sein werden. Es wird jedoch zumindest darauf verwiesen, daß die zeitlich wie sachlich begrenzte, weil einseitig universitär ausgerichtete Rolle, die diesem Teil der Ausbildung im Rahmen der diversen sozialwissenschaftlichen Studiengänge zur Zeit zukommt, nicht ausreicht. Ein besonderes Desiderat ist daher die stärkere Einbeziehung von Praktikern der Sozialforschung in die Lehre.

13. Datenarchive ermöglichen eine fachliche Kontrolle der Umfrageforschung.

Ereignisse außerhalb der Sozialwissenschaften haben seit einiger Zeit in Wissenschaft und Öffentlichkeit die Wahrnehmung für Probleme der Daten- und Ergebnisfälschung geschärft. Bereits getroffene Vorkehrungen müssen daher mit dem Ziel vertieft und institutionalisiert werden, Ergebnismanipulationen mit sozialwissenschaftlichen Daten so weit wie möglich auszuschließen. Ein zentrales Instrument dieser wissenschaftlichen Kontrolle liegt in der Institutionalisierung der Weitergabe der erhobenen Daten an Datenarchive zur freien Nutzung durch Dritte (Sekundäranalysen) beziehungsweise dem Datenzugang „vor Ort" beim erhebenden Institut sowie – wenn dies nicht möglich ist – in der Einholung der prinzipiellen Bereitschaftserklärung der erhebenden Forscher und/oder Institute, ihre veröffentlichten Daten für Sekundäranalysen zugänglich zu machen (intersubjektive Überprüfbarkeit). Vor diesem Hintergrund soll die Deutsche Forschungsgemeinschaft künftig allen Wissenschaftlern, die im Rahmen ihrer Forschungsanträge mit DFG-Mitteln sozialwissenschaftliche Daten erheben, die Auflage erteilen, nach einer für die Auswertung des Materials angemessenen Karenzzeit die erhobenen Daten routinemäßig einem Datenarchiv wie zum Beispiel dem Zentralarchiv für Empirische Sozialforschung an der Universität zu Köln zur Verfügung zu stellen.

14. Umfrageforschung muß in den Massenmedien sachgerecht dargestellt werden.

Ein besonderes Problem für die Empirische Sozialforschung besteht in dem häufig wenig informierten, verkürzenden, die methodischen Voraussetzungen weitgehend ignorierenden und lediglich an spektakulären Ergebnissen interessierten Umgang der Massenmedien mit ihren Befunden. Die Erfassung der öffentlichen Meinung durch Umfragen ist jedoch ein voraussetzungsreicher und komplizierter Prozeß, dem nicht zuletzt deshalb in der medialen Berichterstattung angemessen Rechnung getragen werden muß, weil durch Umfrageforschung auch gesellschaftliche Realität geschaffen und verändert wird. Daher ist es dringend notwendig, analog zu den in den USA zumindest für Qualitätsmedien inzwischen implementierten hohen Dokumentationsstandards auch in Deutschland eine seriöse, Qualitätskriterien berücksichtigende Ergebnisdarstellung herbeizuführen, zum Beispiel bei der Wahlabsichtsfrage eine Information über den Anteil derjenigen, die eine Angabe nicht machen konnten oder wollten. Hierzu soll auch diese Denkschrift einen Beitrag leisten. Darüber hinaus ist diese Problematik in der Journalistenaus- und -weiterbildung systematisch zu berücksichtigen. Das bedeutet aber auch, daß sich Vertreter der akademischen wie der privatwirtschaftlichen Sozialforschung in diesem Feld stärker als bisher engagieren müssen.

15. Den Kodices zur Qualitätssicherung muß Geltung verschafft werden.

Zusammenfassend können die Qualitätsanforderungen an die Umfrageforschung nur durch die Einhaltung der in der Forschung erarbeiteten und zu einem gegebenen Zeitpunkt als anerkannt geltenden Methoden und Grundsätze garantiert werden. Sie finden ihren Niederschlag in Kodices wie denen der American Association for Public Opinion Research (siehe dazu Abschnitt 16.1 im Anhang) oder der britischen Market Research Quality Standards Association und haben nicht nur als Maßstab für die Beurteilung der Ergebnisse der Umfrageforschung zu dienen, sondern sind auch in ihrer Einhaltung in einem ständigen Prozeß zu kontrollieren.

15 Literaturverzeichnis

American Association for Public Opinion Research, 1997a: Best Practices for Survey and Public Opinion Research. Internet: http://www.aapor.org/best/index.html.

American Association for Public Opinion Research, 1997b: Code of Professional Ethics and Practices. Internet: http://www.aapor.org/ethics/principl.shtml.

American Statistical Association, 1994: 1994 Proceedings of the Section on Survey Research Methods. Band 1. Alexandria: American Statistical Association.

American Statistical Association, 1995: 1995 Proceedings of the Section on Survey Research Methods. Alexandria: American Statistical Association.

Arbeitsgemeinschaft ADM-Stichproben und *Bureau Wendt*, 1994: Das ADM-Stichproben-System (Stand 1993). S. 188–202 in: *Siegfried Gabler* u. a. (Hrsg.): Gewichtung in der Umfragepraxis. Opladen: Westdeutscher Verlag.

Arbeitskreis Deutscher Markt- und Sozialforschungsinstitute e. V. (ADM), 1994: Kernprobleme im Datenschutzrecht und Standesrecht der demoskopischen Umfrageforschung, planung und analyse 5: 1–4.

Arbeitskreis Deutscher Markt- und Sozialforschungsinstitute e. V. (ADM) (Hrsg.), 1997a: Zahlen über den Markt für Marktforschung. Frankfurt a. M.: Arbeitskreis Deutscher Markt- und Sozialforschungsinstitute.

Arbeitskreis Deutscher Markt- und Sozialforschungsinstitute e. V. (ADM) (Hrsg.), 1997b: Geschichte, Aufgaben und Ziele des Arbeitskreises Deutscher Markt- und Sozialforschungsinstitute e. V. Frankfurt a. M.: Arbeitskreis Deutscher Markt- und Sozialforschungsinstitute.

Arbeitskreis Deutscher Markt- und Sozialforschungsinstitute e. V. (ADM) (Hrsg.), 1997c: Qualitätskriterien für die Markt- und Sozialforschung, planung und analyse 5: 62/63.

Arbeitskreis Deutscher Markt- und Sozialforschungsinstitute e. V. (ADM) (Hrsg.), 1998a: Zahlen über den Markt für Marktforschung. Frankfurt a. M.: Arbeitskreis Deutscher Markt- und Sozialforschungsinstitute.

Arbeitskreis Deutscher Markt- und Sozialforschungsinstitute e. V. (ADM) (Hrsg.), 1998b: Standards zur Qualitätssicherung in der Markt- und Sozialforschung. Frankfurt a. M.: Arbeitskreis Deutscher Markt- und Sozialforschungsinstitute.

Artus, Helmut M., 1996: Soziologielehre. Eine räumliche und thematische Analyse. S. 59–85 in: *Helmut M. Artus* und *Matthias Herfurth* (Hrsg.): Soziologielehre in Deutschland. Lehre, Studium. Beruflicher Verbleib. Lehrangebot, Studien- und Prüfungsordnungen. Opladen: Leske + Budrich.

Associatione Istituti Ricerca di Mercato, Sondaggi di Opinione und *Ricerca Sociale (ASSIRM)*, 1996: Quality Standards.

Babka v. Gostomski, Christian, Josef Hartmann und *Miriam Thum*, 1997: Die Mannheimer Scheidungsstudie. Aspekte der Durchführung der telefonischen Befragung zu Determinanten der Ehescheidung, ZUMA-Nachrichten 41: 127–152.

Belson, William A., 1981: The Design and Understanding of Survey Questions. Aldershot: Gower.

Berufsverband Deutscher Markt- und Sozialforscher e. V. (Hrsg.), 1997: BVM Information. Frankfurt a. M.: Berufsverband Deutscher Markt- und Sozialforscher e. V.

Biemer, Paul P. u. a. (Hrsg.), 1991: Measurement Errors in Surveys. New York: John Wiley.

Binder, Gisbert und *Matthias Stahl*, 1996: Der Forschungsbezug von Lehrveranstaltungen in den Sozialwissenschaften. S. 87–105 in: *Helmut M. Artus* und *Matthias Herfurth* (Hrsg.): Soziologielehre in Deutschland. Lehre, Studium. Beruflicher Verbleib. Lehrangebot, Studien- und Prüfungsordnungen. Opladen: Leske + Budrich.

Bliesch, Uwe, 1998: Interviewerschulung und -kontrolle. S. 66–100 in: *Statistisches Bundesamt Wiesbaden* (Hrsg.): Interviewereinsatz und -qualifikation. Schriftenreihe Spektrum Bundesstatistik des Statistischen Bundesamtes Band 11. Stuttgart: Metzler-Poeschel.

Bradburn, Norman M., 1983: Response Effects. S. 289–328 in: *Peter H. Rossi* und *James D. Wright* (Hrsg.): The Handbook of Survey Research. New York: Academic Press.

Bradburn, Norman M., 1992: A Response to the Nonresponse Problem, Public Opinion Quarterly 56: 391–397.

Braun, Hans und *Stephan Articus*, 1984: Sozialwissenschaftliche Forschung im Rahmen der amerikanischen Besatzungspolitik 1945–1949, Kölner Zeitschrift für Soziologie und Sozialpsychologie 36: 703–737.

Braun, Michael und *Peter Ph. Mohler* (Hrsg.), 1998: Blickpunkt Gesellschaft 4. Soziale Ungleichheit in Deutschland. Opladen/Wiesbaden: Westdeutscher Verlag.

Brettschneider, Frank, 1991: Wahlumfragen. Empirische Befunde zur Darstellung in den Medien und zum Einfluß auf das Wahlverhalten in der Bundesrepublik Deutschland und den USA. München: Minerva.

Brettschneider, Frank, 1996: Wahlumfragen und Medien. Eine empirische Untersuchung der Presseberichterstattung über Meinungsumfragen vor den Bundestagswahlen 1980 bis 1994, Politische Vierteljahresschrift 37: 475–493.

Brettschneider, Frank, 1997: The Press and the Polls in Germany, 1980–1994. Poll Coverage as an Essential Part of Election Campaign Reporting, International Journal of Public Opinion Research 9: 248–265.

Breunig, Gerhard, Dieter Franke und *Joachim Scharioth* (Hrsg.), 1993: Orientierung für ein neues Europa durch Markt- und Sozialforschung. München: Oldenbourg Verlag.

British Standards Institution, 1998: Specifications for organizations conducting market research.

Burkhauser, Richard V., Michaela Kreyenfeld und *Gert Wagner*, 1997: The German Socio-Economic Panel. A Representative Sample of Reunited Germany and its Parts. S. 7–16 in: *Thomas A. Dunn* und *Johannes Schwarze* (Hrsg.): Proceedings of the 1996 Second International Conference on the German Socio-Economic Panel Study Users. Vierteljahreshefte zur Wirtschaftsforschung, Heft 1. Berlin: Duncker & Humblot.

Chambre syndicale des sociétés d'Etudes et de Conseils (SYNTEC CONSEIL), 1998: Practical Guide to Quality Market Research.

Converse, Philip E., 1987: Changing Conceptions of Public Opinion in the Political Process, Public Opinion Quarterly 51: 512–524.

Couper, Mick P. und *Robert M. Groves*, 1996: Household-level Determinants of Survey Nonresponse. In: *Marc Braverman* (Hrsg.): Advances in Survey Research – New Directions for Evaluation. San Francisco: Jossey-Bass.

Crespi, Leo P., 1952: America's Interest in German Survey Research. S. 215–217 in: *Institut zur Förderung öffentlicher Angelegenheiten* (Hrsg.): Empirische Sozialforschung. Frankfurt a. M.: Institut zur Förderung öffentlicher Angelegenheiten.

Crossley, Archibald M., 1937: Straw Polls in 1936, Public Opinion Quarterly 1: 24–35.

Davis, James A. und *Roger Jowell*, 1989: Measuring National Differences. An Introduction to the International Social Survey Programme (ISSP). S. 1–13 in: *Roger Jowell, Sharon Witherspoon* und *Lindsay Brook* (Hrsg.): British Social Attitudes. 6th report. Special International Report. Aldershot: Gower.

van Deth, Jan W. (Hrsg.), 1998: Comparative Politics. The problem of equivalence. London/New York: Routledge.

Deutsche Forschungsgemeinschaft, 1996: Forschungsfreiheit. Ein Plädoyer für bessere Rahmenbedingungen der Forschung in Deutschland. Weinheim: VCH Verlagsgesellschaft.

Deutsche Forschungsgemeinschaft, 1998: Vorschläge zur Sicherung guter wissenschaftlicher Praxis. Empfehlungen der Kommission „Selbstkontrolle in der Wissenschaft". Weinheim: Wiley-VCH.

Dijkstra, Wil und *Johannes van der Zouwen* (Hrsg.), 1982: Response Behavior in the Survey Interview. London/New York: Academic Press.

Dillman, Donald E., 1978: Mail and Telephone Surveys. The Total Design Method. New York: John Wiley.

Dodd, Sue A., 1982: Cataloging Machine-Readable Data Files. An Interpretive Manual. Chicago: American Library Association.

Donovitz, Frank, 1997: Journalisten und Wahlumfragen. Eine Inhaltsanalyse der Wahlumfrage-Berichterstattung von regionaler Tagespresse, Wochenpresse und Meldungen der Deutschen Presse-Agentur. Magisterarbeit Publizistik. Berlin: Freie Universität Berlin.

Dorroch, Heiner, 1994: Der Meinungsmacher-Report. Wie Umfrageergebnisse entstehen. Göttingen: Steidl.

Duff, Darell, 1979: How to Lie with Statistics. 8. Auflage. Harmondsworth: Penguin.

Ehling, Manfred u. a., 1992: Eine deutsche Standarddemographie, ZUMA-Nachrichten 31: 29–46.

Esser, Hartmut, 1986: Über die Teilnahme an Befragungen, ZUMA-Nachrichten 18: 38–47.

Esser, Hartmut u. a., 1989: Mikrozensus im Wandel. Untersuchungen und Empfehlungen zur inhaltlichen und methodischen Gestaltung. Schriftenreihe Forum der Bundesstatistik Band 11. Stuttgart: Metzler-Poeschel.

European Federation of Associations of Market Research Organisations (Hrsg.), 1998: Practical Guide to Quality Market Research. Amsterdam: European Federation of Associations of Market Research Organisations.

European Science Foundation (Hrsg.), 1998: Social Science Research in the Fifth Framework Programme. European Science Policy Briefing 2. Strasbourg: European Science Foundation.

European Science Foundation (Hrsg.), 1999: European Social Survey (ESS). An ESF Scientific Programme. Strasbourg: European Science Foundation.

European Society for Opinion and Marketing Research (Hrsg.), 1995: ICC/ESOMAR International Code of Marketing and Social Research Practice. Amsterdam: European Society for Opinion and Marketing Research.

Federal Committee on Statistical Methodology, 1990: Statistical Policy Working Paper 19 – Computer Assisted Survey Information Collection. Washington: Federal Printing Office.

Foundation for Information (Hrsg.), 1997: The Freedom to Publish Opinion Polls. Report on a Worldwide Study. Amsterdam: European Society for Opinion and Marketing Research.

Franke, Dieter und *Joachim Scharioth* (Hrsg.), 1990: 40 Jahre Markt- und Sozialforschung in der Bundesrepublik Deutschland. München: Oldenbourg Verlag.

Gabler, Siegfried u. a. (Hrsg.), 1994: Gewichtung in der Umfrageforschung. Opladen: Westdeutscher Verlag.

Gabler, Siegfried und *Sabine Häder*, 1997: Überlegungen zu einem Stichprobendesign für Telefonumfragen in Deutschland, ZUMA-Nachrichten 41: 7–18.

Gerhard, Ute und *Stefan Hradil*, 1996: Zur Reform der Studien- und Prüfungsordnungen. Handreichung der Deutschen Gesellschaft für Soziologie, Soziologie 4: 45–55.

Gibowski, Wolfgang, 1973: Der Effekt unterschiedlicher Plazierung der Wahlabsichtsfrage im Fragebogen, Politische Vierteljahresschrift 14: 275–293.

Glöckner-Rist, Angelika und *Wolfgang Bandilla*, 1997: Das ZUMA-Informationssystem (ZIS), Version 1.01. Online-Handbuch sozialwissenschaftlicher Einstellungsinstrumente. Internet: http://www.zuma-mannheim.de/research/methods/zis.

Godambe, V. P., 1955: A Unified Theory of Sampling from Finite Populations, Journal of the Royal Statistical Society 17, Series B: 269–278.

Gollin, Albert E., 1987: Polling and the Media, Public Opinion Quarterly 51: 86–94.

Government Statistical Service (Hrsg.), 1996: Harmonised Concepts and Questions for Government Social Surveys. London: Office for National Statistics.

Gräf, Lorenz und *Harald Rohlinger*, 1997: Empirische Sozialforschung 1996. Eine Dokumentation des Zentralarchivs für Empirische Sozialforschung an der Universität zu Köln in Zusammenarbeit mit dem Informationszentrum Sozialwissenschaften. Frankfurt/New York: Campus.

Grais, Bernard (Hrsg.), 1995: The Future of European Social Statistics. Guidelines and Strategies. Brussels/Luxembourg: Office for Official Publications of the European Communities.

Groves, Robert M., 1989: Survey Errors and Survey Costs. New York: John Wiley.

Groves, Robert M. und *Robert L. Kahn*, 1979: Surveys by Telephone. A National Comparison with Personal Interviews. New York: Academic Press.

de Guchteneire, Paul und *Ekkehard Mochmann* (Hrsg.), 1990: Data Protection and Data Access. Reports from Ten Countries on Data Protection and Data Access in Social Research. With an Annotated International Bibliography. North-Holland, Amsterdam: Sociaal-Wetenschappelijk Informatie- en Dokumentatiecentrum (SWIDOC)/International Federation of Data Organisations for the Social Sciences (IFDO).

Harkness, Janet A. (Hrsg.), 1998: Cross-Cultural Survey Equivalence. ZUMA-Nachrichten Spezial Band 3. Mannheim: Zentrum für Umfragen, Methoden und Analysen.

Hartmann, Heinz und *Annemarie Nase*, 1996: Zur Lehrgestalt der Soziologie in Ostdeutschland, Soziologie 2: 17–42.

Hartmann, Peter, 1990: Wie repräsentativ sind Bevölkerungsumfragen? Ein Vergleich des ALLBUS und des Mikrozensus, ZUMA-Nachrichten 26: 7–30.

Hartmann, Peter und *Bernhard Schimpl-Neimanns*, 1992: Sind Sozialstrukturanalysen mit Umfragedaten möglich? Analysen zur Repräsentativität einer Sozialforschungsumfrage, Kölner Zeitschrift für Soziologie und Sozialpsychologie 44: 315–340.

Haug, Werner u. a. (Hrsg.), 1998: Statistik im Dienste der Öffentlichkeit. Bern: Bundesamt für Statistik.

Hennis, Wilhelm, 1957: Meinungsforschung und repräsentative Demokratie. Tübingen: Mohr und Siebeck.

von der Heyde, Christian, 1998: Qualitätsmaße und Qualitätskosten. München: Infratest Burke.

Hippler, Hans-Jürgen und *Norbert Schwarz*, 1987: Response Effects in Surveys. S. 102–112 in: *Hans-Jürgen Hippler, Norbert Schwarz* und *Seymour Sudman* (Hrsg.): Social Information Processing and Survey Methodology. New York: Springer.

Hippler, Hans-Jürgen, Norbert Schwarz und *Seymour Sudman* (Hrsg.), 1987: Social Information Processing and Survey Methodology. New York: Springer.

Hoffmeyer-Zlotnik, Jürgen H. P., 1997: Random-Route-Stichproben nach ADM. S. 33–42 in: *Siegfried Gabler* und *Jürgen H.P. Hoffmeyer-Zlotnik* (Hrsg.): Stichproben in der Umfragepraxis. Opladen: Westdeutscher Verlag.

Hyman, Herbert, 1954: Interviewing in Social Research. Chicago: University of Chicago Press.

Hyman, Herbert, 1957: Survey Design and Analysis. Principles, Cases and Procedures. 2. Auflage. Glencoe: The Free Press.

Hyman, Herbert, 1972: Secondary Analysis of Sample Surveys: Principles, Procedures, and Potentialities. New York: John Wiley.

Institut zur Förderung öffentlicher Angelegenheiten (Hrsg.), 1952: Empirische Sozialforschung. Meinungs- und Marktforschung. Methoden und Probleme. Frankfurt a. M.: Institut zur Förderung öffentlicher Angelegenheiten.

InterCASIC '96, 1996: The International Conference on Computer-Assisted Survey Information Collection. San Antonio, Texas: InterCASIC '96.

Inter-university Consortium for Political and Social Research (Hrsg.), 1996: Guide to Social Science Data Preparation and Archiving. Ann Arbor: Inter-university Consortium for Political and Social Research.

Jabine, Thomas B., Miron L. Straf, Judith M. Tanur und *Roger Tourangeau* (Hrsg.), 1984: Cognitive Aspects of Survey Methodology: Building a Bridge between Disciplines. Washington D.C.: National Academy Press.

Jobe, Jared B. und *Elizabeth F. Loftus* (Hrsg.), 1991: Cognition and Survey Measurement. Special Issue of Applied Cognitive Psychology 5: 3.

Jugendwerk der deutschen Shell (Hrsg.), 1985: Jugendliche und Erwachsene '85: Generationen im Vergleich Band 5. Arbeitsbericht und Dokumentation. Leverkusen: Leske + Budrich.

Jung, Helmut, 1993: The Contribution of ESOMAR for Harmonized Data Collection. Arbeitspapier für die Planungskonferenz „Making Data European". Luxemburg: Centre for Population, Poverty and Policy Studies (CEPS)/International Networks for Studies in Technology, Environment, Alternatives, Development (INSTEAD).

Jung, Mathias, 1990: Auf dem Weg zu einer besseren Datenqualität: Ein Zwischenbericht über die Erfahrungen mit telefonischen Umfragen. S. 389–412 in: *Karl Schmitt* (Hrsg.): Wahlen, Parteieliten, politische Einstellungen. Neuere Forschungsergebnisse. Frankfurt a. M./Bern: Peter Lang.

Kaase, Max, 1977: Meinungsforschung in der Bundesrepublik Deutschland. S. 452–475 in: *Max Kaase* (Hrsg.): Wahlsoziologie heute. Analysen aus Anlaß der Bundestagswahl 1976. Heft 2/3 der Politischen Vierteljahresschrift. Opladen: Westdeutscher Verlag.

Kaase, Max, 1997: Meinungsforschung. S. 357–360 in: *Uwe Andersen* und *Wichard Woyke* (Hrsg.): Handwörterbuch des politischen Systems der Bundesrepublik Deutschland. 3., überarbeitete Auflage. Opladen: Leske + Budrich.

Kaase, Max, 1998: Datenzugang und Datenschutz. S. 101–111 in: *Bernhard Schäfers* und *Wolfgang Zapf* (Hrsg.): Handwörterbuch zur Gesellschaft Deutschlands. Opladen: Leske + Budrich.

Kaase, Max u. a. (Hrsg.), 1980: Datenzugang und Datenschutz. Konsequenzen für die Forschung. Königstein: Athenäum.

Kaase, Max, Werner Ott und *Erwin K. Scheuch*, 1983: Empirische Sozialforschung in der modernen Gesellschaft – eine Einführung. S. 9–26 in: *Max Kaase, Werner Ott* und *Erwin K. Scheuch* (Hrsg.): Empirische Sozialforschung in der modernen Gesellschaft. Frankfurt/New York: Campus.

Kaase, Max und *Kenneth Newton*, 1995: Beliefs in Government. Beliefs in Government-Serie Band 5. Oxford: Oxford University Press.

Kaase, Max und *Willem E. Saris*, 1997: The Eurobarometer – A Tool for Comparative Survey Research. S. 7–26 in: *Willem E. Saris* und *Max Kaase* (Hrsg.): Eurobarometer. Measurement Instruments for Opinions in Europe. ZUMA-Nachrichten Spezial Band 2. Mannheim: Zentrum für Umfragen, Methoden und Analysen.

Kirschner, Hans-Peter, 1985: Stichprobenprobleme in der Bundesrepublik – Bestandsaufnahme, Perspektiven, Thesen. S. 146–158 in: *Max Kaase* und *Manfred Küchler* (Hrsg.): Herausforderungen der Empirischen Sozialforschung. Mannheim: Zentrum für Umfragen, Methoden und Analysen.

Klingemann, Hans-Dieter und *Ekkehard Mochmann*, 1975: Sekundäranalyse. S. 178–194 in: *Jürgen van Koolwijk* u. a. (Hrsg.): Techniken der empirischen Sozialforschung Band 2. München: Oldenbourg.

Koch, Achim, 1995: Gefälschte Interviews: Ergebnisse der Interviewerkontrolle beim ALLBUS 1994, ZUMA-Nachrichten 36: 89–105.

Kreiselmaier, Jutta und *Rolf Porst*, 1989: Methodische Probleme bei der Durchführung telefonischer Befragungen. ZUMA-Arbeitsbericht Nr. 89/12. Mannheim: Zentrum für Umfragen, Methoden und Analysen.

Kruskal, William und *Frederick Mosteller*, 1979a: Representative Sampling in Non-Scientific Literature, International Statistical Review 47: 13–24.

Kruskal, William und *Frederick Mosteller*, 1979b: Representative Sampling II. Scientific Literature, Excluding Statistics, International Statistical Review 47: 111–127.

Kruskal, William und *Frederick Mosteller*, 1979c: Representative Sampling III. The Current Statistical Literature, International Statistical Review 47: 245–265.

Kruskal, William und *Frederick Mosteller*, 1980: Representative Sampling VI. The History of the Concept in Statistics, 1895–1939, International Statistical Review 48: 169–195.

Kutsch, Arnulf, 1995: Einstellungen zum Nationalsozialismus in der Nachkriegszeit, Publizistik 40: 415–447.

Lass, Jürgen, 1997: Telephone Ownership – A Cause of Sampling Bias in Europe? S. 53–71 in: *Willem E. Saris* und *Max Kaase* (Hrsg.): Eurobarometer. Measurement Instruments for Opinions in Europe. ZUMA-Nachrichten Spezial Band 2. Mannheim: Zentrum für Umfragen, Methoden und Analysen.

Lazarsfeld, Paul R. und *Morris Rosenberg* (Hrsg.), 1955: The Language of Social Research. A Reader in the Methodology of Social Research. New York: The Free Press.

de Leeuw, Edith, 1992: Data Quality in Mail, Telephone, and Face to Face Surveys. Amsterdam: TT-Publikaties.

de Leeuw, Edith, 1994: Computer Assisted Data Collection, Data Quality and Costs: A Taxonomy and Annotated Bibliography, Bulletin de Méthodologie Sociologique 44: 60–72.

de Leeuw, Edith und *Martin Collins*, 1997: Data Collection Methods and Survey Quality: An Overview. S. 199–220 in: *Lars Lyberg* u. a. (Hrsg.): Survey Measurement and Process Quality. New York: John Wiley.

Lepsius, M. Rainer (Hrsg.), 1981: Soziologie in Deutschland und Österreich 1918–1945. Materialien zur Entwicklung, Emigration und Wirkungsgeschichte. Sonderheft 23 der Kölner Zeitschrift für Soziologie und Sozialpsychologie. Opladen: Westdeutscher Verlag.

Lessler, Judith T. und *William D. Kalsbeek*, 1992: Nonsampling Error in Surveys. New York: John Wiley.

Loeffler, Ute und *Christian von der Heyde*, 1993: Die ADM-Stichproben, planung und analyse 5: 49.

Lüttinger, Paul und *Thomas Riede*, 1997: Der Mikrozensus. Amtliche Daten für die Sozialforschung, ZUMA-Nachrichten 41: 19–43.

Lyberg, Lars und *Daniel Kasprzyk*, 1991: Data Collection Methods and Measurement Error. An Overview. S. 237–257 in: *Paul P. Biemer* u. a. (Hrsg.): Measurement Errors in Surveys. New York: John Wiley.

Lyberg, Lars, Paul Biemer, Martin Collins, Edith de Leeuw, Cathryn Dippo, Norbert Schwarz und *Dennis Trewin* (Hrsg.), 1997: Survey Measurement and Process Quality. New York: John Wiley.

Market Research Quality Standards Association, 1997: Service Standards for Market Research. 2. Fassung. Surrey: Market Research Quality Standards Association.

Maus, Heinz, 1973: Zur Vorgeschichte der empirischen Sozialforschung. S. 21–56 in: *René König* (Hrsg.): Handbuch der empirischen Sozialforschung Band 1. 3. Auflage. Stuttgart: Enke.

Merritt, Richard L., 1995: Democracy Imposed. U.S. Occupation Policy and the German Public, 1945–1949. New Haven/London: Yale University Press.

Mnich, Eva und *Heinz Sahner*, 1989: 40 Jahre Arbeitsgemeinschaft Sozialwissenschaftlicher Institute (ASI). Eine kurze Chronologie. Bonn: Arbeitsgemeinschaft Sozialwissenschaftlicher Institute.

Mochmann, Ekkehard, 1998: European Cooperation in Social Science Data Dissemination. S. 33 bis 43 in: *Marcia F. Taylor* und *Rachel Walker* (Hrsg.): Information Dissemination and Access in East and West. Amsterdam: IOS Press.

Mohler, Peter Ph. und *Rolf Porst*, 1996: Pretest und Weiterentwicklung von Fragebogen – Einführung in das Thema. S. 7–15 in: *Statistisches Bundesamt* (Hrsg.): Pretest und Weiterentwicklung von Fragebogen. Schriftenreihe Spektrum der Bundesstatistik Band 9. Stuttgart: Metzler-Poeschel.

Moschner, Meinhard, 1993: Euro-Barometer 1973–1993. 20 Jahre „Dauerbeobachtung" der öffentlichen Meinung in Europa, ZA-Information 33: 13–17.

Müller, Walter u. a., 1991: Die faktische Anonymität von Mikrodaten. Schriftenreihe Forum der Bundesstatistik des Statistischen Bundesamtes Band 19. Stuttgart: Metzler-Poeschel.

Newby, Howard u. a., 1991: Social Sciences in the Context of the European Communities. S. 55–81 in: *European Science Foundation* (Hrsg.): The ESF and the Social Sciences, 1992. Strasbourg: European Science Foundation.

Niehoff, Renate, 1998: Intervieweranforderung und -auswahl. S. 51–65 in: *Statistisches Bundesamt Wiesbaden* (Hrsg.): Interviewereinsatz und -qualifikation. Schriftenreihe Spektrum Bundesstatistik des Statistischen Bundesamtes Band 11. Stuttgart: Metzler-Poeschel.

Noelle, Elisabeth, 1940: Amerikanische Massenbefragungen über Politik und Presse, Zeitung und Zeit N. F. Reihe A, Band 16.

Noelle-Neumann, Elisabeth, 1970: Wanted: Rules for Wording Structured Questionnaires, Public Opinion Quarterly 34: 191–201.

Noelle-Neumann, Elisabeth, 1976: Die Empfindlichkeit demoskopischer Meßinstrumente. Frageformulierungen und Fragebogenaufbau. S. VII–XXVI in: *Institut für Demoskopie* (Hrsg.): Allensbacher Jahrbuch der Demoskopie 1974–1976. Band VI. Wien u. a.: Molden.

Noelle-Neumann, Elisabeth, 1980: Die Schweigespirale. Öffentliche Meinung – unsere soziale Haut. München/Zürich: Piper.

Noelle-Neumann, Elisabeth, 1992: Datenbestände im Allensbacher Archiv. S. 433–438 in: *Dieter Jaufmann* u. a. (Hrsg.): Empirische Sozialforschung im vereinten Deutschland. Bestandsaufnahme und Perspektiven. Frankfurt/New York: Campus.

Noelle-Neumann, Elisabeth, 1997: Quality Criteria in Survey Research. Keynote Speech Presented at the WAPOR Thematic Seminar on June 27, 1996, Cadenabbia, Italy, International Journal of Public Opinion Research 9.1: 29–32.

Noelle-Neumann, Elisabeth und *Thomas Petersen*, 1998: Alle, nicht jeder. Einführung in die Methoden der Demoskopie. 2. Auflage. München: Deutscher Taschenbuch Verlag.

Oberschall, Anthony, 1997: Empirische Sozialforschung in Deutschland 1848–1914. Freiburg im Breisgau/München: Karl Alber.

Page, Benjamin I. und *Robert Y. Shapiro*, 1991: The Rational Public. Fifty Years of Trends in Americans' Policy Preferences. Chicago: University of Chicago Press.

planung & analyse. Zeitschrift für Informationsmanagement, Markt-, Media- und Werbeforschung. Heft 2/1998.

Porst, Rolf, 1996: Ausschöpfungen bei sozialwissenschaftlichen Umfragen. Die Sicht der Institute. ZUMA-Arbeitsbericht Band 7. Mannheim: Zentrum für Umfragen, Methoden und Analysen.

Porst, Rolf, Michael Schneid und *Jan Willem van Brouwershaven*, 1994: Computer-Assisted Interviewing in Social and Market Research. S. 79–98 in: *Ingwer Borg* und *Peter Ph. Mohler* (Hrsg.): Trends and Perspectives in Empirical Social Research. Berlin/New York: de Gruyter.

Projektgruppe Panel, 1993: 10 Jahre Sozio-ökonomisches Panel (SOEP), Vierteljahreshefte zur Wirtschaftsforschung 1/2 : 27–43.

Reif, Karlheinz und *Ronald Inglehart* (Hrsg.), 1991: Eurobarometer: The Dynamics of European Public Opinion. Essays in Honour of Jacques-René Rabier. Houndsmills, Basingstoke/London: Macmillan.

Reimann, Horst, 1989: Die Anfänge der Kommunikationsforschung. Entstehungsbedingungen und gemeinsame europäisch-amerikanische Entwicklungslinien im Spannungsfeld von Soziologie und Zeitungswissenschaft. S. 28–45 in: *Max Kaase* und *Winfried Schulz* (Hrsg.): Massenkommunikation. Theorien, Methoden, Befunde. 30. Sonderheft der Kölner Zeitschrift für Soziologie und Sozialpsychologie. Opladen: Westdeutscher Verlag.

Rogers, Theresa F., 1976: Interviews by Telephone and in Person: Quality of Responses and Field Performance, Public Opinion Quarterly 40: 51–65.

Rokkan, Stein (Hrsg.), 1966: Data Archives for the Social Sciences. Tools and Methods of Comparative Research. Publications of the International Social Science Council Band 3. Paris/La Hague: Mouton.

Rosenstone, Steven J., 1994: The Comparative Study of Electoral Systems, ICORE NEWS 3: 1/2.

Rubin, Donald B., 1987: Multiple Imputation for Nonresponse in Survey. New York: John Wiley:

Saris, Willem E., 1991: Computer-Assisted Interviewing. London: Sage.

Saris, Willem E. und *Max Kaase* (Hrsg.), 1997: Eurobarometer. Measurement Instruments for Opinions in Europe. ZUMA-Nachrichten Spezial Band 2. Mannheim: Zentrum für Umfragen, Methoden und Analysen.

Scheuch, Erwin K., 1965: Sozialer Wandel und Sozialforschung, Kölner Zeitschrift für Soziologie und Sozialpsychologie 17: 1–48.

Scheuch, Erwin K., 1973: Entwicklungsrichtungen bei der Analyse sozialwissenschaftlicher Daten. S. 161–237 in: *René König* (Hrsg.): Handbuch der empirischen Sozialforschung Band 1. 3. Auflage. Stuttgart: Enke.

Scheuch, Erwin K., 1990: From a Data Archive to an Infrastructure for the Social Sciences, International Social Science Journal 123: 93–111.

Schnell, Rainer, 1997: Nonresponse in Bevölkerungsumfragen. Ausmaß, Entwicklung und Ursachen. Opladen: Leske + Budrich.

Schnell, Rainer, Paul B. Hill und *Elke Esser,* 1992: Methoden der empirischen Sozialforschung. 3. Auflage. München: Oldenbourg.

Schumann, Howard und *Stanley Presser,* 1981: Questions and Answers in Attitude Surveys: Experiments on Question Form, Wording and Context. New York: Academic Press.

Schwarz, Norbert, 1990: Assessing Frequency Reports of Mundane Behaviors: Contributions of Cognitive Psychology to Questionnaire Construction. S. 89–115 in: *Clyde Hendrick* und *Margaret S. Clark* (Hrsg.): Research Methods in Personality and Social Psychology. Beverly Hills: Sage.

Schwarz, Norbert, 1991: In welcher Reihenfolge fragen? Kontexteffekte in standardisierten Befragungen. ZUMA-Arbeitsbericht 91/16. Mannheim: Zentrum für Umfragen, Methoden und Analysen.

Schwarz, Norbert, 1996: Cognition and Communication. Mahawah, New Jersey: Lawrence Erlbaum.

Schwarz, Norbert und *Fritz Strack,* 1988: The Survey Interview and the Logic of Conversation: Implications for Questionnaire Construction. ZUMA-Arbeitsbericht Nr. 88/03. Mannheim: Zentrum für Umfragen, Methoden und Analysen.

Schwarz, Norbert und *Seymour Sudman* (Hrsg.), 1992: Context Effects in Social and Psychological Research. New York u. a.: Springer.

Schwarz, Norbert und *Seymour Sudman* (Hrsg.), 1996: Answering Questions. Methodology for Determining Cognitive and Communicative Processes in Survey Research. San Francisco: Jossey-Bass.

Statistisches Bundesamt (Hrsg.), 1996: Pretest und Weiterentwicklung von Fragebogen. Spektrum Bundesstatistik Band 9. Stuttgart: Metzler-Poeschel.

Stenger, Horst, 1994: Anforderungen an eine repräsentative Stichprobe aus der Sicht des Statistikers. S. 42–45 in: *Siegfried Gabler* u. a. (Hrsg.): Gewichtung in der Umfragepraxis. Opladen: Westdeutscher Verlag.

Sudman, Seymour und *Norman M. Bradburn*, 1983: Asking Questions. San Francisco: Jossey-Bass.

Sudman, Seymour, Norman M. Bradburn und *Norbert Schwarz*, 1996: Thinking About Answers. The Application of Cognitive Processes to Survey Methodology. San Francisco: Jossey-Bass.

Sykes, Wendy und *Gerald Hoinville*, 1985: Telephone Interviewing in a Survey of Social Attitudes: A Comparison with Face-to-Face Procedures. London: Social Community and Planning Research Center SCPR.

Szalai, Alexander, 1977: The Organization and Execution of Cross-National Survey Research Projects. S. 49–93 in: *Alexander Szalai* und *Ricardo Petrella* in Zusammenarbeit mit *Stein Rokkan* und *Erwin K. Scheuch*. (Hrsg.): Cross-National Comparative Survey Research: Theory and Practice. Oxford u. a.: Pergamon Press.

Szalai, Alexander und *Ricardo Petrella* in Zusammenarbeit mit *Stein Rokkan* und *Erwin K. Scheuch* (Hrsg.), 1977: Cross-National Comparative Survey Research: Theory and Practice. Oxford u. a.: Pergamon Press.

Tanenbaum, Eric und *Ekkehard Mochmann*, 1994 a: Integrating the European Database: Infrastructure Services and the Need for Integration, International Social Science Journal, 142: 499–511.

Tanenbaum, Eric und *Ekkehard Mochmann*, 1994 b: Introduction. Towards a European Database for Comparative Social Research, International Social Science Journal 142: 491–494.

Turner, Charles F. und *Elizabeth Martin* (Hrsg.), 1984: Surveying Subjective Phenomena. Band 1 und 2. New York: Russell Sage Foundation.

U. S. Bureau of the Census, 1997: Information Technology Plan 1997–2002. Washington: Federal Printing Office.

Wasmer, Martina u. a., 1996: Konzeption und Durchführung der „Allgemeinen Bevölkerungsumfrage der Sozialwissenschaften (ALLBUS) 1996". ZUMA-Arbeitsbericht Band 8. Mannheim: Zentrum für Umfragen, Methoden und Analysen.

Wiegand, Erich, 1997: Qualitätskriterien für die Markt- und Sozialforschung, planung und analyse 5: 62–63.

Wiegand, Erich, 1998: Qualitätsmanagement und Qualitätsstandards in der Markt- und Sozialforschung, planung und analyse 2: 26–29.

Wissenschaftsrat, 1985: Stellungnahme zur wissenschaftlichen Verwendung staatlich geförderter sozialwissenschaftlicher Umfragen. S. 256 in: *Wissenschaftsrat* (Hrsg.): Empfehlungen und Stellungnahmen 1984. Köln: Wissenschaftsrat.

Teil 7

Anhang/Dokumentation

16 Codes of Ethics der American Association for Public Opinion Research (AAPOR)

16.1 Vorbildliche Praktiken der Umfrageforschung[24]

16.1.1 Einleitung

In den letzten zwei Jahren diskutierten die Mitglieder des Konzils der American Association for Public Opinion Research (AAPOR) ausführlich den Stand der professionellen Ethik und Praxis des Verbandes, der Effektivität in der Durchsetzung dieser Standards sowie Alternativen zur Verbesserung der Durchführung und Berichterstattung in der Umfrageforschung. Turner und Martins (1984) Schlußfolgerung, daß „bestehende Standards zur Durchführung und Berichterstattung von Umfragen begrenzte Wirkung auf die Umfragepraxis zu haben scheinen" (S. 90) scheint immer noch gültig zu sein. Eine mögliche Strategie zur Verbesserung der Umfragepraxis könnte eine kompromißlosere Durchsetzung der Standards sein.

Eine alternative Strategie zur Verbesserung der Umfragepraxis wurde von Turner und Martin (1984) vor etwa fünfzehn Jahren vorgeschlagen: die Anregung zu einer verstärkten, informierteren und kompetenteren öffentlichen Diskussion über die Fehler und Verdienste von Umfragen mit dem Ziel, die Umfragepraxis durch Schaffen eines Marktes für bessere Umfragen (das heißt eine Nachfrage nach Umfragen mit Qualität) zu verbessern. Solch ein Dialog erfordert teilweise auch eine klare öffentliche Verurteilung von „wirklich abschreckenden" *(truly abhorent)* Forschungspraktiken, wie sie zum Beispiel in Sektion B dieses Dokuments aufgeführt sind („Umfragepraktiken, die AAPOR mißbilligt").

Die andere Seite einer Verbesserung in der Qualität der Diskussion über Umfragepraktiken und der „Schaffung eines Marktes" für bessere Umfragen und qualitativ hochwertige Umfrageforschung beinhaltet jedoch auch das Aufstellen und Publizieren von Standards oder Kriterien für ausgezeichnete Umfragepraxis, vermittels deren die besseren Umfragen als Meßlatte für die schlechteren herausgestellt werden (Turner und Martin, 1984, S. 311), und weitere Anstrengungen, um die Vorstellungen und Gewohnheiten der Leute durch das Ansinnen besserer Vorgehens-

24 Deutsche Übersetzung der „Best Practices for Survey and Public Opinion Research"; englischer Originaltext siehe Seite 269ff.

weisen als Modelle für die Durchführung, Berichterstattung und Nutzung von Umfragen zu verändern (S. 306). Jede derartige Auflistung der besten Standards, Ideale oder Ziele läuft offensichtlich Gefahr, daß (a) einige Kriterien für die Vorbildlichkeit zweifellos zumindest teilweise mit anderen konfligieren, (b) andere gänzlich ausgelassen werden und (c) keine Zusammenstellung derartiger Vorschriften wirklich den Charakter einer wohlüberlegten Bewertung in Fällen usurpieren kann, die alternative Mittel und Ziele ausbalancieren (Turner und Martin, 1984, S. 311). Im Sinne der Verbesserung der derzeitigen Umfragepraxis bietet AAPOR in Sektion A dennoch eine detaillierte Liste vorbildlicher Praktiken *(best practices)* in der Umfrageforschung an.

Wir sind uns wohl bewußt, daß wir durch die Veröffentlichung dieser zwei Listen gegenwärtiger „inakzeptabler" und „vorbildlicher" Praktiken Gefahr laufen, zumindest den Anschein zu erwecken, den *state of the art* in unserem Arbeitsfeld festzuschreiben (vgl. Heller, 1996), einen Zustand, der, wie unsere Geschichte zeigte, sehr rasch überholt sein könnte. Deshalb ist es wichtig festzuhalten, daß beide Listen nicht als unveränderliche Dokumente intendiert sind, noch als solche verstanden werden sollen. Vielmehr sind beide eher Teil einer „fortschreitenden Arbeit", lebendige Dokumente, die einer periodischen und systematischen Revision durch das Standards Committee und das AAPOR-Konzil bedürfen, um so auf die sich rasch ändernde Welt der Umfrageforschung zu reagieren. Zum Schluß soll festgehalten werden, daß der Code of Professional Ethics and Practices der AAPOR von 1991 weiterhin ein zentrales Dokument bleibt, in dem weitere Standards für gute und schlechte Praktiken in unserer Profession aufgeführt werden. Während dieses Dokument als Ergänzung und (in einigen Fällen) als Klärung des Codes intendiert ist, so ist es in keiner Weise als Ersatz der dortigen Standards gedacht.

16.1.2 Vorbildliche Praktiken der Umfrageforschung

Wie in der jüngsten Publikation (1996) der von der Methodensektion der American Statistical Association herausgegebenen "What is a survey?"-Reihe betont wird, ist die Qualität einer Umfrage nicht nach ihrem Umfang, ihrem Thema oder ihrer Auffälligkeit am besten zu beurteilen, sondern danach, wieviel Aufmerksamkeit man der Vielzahl wichtiger Probleme gewidmet hat, die in jeder Phase der Umfragekonzeptualisierung, der Organisation, der Stichprobenziehung, der Fragebogengestaltung, der Datenerhebung, der Datenverarbeitung und der Auswertung auftreten können.

1. Umfragen sollen spezifische Ziele verfolgen.

Qualitativ hochwertige Umfragen sollen spezifische Ziele verfolgen, klar umrissen und eindeutig sein. Umfragen dieser Art dienen ausschließlich dem Zweck, zu einem bestimmten Thema statistische Informationen herauszuarbeiten. Weder sollen damit vorbestimmte Ergebnisse produziert werden, noch sollen sie zu Marketingaktivitäten, zum Sammeln von Spenden, zur Beeinflussung von Wählern oder zu anderen vergleichbaren Zwecken mißbraucht werden.

2. Anstelle von Umfragen sollen alternative Formen der Datenerhebung in Erwägung gezogen werden.

Bei der Planung einer hochwertigen Umfrage ist die wichtige Frage angemessen zu überdenken, ob die benötigten Informationen auch tatsächlich am besten mittels einer Umfrage gewonnen werden können. Im allgemeinen wird eine Umfrage dann erwogen, wenn eine Einzelperson oder eine Institution auf ein Informationsbedürfnis stößt, das mit der vorhandenen Datenlage nicht einlösbar zu sein scheint. Dann ist unbedingt zu überlegen, ob die benötigten Informationen überhaupt mittels Umfragen erhoben werden können oder ob eine Umfrage tatsächlich das beste Mittel wäre, um die benötigten Informationen zu beschaffen. Wenn eine Umfrage tatsächlich angebracht ist, hat man sich mit besonderer Aufmerksamkeit den Fragen zu widmen, wer für die Befragung ausgewählt werden und was über die Ausgewählten in Erfahrung gebracht werden soll.

3. Stichproben sollen so gewählt werden, daß sie die zu untersuchende Population gut repräsentieren.

Die Stichprobe wird nach einem nachvollziehbaren und replizierbaren Plan so gezogen, daß damit die Ziele der Umfrage erreicht werden können. Die Stichprobenziehung soll so angelegt sein, daß eine nicht intendierte Auswahl von Einheiten verhindert wird. Es liegt nicht in der Absicht einer Umfrage, einzelne Personen zu beschreiben, die zufällig Teil der Stichprobe geworden sind. Vielmehr wird angestrebt, ein zusammenfassendes Profil der jeweiligen Population zu erhalten. Die Stichprobe einer ernsthaft betriebenen Umfrage besteht nicht aus Personen, die rein willkürlich ausgewählt worden sind oder sich selbst zur Teilnahme an der Umfrage melden. Die Stichprobe ist nach wissenschaftlichen Kriterien so angelegt, daß jede Person in der Population eine meßbare Auswahlwahrscheinlichkeit hat. Dadurch können die Ergebnisse mit einer bekannten Genauigkeit zuverlässig von der Stichprobe auf die größere Population übertragen werden.

Zentrale Elemente einer vorbildlichen Umfrage sind: (a) sicherzustellen, daß (zur Bearbeitung der interessierenden Fragestellung) in der Tat die richtige Population für die Stichprobenziehung ausgewählt wird, und (b) alle Elemente dieser Population zu lokalisieren, damit sie eine Chance haben, in die Stichprobe aufgenommen zu werden. Die Qualität der Auflistung der Elemente (Stichprobenrahmen, „sampling frame"), das heißt die Aktualität und Vollständigkeit der Liste, ist wahrscheinlich die wichtigste Voraussetzung, um eine angemessene Abbildung der zu untersuchenden Population zu erreichen. Falls ein spezifischer Stichprobenrahmen den Verdacht nährt, eine unvollständige oder unangemessene Abbildung der Population zu verursachen, sollten multiple Stichprobenrahmen eingesetzt werden.

Faktisch alle Umfragen, die mit seriöser Absicht von Sozialwissenschaftlern, politischen Entscheidungsträgern und den informierten Medien in Erwägung gezogen werden, verwenden die eine oder andere Form der Zufallsstichprobe, deren Methoden auf statistischen Theorien und der Wahrscheinlichkeitstheorie basieren. Zuverlässige und effiziente Schätzer der benötigten Statistiken können durch die Befragung einer sorgfältig ausgewählten Stichprobe berechnet werden, vorausgesetzt, daß ein großer Anteil der ausgewählten Teilnehmer die benötigten Informationen gibt. Dazu ist es auch erforderlich, daß sorgfältig und explizit Schätzer für die Verzerrungen durch potentielle Nichtteilnehmer und für die Repräsentativität der Stichprobe entwickelt werden.

4. Forschungsdesigns sollen so gewählt werden, daß sie Kosten und Fehler im Gleichgewicht halten.

Wird beispielsweise das Budget einer Umfrage so verteilt, daß zwar eine sehr große Stichprobe ermöglicht, aber wiederholten Kontaktversuchen, die für eine hohe Ausschöpfung (*response rate;* vgl. Punkt 9 unten) von Bedeutung sind, nur unzureichend Aufmerksamkeit gewidmet wird, resultieren daraus ganz allgemein Ergebnisse, die weniger genau sein werden als diejenigen einer Umfrage bei einer kleineren Stichprobe mit höherer Ausschöpfungsrate. In ähnlicher Weise gilt, daß die Verwendung des Studienbudgets für eine große Stichprobe zu Lasten von Ressourcen für die Interviewerschulung nicht von Weitsicht zeugt. Auch wenn Stichprobenfehler bei Verwendung von Zufallsstichproben einfach zu schätzen sind, so sagen sie doch nichts aus über den Gesamtfehler einer Statistik oder eines Schätzers, die aus vielen unterschiedlichen Aspekten einer bestimmten Umfrage resultieren. Professionelle Umfrageforscher setzen deshalb alles daran, diese verschiedenen Fehlertypen im Design auszubalancieren und eine bestimmte Umfrage so durchzuführen, daß der Gesamtfehler unter Berücksichtigung der gegebenen Finanzmittel und Ressourcen minimiert wird.

5. Fragen sollen so formuliert werden, daß sie zu den zu messenden Konzepten und der zu untersuchenden Population passen.

Entsprechend den Zielen einer Umfrage werden die Fragen, die an die Befragungspersonen gestellt werden sollen, entwickelt; in einem logisch nachvollziehbaren Format und in einer logisch angeordneten Abfolge bilden sie den Fragebogen. Idealerweise gilt für Umfragen, daß die Planung des Fragebogens eine der wichtigsten Stufen im Entwicklungsprozeß der Umfrage ist. Deshalb sind bei Umfragen alle Phasen der Fragebogenentwicklung und des Fragebogendesigns mit Sorgfalt zu bearbeiten. Dazu gehören die Festlegung der Themen, Konzepte und Inhalte, die Fragenformulierung und Fragenanordnung, die Länge des Fragebogens und sein Format. Zuallererst muß sichergestellt sein, daß die Bereiche und Elemente des Fragebogens die für die Umfrage relevanten Themen vollständig und angemessen abdecken. Idealerweise werden multiple anstelle einzelner Indikatoren oder Fragen für alle zentralen Konstrukte verwendet.

Abgesehen von ihrem jeweiligen Inhalt können die Art und Weise, wie Fragen gestellt werden, und die vorgegebenen Antwortkategorien die Ergebnisse einer Umfrage stark beeinflussen. Die Konzepte sollten klar definiert und die Fragen eindeutig formuliert werden. Die Fragenformulierung sollte hinsichtlich eventueller sensitiver Inhalte oder Verzerrungen sorgfältig geprüft werden. Techniken sollten entwickelt werden, durch die Unbehagen oder Furcht bei der Behandlung sensitiver Themen sowohl auf seiten der Befragten wie auf seiten der Interviewer minimiert werden. Es sollten Vorkehrungen getroffen werden, um Fehler und Verzerrungen bei den Befragten (zum Beispiel Erinnerung zurückliegender Ereignisse) so gering wie möglich zu halten und solche Fehler oder Verzerrungen, die nicht vermeidbar sind, meßtechnisch zu erfassen. Um diese Ziele zu erreichen, sollten bewährte Verfahren der kognitiven Forschung (zum Beispiel *paraphrasing*, Think-aloud-Techniken) und vergleichbare Verfahren (zum Beispiel *behavioral coding* als Verhaltensvercodung der Befragten-Interviewer-Interaktion) zum Einsatz kommen. Diese Verfahren sollten mit Personen getestet werden, die denen der späteren Umfrage vergleichbar sind, damit über die verschiedenen Dimensionen hinweg alle wichtigen Fragen bewertet und verbessert werden können.

6. Fragebogen und das gesamte Verfahren sollen einem Pretest unterzogen werden, um Probleme noch im Vorfeld der Umfrage aufzudecken.

Qualitativ hochwertige Umfragen sehen grundsätzlich ein angemessenes finanzielles und zeitliches Budget zum Pretesten von Fragebogen und Feldarbeit vor. Pretests sind der einzige Weg, um herauszufinden, ob alles „funktioniert", insbesondere dann, wenn in einer Umfrage neue Techniken oder neue Fragebatterien zum Einsatz kommen sollen. Weil es kaum möglich ist, alle potentiellen Mißverständnisse oder Verzerrungen der verschiedenen Fragen und Verfahren vorherzusehen, ist es für eine gut geplante Umfrage existentiell, Vorkehrungen für Pretests zu treffen. Alle Fragen sollten vorgetestet werden, um sicherzustellen, daß sie von den Befragten verstanden werden, daß sie von den Interviewern ordentlich abgearbeitet werden können und daß sie die Antwortbereitschaft nicht negativ beeinflussen. Falls nicht sicher ist, welches das beste Design oder welches die beste Form einer wichtigen Komponente des Designs ist, sollten Split-Experimente eingesetzt werden, die in systematischer Weise die Effekte von zwei oder mehr Alternativen vergleichen. Sie sollten entweder schon vor dem Pretest oder als Teil des Pretests eingesetzt werden, um das am besten angemessene Design oder dessen Komponenten zu ermitteln.

7. Interviewer sollen sorgfältig mit den Befragungstechniken und den Inhalten einer Umfrage vertraut gemacht werden.

Wichtig für vorbildliche Umfragen ist das Beharren auf hohen Standards bei Auswahl und Schulung der Interviewer. Um qualitativ hochwertige Daten zu erheben, müssen die Interviewer für eine telephonische oder persönlich-mündliche Umfrage sorgfältig geschult werden. Dies kann durch direkte Gruppenschulung, durch telephonische Schulung, durch Eigenstudium oder eine Kombination davon erfolgen. Gutes Interviewerverhalten sollte in den Vordergrund gestellt werden, zum Beispiel für die Art und Weise der ersten Kontaktierung von Befragten, für den Umgang mit zögerlichen Befragten, für das professionelle Durchführen von Interviews und für das Vermeiden von Beeinflussungen der Befragten. Die Interviewerschulung sollte auch Übungsinterviews vorsehen, um die Interviewer auf die vielfältigen Situationen vorzubereiten, die sie bei ihrer Arbeit wahrscheinlich antreffen werden. Ebenso sollte Zeit darauf verwendet werden, die Konzepte der Umfrage, die Definitionen und Verfahren durchzuarbeiten, um sicherzustellen, daß die Interviewer mit allen möglichen Fehlinterpretationen und Mißverständnissen angemessen umgehen können; dazu gehört auch das frageweise Durchgehen durch den gesamten Fragebogen.

8. In jeder Phase der Umfrage sollen Qualitätsprüfungen erfolgen.

Vorbildliche Umfragen erheben Informationen mit Sorgfalt. Sie prüfen und verifizieren jede Stufe des Forschungsprozesses. Um die ordnungsgemäße Durchführung einer Umfrage entsprechend dem jeweiligen Design sicherzustellen, muß jede einzelne Facette der Umfrage während ihrer Implementation beobachtet und geprüft werden: Wird die Stichprobe entsprechend den jeweiligen Vorgaben ausgewählt, arbeiten die Interviewer ordentlich, werden die Informationen aus den Fragebogen genauestens übertragen, codiert und editiert, erfolgt die Dateneingabe am Computer korrekt, arbeiten die zur Datenanalyse herangezogenen EDV-Programme richtig?

Insbesondere schlampige Feldarbeit kann die Ergebnisse erheblich beeinträchtigen. Die Kontrolle der Qualität der Feldarbeit erfolgt durch Beobachtung und Überwachung der Interviewer sowie durch Kontrolle und/oder Wiederholung eines kleinen Teils der Interviews. Zumindest einige Fragebogen (einschließlich der „Verbesserungen" durch die Interviewer) sollten per Augenschein geprüft werden. Eine Prüfung der Häufigkeiten zur Überwachung der Fragebogenbearbeitung noch in der Feldphase ist wichtig, um Auslassungen oder andere offensichtliche Fehler in den Daten zu entdecken, bevor es für Nachbesserungen zu spät ist.

9. Die Mitarbeit der Befragungspersonen und die Ausschöpfungsrate sollen innerhalb der durch Ethik gesetzten Grenzen maximiert werden.

Nichtteilnahme *(nonresponse)* liegt dann vor, wenn Elemente einer Stichprobe an einer Umfrage nicht teilnehmen können oder wollen. Essentiell für eine gute Umfragepraxis sind ein sorgfältiges Management und die Kontrolle der Stichprobe, um sicherzustellen, daß ein großer Teil der Elemente einer Stichprobe die gewünschten Informationen liefert. Geringe Teilnahmebereitschaft und niedrige Ausschöpfungsraten beschädigen die Ergebnisse einer Umfrage mehr als eine kleine Stichprobe, weil es möglicherweise kein wissenschaftlich fundiertes Vorgehen gibt, um die Populationseigenschaften zu schätzen, die durch die Nichtteilnehmer einer Umfrage repräsentiert werden. Gutes Stichprobenmanagement und gute Stichprobenkontrolle umfassen die korrekte Zuweisung von Einheiten zur Stichprobe, die Verfolgung des Bearbeitungsstandes aller Fälle, die Überwachung der Stichprobe in der Feldphase bezüglich potentieller Probleme und das Justieren beziehungsweise Zuweisen von Ressourcen zur Bearbeitung schwer erreichbarer Befragungspersonen. Die Interviewer müssen durch sorgfältige Schulung auf den angemessenen Umgang mit zögerlichen Befragungspersonen vorbereitet sein.

Besondere Verfahren zur Erhöhung der Kooperations- und Teilnahmebereitschaft sollten in Betracht gezogen werden. Dazu gehören, wo es möglich ist, Vorausbriefe an die ausgewählten Haushalte oder Personen zur Information über die Umfrage, das Angebot monetärer (Geld) oder nichtmonetärer Incentives zur Erhöhung der Teilnahmebereitschaft und Erinnerungsschreiben oder Anrufe bei ausgewählten Personen, die zunächst nicht teilnehmen. Vor allem ein Verzicht auf die Nachverfolgung von Nichtteilnehmern und Verweigerern kann eine ansonsten gut geplante Umfrage erheblich beschädigen. Mögliche Maßnahmen der Nachverfolgung von Nichtteilnehmern sind: (a) die sorgfältige Planung von Besuchen oder Anrufen in ausgewählten Haushalten unter Berücksichtigung optimaler Antreffzeiten, (b) die

Einplanung wiederholter Kontaktversuche (zum Beispiel an unterschiedlichen Wochentagen und zu unterschiedlichen Uhrzeiten) als Maßnahme gegen Nichterreichbarkeit und (c) besondere Anstrengungen (zum Beispiel erneute Kontaktierung von ursprünglichen Verweigerern durch erfahrene Interviewer), um Personen zur Teilnahme zu bewegen, die dazu zunächst nicht bereit waren. Bei postalischen Befragungen ist es normalerweise erforderlich, mehrere Erinnerungsschreiben auszusenden und gelegentlich auch wenigstens einen Teil der Nichtteilnehmer telephonisch oder persönlich zu kontaktieren. Wenn möglich sollten bei der Planung der Umfrage auch besondere Anstrengungen zur direkten Beobachtung oder Messen von Merkmalen und Eigenschaften der Nichtteilnehmer berücksichtigt werden.

10. Statistische Analysen und Berichtstechniken sollen den Daten angemessen sein.

Vorbildliche Praxis der Umfrageforschung setzt voraus, daß Datenanalyse und -interpretation kompetent und klar erfolgen und daß die Befunde oder Ergebnisse vollständig, verständlich und ausgewogen berichtet werden. Die erhobenen Informationen sind bei der Suche nach ihrer Bedeutung kritisch zu überprüfen, zu verfeinern und genauestens zu analysieren. Für alle zentralen Messungen sind routinemäßig Reliabilitätsstudien durchzuführen.

Für fehlende Informationen sind besondere Codes vorzusehen, aus denen erkennbar ist, warum bestimmte Daten nicht im Datensatz enthalten sind. Im Idealfall schließlich sollte (auf der Basis von harten und gut bewährten statistischen Methoden) das „Auffüllen" oder die Imputation fehlender Daten erfolgen, um jegliche Verzerrungen, die durch ihr Fehlen verursacht werden, zu vermindern. Statistische Tabellen sollten eindeutig beschriftet sein. Sie sollten die Fragenbogenquelle ebenso enthalten wie die (ungewichtete) Zahl der Fälle, welche die Basis der jeweiligen Kreuztabellen bilden. Nicht nur die Statistiken selbst sollten dargestellt werden, sondern auch die Stichprobenfehler für alle berichteten Statistiken.

Befunde und Ergebnisse sollten ehrlich und objektiv berichtet werden. Dabei sollten alle relevanten Befunde dargestellt werden, auch solche, die den Anschein der Widersprüchlichkeit haben oder unvorteilhaft erscheinen. Stichproben- und andere Fehler – Stichprobenabdeckung, Meßfehler, Antwortvarianzen, Verzerrungen durch Befragte und Interviewer, Nichtteilnahme, Imputationsfehler und Fehler in der Datenverarbeitung – sollten bei der Analyse von Umfragedaten und bei der Interpretation der Umfrageergebnisse ausdrücklich berücksichtigt werden. Solche umfassenden Anstrengungen machen es möglich, Fehler aus jeder Perspektive zu bewerten. Folgerungen sollten von Fakten sorgfältig unterschieden werden; der Konsistenz von Fakten und Folgerungen sollte große Aufmerksamkeit gewidmet werden.

11. Vertraulichkeitsversprechen an die Befragten sollen sorgfältig geplant und eingehalten werden.

Es sind eindeutige Absichtserklärungen und äußerst genaue Verfahren zu etablieren, um die Privatsphäre der Befragten zu schützen und die Vertraulichkeit der von ihnen preisgegebenen Informationen sicherzustellen. Sofern die befragte Person es nicht explizit anders wünscht oder die Vertraulichkeit für bestimmte Zwecke nicht aufhebt, ist ihre Identität vertraulich zu behandeln. Gleiches gilt für alle Informationen, welche die Identifizierung der befragten Person ermöglichen könnten.

Vorbildliche Praxis der Umfrageforschung verlangt, daß buchstäblich „alles Mögliche" unternommen wird, um die Privatsphäre der Befragungspersonen zu schützen und die von ihnen erhaltenen Informationen vertraulich und anonym zu behandeln. Es sind eindeutige Absichtserklärungen hinsichtlich der Vertraulichkeit der von den Befragten erhobenen Informationen zu formulieren, und es müssen Anstrengungen unternommen werden, um sicherzustellen, daß diese Erklärungen in realistischer Weise die eigenen Möglichkeiten widerspiegeln, sie auch einzulösen. Den Befragten gegenüber sind eindeutige Aussagen zur Vertraulichkeit zu treffen, aber es muß auch auf deren realistische Begrenzungen hingewiesen werden. Dies heißt, man muß sicherstellen, daß die Verfahren geeignet sind, um die Vertraulichkeit in dem zugesagten oder intendierten Sinne zu schützen, daß die Datenverarbeitung und der Gebrauch der Daten den Vertraulichkeitsversprechen entsprechen und daß der Umgang mit Informationen, die eine Identifizierung ermöglichen könnten, mit angemessener Sorgfalt erfolgt (zum Beispiel durch Vernichtung solcher Informationen, sobald sie für die Umfrageziele nicht mehr benötigt werden).

Interviewer und andere Mitarbeiter des Forschungsteams müssen sorgfältig geschult und verpflichtet werden, die Vertraulichkeit der Befragungsperson und der personenbezogenen Informationen dauerhaft zu wahren. Sie sollten vor Beginn ihrer Arbeit einen dementsprechenden Eid oder ein verbindliches Versprechen abgeben. Bei der Verifizierung von Informationen ist es unabdingbar, die Identität der Befragten vor externer Aufdeckung zu schützen.

Ebenso ist durch geeignete Techniken sicherzustellen, daß eine potentielle Aufdeckung der Identität mittels statistischer Analysen verhindert wird. Einzelne Befragte sollten durch Forschungsberichte aus Umfragen niemals identifiziert werden können oder identifizierbar sein: alle Umfrageergebnisse sollten vollständig anonymisiert berichtet werden, zum Beispiel in Form von statistischen Tabellen und Graphiken. Statistische Tabellen sollten Kategorien enthalten, die so breit sind, daß keine einzelne Person herausgefiltert werden kann.

12. Alle Methoden und Verfahren einer Umfrage sollen veröffentlicht werden, um Evaluation und Replikation zu ermöglichen.

Exzellente Umfragepraxis setzt voraus, daß die Methoden der Umfrage vollständig offengelegt beziehungsweise so ausreichend detailliert berichtet werden, daß deren Replikation durch andere Forscher ermöglicht wird. Ebenso sollten alle Daten (unter Berücksichtigung der notwendigen Vertraulichkeit und Anonymisierung) vollständig dokumentiert und für eine unabhängige Prüfung zugänglich gemacht werden. Gute professionelle Praxis erlegt allen Umfrageforschern auf, in allen Ergebnisberichten ein bestimmtes Mindestmaß an erforderlichen Informationen über die Durchführung der Umfrage zu veröffentlichen beziehungsweise zum Zeitpunkt der Berichtsveröffentlichung zugänglich zu machen. Damit soll sichergestellt werden, daß die Abnehmer von Umfrageergebnissen eine angemessene Grundlage zur Bewertung der Zuverlässigkeit und Gültigkeit der berichteten Ergebnisse haben. Vorbildliche Umfragepraxis geht über solche minimalen Standards hinaus, wie sie von AAPOR und anderen berufsständischen Organisationen (zum Beispiel CASRO und NCPP) veröffentlicht werden, indem (a) die Untersuchung so detailliert beschrieben wird, daß ein erfahrener Forscher die Studie wiederholen könnte, und (b) die Daten für unabhängige Prüfung und Auswertung durch Dritte (mit den entsprechenden Vorkehrungen bezüglich der Anonymität) zugänglich gemacht werden.

Eine umfassende Auflistung der – von verschiedenen Organisationen genannten – offen darzulegenden Einzelheiten des Forschungsprozesses geht über die „Minimalstandards" jeder dieser Organisationen hinaus und enthält folgende Punkte:

- der Auftraggeber einer Untersuchung und die Durchführende;
- der Zweck der Studie einschließlich bestimmter Ziele;
- der Fragebogen und/oder der genaue Wortlaut aller Fragen einschließlich aller visueller Vorlagen, ebenso wie der Wortlaut aller Anweisungen und Erläuterungen für die Interviewer und Befragten, von denen erwartet werden kann, daß sie die Antworten beeinflussen könnten;
- die Definition der Population, für welche die Umfrage repräsentativ sein soll und eine Beschreibung des Stichprobenrahmens zur Identifikation dieser Population (einschließlich dessen Quellen und möglicher Verzerrungen);
- die Beschreibung des Stichprobenplanes einschließlich der Klumpengröße, der Zahl der Kontaktversuche, Informationen zu den Auswahlkriterien und Screeningverfahren, der Methode der Bestimmung der Stichprobenelemente, des Modus der Datenerhebung und aller weiterer wesentlicher Informationen;
- eine Beschreibung der Zielpersonenauswahl, die deutlich macht, auf welche Weise die Befragungspersonen durch die Forscher ermittelt worden sind beziehungsweise ob die Befragten vollständig durch Selbstselektion rekrutiert worden sind, sowie andere Details der Stichprobenziehung, und zwar so ausführlich, daß eine angemessene Replikation möglich ist;
- die Stichprobengröße und die Resultate der Stichprobenrealisierung einschließlich einer vollständigen Aufzählung aller Fälle: Anzahl aller Kontaktierten, nicht eingesetzte Adressen, nicht erreichte Personen, Verweigerer, Abbrüche, neutrale Ausfälle und vollständige Interviews/Fragebogen;
- soweit anwendbar die Dokumentation und vollständige Beschreibung jeglicher Antwortraten *(response rates)*, die in Berichten angeführt werden (bei Quotenstichproben die Zahl der Verweigerer), und (wann immer vorhanden) Informationen über Unterschiede zwischen Teilnehmern und Nichtteilnehmern;
- eine Beschreibung der Bildung aller speziellen Werte, der Datenbereinigung, der Datengewichtung oder der Indexbildung;
- eine Darlegung der Genauigkeit der Ergebnisse einschließlich – soweit angemessen – der Schätzer des Stichprobenfehlers und Hinweisen auf andere Fehlerquellen, damit keine irreführenden Vorstellungen über die Genauigkeit und Präzision entstehen können, sowie eine Beschreibung aller verwendeten Gewichtungs- und Schätzverfahren;
- eine Beschreibung aller Prozentwerte, die als Basis für Schlußfolgerungen dienen;
- eine eindeutige Abgrenzung der Ergebnisse, die nur auf Teilen der Stichprobe, nicht auf der gesamten Stichprobe beruhen;

- Methode(n), Ort(e) und Datum der Interviews, Feldarbeit oder Datenerhebung;
- Interviewermerkmale;
- Kopien der Intervieweranweisungen oder -handbücher, Ergebnisse der Feldkontrolle, Codebücher und andere wichtige Arbeitsunterlagen;
- Alle anderen Informationen, die ein Laie benötigen würde, um eine angemessene Einschätzung der berichteten Ergebnisse vornehmen zu können.

16.1.3 Umfragepraktiken, die AAPOR mißbilligt

AAPOR schließt sich der Research Industry Coalition und dem National Council on Public Polls in der Mißbilligung bestimmter irreführender Praktiken an, die gelegentlich im Namen der Forschung zum Einsatz kommen. Auf keinen Fall können die folgenden Praktiken den Anschein der Legitimität oder Akzeptanz im Sinne professioneller Forschung erheben:

1. Die Bezahlung durch oder Aufforderung zur Bezahlung an Bürger als Teil des Forschungsprozesses: Diese Art von Praktiken läuft auf Spendensammlung unter dem Deckmantel von Forschung hinaus und zieht auf unfaire Weise einen Vorteil aus der im allgemeinen kooperativen Haltung der Bürger gegenüber einer legitimen Informationsgewinnung. In bestimmten Fällen werden unvorsichtige Bürger dazu verführt, als Voraussetzung aus ihrer Teilnahme eventuell resultierender künftiger „Gewinne" einen finanziellen Beitrag zu leisten.
2. Das Anbieten von Produkten oder Dienstleistungen gegen Bezahlung oder die Anbahnung von Verkaufsgesprächen: Es ist gängige Praxis, daß man sich unter dem Vorwand, Forschungszwecke zu verfolgen, Zugang verschafft oder Akzeptanz erlangt mit dem Ziel, Verkaufsangebote zu machen. Damit wird das Ansehen von Wissenschaft mißbraucht und die Bereitschaft der Bürger ausgenutzt, persönliche Informationen im öffentlichen Interesse preiszugeben. In bestimmten Fällen bewirken Fragen, daß Befragungspersonen einem Kaufdruck erliegen oder ihr Interesse an bestimmten Produkten oder Dienstleistungen geweckt wird. Wer sich so preisgegeben hat, wird mit Nachfolgekontakten konfrontiert – und das alles unter dem Deckmantel der „Forschung".
3. Die Enthüllung der Identität einzelner Befragter oder Teilnehmer an Forschung ohne deren Einwilligung: In der gängigen Forschungspraxis ist es üblich, den Bürgern Anonymität und Vertraulichkeit zuzusichern, um so deren Kooperation und Offenheit bei der Beantwortung von Fragen zu gewinnen. Die Enthüllung der Identität einzelner Personen ist, aus welchem Grund auch immer, eine Verletzung dieser Zusicherung. Eine Ausnahme ist nur dann zulässig, wenn die Befragten dem zuvor wissentlich zugestimmt haben *(informed consent)*.
4. Die Darbietung der Ergebnisse von *phone-ins* (TED) oder anderer „Umfragen" mit Selbstselektion der Befragten als Resultat legitimer Forschung: TED-„Umfragen" und andere Formen der interaktiven Befragung werden in zunehmendem Maße gebräuchlich. Umfragen dieser Art geben nur die Meinungen der jeweiligen Anrufer wieder, nicht aber die öffentliche Meinung *(general public)*. AAPOR ist der Ansicht, daß jedwede Publikation oder Promotion solcher Aktivitäten nicht nur die legitime Markt- und Meinungsforschung beschädigt, sondern auch außerordent-

lich irreführend sein kann, wenn mit ihnen Einfluß auf politische Entscheidungen ausgeübt oder auch nur Informationen über die öffentliche Meinung verbreitet werden sollen.

5. Die Durchführung sogenannter *push polls*, einer Technik aus dem Telemarketing, bei der Anrufe bei potentiellen Wählern dazu benutzt werden, ihnen falsche oder irreführende „Informationen" über einen Kandidaten unter dem Vorwand zu geben, eine Umfrage zum Testen der Wirkung dieser „Information" auf Wahlpräferenzen durchzuführen: *Push polls* sind keine Umfragen. Sie sind eine Form politischen Telemarketings, deren Ziel es nicht ist, die öffentliche Meinung zu messen, sondern sie zu manipulieren. Damit sollen Wähler von ihrem Kandidaten weg in Richtung des Gegenkandidaten gedrückt werden *(push)*. Solche Umfragen diffamieren ausgewählte Kandidaten, indem falsche oder irreführende Informationen über sie verbreitet werden. Die Intention liegt darin, unter dem Deckmantel einer legitimen Umfrage Wahlpropaganda zu verbreiten.

Wir, die Mitglieder von AAPOR, einer berufsständischen Organisation, die auf die Kooperation der Bürger bei der Erhebung brauchbarer Informationen für die politische Entscheidung ebenso angewiesen ist wie bei der Erhebung von Informationen zum besseren Verständnis der Präferenzen der Bürger für bestimmte Produkte und Dienstleistungen, verurteilen derartige Praktiken auf das Schärfste.

16.1.4 Quellen

Zusätzlich zu zahlreichen Anregungen aus dem AAPOR Council und von anderen AAPOR-Mitgliedern wurden die folgenden Quellen benutzt, um die „vorbildlichen" und „mißbilligten" Praktiken der Umfrageforschung zusammenzustellen:

AAPOR (1991). Code of Professional Ethics and Practices.

American Statistical Association (AStA). Ethical Guidelines for Statistical Practice.

American Statistical Association (1995). What Is A Survey? AStA: Section on Survey Research Methods.

American Statistical Association (1995). How to Plan A Survey. AStA: Section on Survey Research Methods.

American Statistical Association (1995). How to Collect Survey Data. AStA: Section on Survey Research Methods.

American Statistical Association (1996). Judging the Quality of a Survey. AStA: Section on Survey Research Methods.

Council of American Survey Research Organizations (1996). CASRO Journal 1996: "Best Practices" What Is It and How Do We Get There? Port Jefferson, NY: The Council of American Survey Research Organizations.

Heller, Harry E. (1996). "Best Practices: A Contrary View." In CASRO Journal 1996: "Best Practices"What Is It and How Do We Get There?, S. 65–67. Port Jefferson, NY: The Council of American Survey Research Organizations.

National Council on Public Polls (NCPP). Twenty Questions A Journalist Should Ask About Poll Results.

Research Industry Coalition (RIC). Integrity and Good Practice in Marketing and Opinion Research. Three Industry Position Statements on: Abuses Performed Under the Guise of Research · Respondent and Data Privacy · Misuse of Call-In "Polls".

Research Industry Coalition (RIC). RIC Statement of PROFESSIONAL & ETHICAL STANDARDS for Marketing and Opinion Research.

Turner, Charles F., und Martin, Elizabeth (Eds.). (1984). Surveying Subjective Phenomena (Vol. 1). New York: Russell Sage Foundation.

Mai 1997

16.2 Code of Professional Ethics and Practices[25]

We, the members of the American Association for Public Opinion Research, subscribe to the principles expressed in the following code. Our goals are to support sound and ethical practice in the conduct of public opinion research and in the use of such research for policy and decision-making in the public and private sectors, as well as to improve public understanding of opinion research methods and the proper use of opinion research results.

We pledge ourselves to maintain high standards of scientific competence and integrity in conducting, analyzing, and reporting our work in our relations with survey respondents, with our clients, with those who eventually use the research for decision-making purposes, and with the general public. We further pledge ourselves to reject all tasks or assignments that would require activities inconsistent with the principles of his code.

The Code

I. Principles of Professional Practice in the Conduct of Our Work

A. *We shall exercise due care in developing research designs and survey instruments, and in collecting, processing, and analyzing data, taking all reasonable steps to assure the reliability and validity of results.*

1. We shall recommend and employ only those tools and methods of analysis which, in our professional judgement, are well suited to the research problem at hand.
2. We shall not select research tools and methods of analysis because of their capacity to yield misleading conclusions.
3. We shall not knowingly make interpretations of research results, nor shall we be tacitly permit interpretations that are inconsistent with the data available.
4. We shall not knowingly imply that interpretations should be accorded greater confidence than the data actually warrant.

B. *We shall describe our methods and findings accurately and in appropriate detail in all research reports, adhering to the standards for minimal disclosure specified in Section III.*

25 Quelle: Internet (http://www.aapor.org/ethics/principl.shtml)

C. If any of our work becomes the subject of a formal investigation of an alleged violation of this Code, undertaken with the approval of the AAPOR Executive Council, we shall provide additional information on the survey in such detail that a fellow survey practitioner would be able to conduct a professional evaluation of the survey.

II. Principles of Professional Responsibility in Our Dealings With People

A. The Public:

1. If we become aware of the appearance in public of serious distortions of our research, we shall publicly disclose what is required to correct these distortions, including, as appropriate, a statement to the public media, legislative body, regulatory agency, or other appropriate group, in or before which the distorted findings were presented.

B. Clients or Sponsors:

1. When undertaking work for a private client, we shall hold confidential all proprietary information obtained about the client and about the conduct and findings of the research undertaken for the client, except when the dissemination of the information is expressly authorized by the client, or when disclosure becomes necessary under terms of Section I-C or II-A of this Code.
2. We shall be mindful of the limitations of our techniques and capabilities and shall accept only those research assignments which we can reasonably expect to accomplish within these limitations.

C. The Profession:

1. We recognize our responsibility to contribute to the science of public opinion research and to disseminate as freely as possible the ideas and findings which emerge from our research.
2. We shall not cite our membership in the Association as evidence of professional competence, since the Association does not so certify any persons or organizations.

D. The Respondent:

1. We shall strive to avoid the use of practices or methods that may harm, humiliate, or seriously mislead survey respondents.
2. Unless the respondent waives confidentiality for specified uses, we shall hold as privileged and confidential all information that might identify a respondent with his or her responses. We shall also not disclose or use the names of respondents for non-research purposes unless the respondents grant us permission to do so.

III. Standard for Minimal Disclosure

Good professional practice imposes the obligation upon all public opinion researchers to include, in any report of research results, or to make available when that report is released, certain essential information about how the research was conducted. At a minimum, the following items should be disclosed:

1. Who sponsored the survey, and who conducted it.
2. The exact wording of questions asked, including the text of any preceding instruction or explanation to the interviewer or respondents that might reasonably be expected to affect the response.
3. A definition of the population under study, and a description of the sampling frame used to identify this population.
4. A description of the sample selection procedure, giving a clear indication of the method by which the respondents were selected by the researcher, or whether the respondents were entirely self-selected.
5. Size of samples and, if applicable, completion rates and information on eligibility criteria and screening procedures.
6. A discussion of the precision of the findings, including, if appropriate, estimates of sampling error, and a description of any weighting or estimating procedures used.
7. Which results are based on parts of the sample, rather than on the total sample.
8. Method, location, and dates of data collection.

March 1986

16.3 Research Industry Coalition (RIC): Professional and Ethical Standards For Marketing, Opinion, and Media Research

16.3.1 Research Industry Coalition (RIC)

The Members of the Research Industry Coaltion (RIC) are the leading professional and trade associations in the fields of marketing and opinion research. We rely on public cooperation to gather information that is used to understand the public's reactions to government policy and social and political events. It is also used to understand the public's preferences for products and services and the rationale for those choices. Such understanding facilitates the marketplace for ideas and products. Existing policies, products, and services are improved, and new ones are created. Our members subscribe to codes of professional ethics and practices that stress honesty, respectful treatment and professionalism in our contacts with all who take part in our surveys or other modes of research.

16.3.2 RIC Statement of Professional and Ethical Standards For Marketing, Opinion, Media, and Related Research[26]

Properly conducted, research has great value to its sponsors and to the public, as citizens and consumers. The value rests, in the end, on the intelligence, creativity and technicals skills of research practitioners and, most critically, on their integrity and ethical standards.

No code can cover all of the ethical issues for all research activities. But, regardless of the technique or the nature of the problem, certain rules describe good research practice.

The rules relate to:

- How research should be done
- How research should be reported
- How the public ought to be treated
- And how the business of research should be conducted.

What follows are recognized standards for good practice in each of the four areas.

I. How Research Should be Done

- Have well defined, clearly stated objectives – and an honest purpose.
- Follow an orderly research approach and methods appropriate to the objectives.
- Collect information carefully, to minimize bias or distortion.
- Provide data representative of a defined population or activity and enough data to yield stable results. (Projectability may not be a relevant standard for qualitative research or other exploratory experimental and observational studies.)
- Critically examine the collected information. Process and refine it. Analyze it thoroughly. Search it for meaning.
- Check and verify each step in the research process.

II. How Research Should be Reported

- Present the results understandably and fairly. Fully report the relevant findings, including any that may seem contradictory or unfavorable.
- Separate any conclusions from the factual findings. Be sure the conclusions and the findings are consistent.
- Describe how the research was done, in enough detail that a skilled researcher could repeat the study. (If any trade secrets or other procedures are not disclosed, these should be identified, with a statement that the research cannot be replicated independently.)

26 This statement is endorsed by the following associations: Advertising Research Foundation, American Association for Public Opinion Research, American Marketing Association, American Statistical Association, Association for Consumer Research, Council of American Survey Research Organizations, Market Research Association, National Association of Broadcasters, National Council on Public Polls, Newspaper Association of America, Qualitative Research Consultants Association, Society for Consumer Psychology.

- Explain the applicability and the limitations of the research and provide information users need to judge for themselves the usefulness of the research and its quality.

III. How the Public Should be Treated

- If research is meant to represent the public and its thinking, make certain that what is said is justified by the research design, the sample, and the findings.
- Avoid wasting the time or goodwill of the public. Treat with respect those who are asked to give information. Free respondents from embarrassment and pressure. Recognize as absolute the right to refuse or terminate participation.
- Assure the privacy of respondents. Do whatever is necessary to keep collected information anonymous. In the verification of information, protect the identity of respondents from outside disclosure.
- Avoid undisclosed observation or recording of the participants in research, except for internal quality control or in places where observation by strangers or monitors is expected.
- Unmask those who disguise as research their efforts to get money from people or influence their thinking.

IV. How the Business of Research Should be Conducted

- Be highly principted and rigorously fair in all business dealings. Treat this research and its practice with the respect due a responsible and professional activity.
- Accept only those assignments that can be reasonably completed with the time, skills and resources available.
- Compete for research assignments on competence and value, not with secret deals or illicit financial arrangements.
- Claim only legitimate academic degrees, clients and other qualifications.
- Protect the confidentiality of anything learned about a sponsor's business. Honor the sponsor's rights of ownership and access to the research they have purchased.
- Give sponsors the right to validate research done for their use. Welcome professional review of any research released outside of the sponsoring organization.
- Challenge any badly done or dishonest research. Defend good research that is attacked unfairly.

Underlying each set of standards – for how research should be done, how it should be reported, how the public cought to be treated and how the business of research should be conducted – is a basic principle:

- Do good research for an honest purpose.
- Describe it clearly and report it objectively.
- Represent the public well, guard its interest and its privacy.
- Be professional and fair in doing business.

These principles cover the most basic of the responsibilities of those who do marketing, opinion and related research. They are the ethical foundation for research practice.

17 DFG-geförderte Projekte in den Sozialwissenschaften 1987 bis 1996

Alle nachfolgenden Daten sind der Forschungsprojekt-Datenbank FORIS des Informationszentrums Sozialwissenschaften (IZ), Bonn, entnommen.

Aus der Vielzahl von Methoden-Deskriptoren, die in FORIS zur Beschreibung von Projekten zugelassen sind, wurden neun ausgesucht, die das Cluster *Befragung/Interview* abdecken (Tabelle 1).

Tabelle 1 enthält für den Erhebungszeitraum alle Nennungen der betrachteten Erhebungstechniken. Da in jedem Forschungsprojekt mehrere Erhebungstechniken angewandt werden können, sind Mehrfachnennungen möglich. Zähleinheit in Tabelle 1 sind die Nennungen; prozentuiert wurde auf der Basis der Projekte.

Tabelle 1: Erhebungstechniken über den Gesamtzeitraum 1987 bis 1996 (Mehrfachnennungen, in absoluten Zahlen und in Prozent).

Methode	Gesamt		DFG	
	absolut	Prozent	absolut	Prozent
Einzelinterview	7875	52,6	634	54,8
Telefoninterview	604	4,0	32	2,8
Expertengespräch	4207	28,1	190	16,4
Gruppendiskussion	1993	13,3	87	7,5
Schriftl. Befragung	8323	55,6	656	56,7
Beobachtung	3045	20,3	211	18,2
Aktenanalyse	8258	55,2	509	44,0
Inhaltsanalyse	3180	21,2	217	18,8
Test	1027	6,9	94	8,1
Nennungen insgesamt	38512		2630	
Projekte insgesamt	14966	257,2	1156	227,3

In Tabelle 2 werden die Projekte aufgeführt, die im jeweiligen Jahr des Erhebungszeitraumes begonnen wurden. Dadurch sind Mehrfachnennungen ausgeschlossen. Zähleinheit in den Tabellen 2 und 3 ist das Forschungsprojekt.

Tabelle 2: DFG-Projekte: Erhebungstechniken.*

	1987	1988	1989	1990	1991	1992	1993	1994	1995	1996	Gesamt
Projekte mit Beginn im Jahr 19•• (= 100%)	2118	2116	2399	2771	2838	3145	3116	3019	2632	2163	26317
Davon nur die o.g. Methoden											
– absolut	1390	1344	1523	1607	1568	1720	1727	1627	1399	1061	14.966
– Prozent	65,6	63,5	63,5	58,0	55,3	54,7	55,4	53,9	53,2	49,1	56,9
DFG-Projekte mit Beginn im Jahr 19•• (= 100%)	154	122	177	206	301	336	214	326	300	452	2588
Davon nur die o.g. Methoden											
– absolut	96	72	126	122	123	143	100	135	128	111	1156
– Prozent	62,3	59,0	71,2	59,2	40,9	42,6	46,7	41,4	42,7	24,6	44,7

* Ab 1991 wurden die DFG-Jahresberichte ausgewertet, die aber zum Teil bestimmte Informationen nicht enthalten, die in der FORIS-Befragung üblich sind (zum Beispiel präzise Methodenangaben). Angesichts der drastischen Steigerung um zirka 50 Prozent (von 206 auf 301) könnte der deutliche Knick auf ein niedrigeres Niveau in der untersten Zeile (von 59,2 Prozent auf 40,9 Prozent) damit zusammenhängen. Davon betroffen sind nur die DFG-Projekte.

Die Methode der Telefoninterviews, die für diese Denkschrift von besonderem Interesse ist, wird in Tabelle 3 gesondert ausgewiesen:

Tabelle 3: Erhebungstechnik = Telefoninterview (nur Beginn im Jahr 19••).

	1987	1988	1989	1990	1991	1992	1993	1994	1995	1996	Gesamt
Telefoninterview (gesamt)	86	63	78	61	51	68	75	66	44	12	604
davon DFG	4	2	5	2	6	5	3	2	3	0	32

Verzeichnis der Abkürzungen

AAPOR	American Association for Public Opinion Research
ABMRC	Association of British Market Research Companies
ADM	Arbeitskreis Deutscher Markt- und Sozialforschungsinstitute e. V.
ALLBUS	Allgemeine Bevölkerungsumfrage der Sozialwissenschaften
AMSO	Association of Market Survey Organisations
ANEIMO	Associación Nacional de Empresas de Investigación de Mercados
ASA	American Sociological Association
AStA	American Statistical Association[28]
ASI	Arbeitsgemeinschaft Sozialwissenschaftlicher Institute e. V.
ASSIRM	Associazione Istituti Ricerca di Mercato, Sondaggi di Opinione, Ricerca Sociale
BDZV	Bundesverband der Deutschen Zeitungsverleger
BiG	Beliefs in Government-Projekt (Oxford University Press 1995, fünf Bände)
BMRA	British Market Research Association
BVM	Berufsverband Deutscher Markt- und Sozialforscher e. V.
CAPI	Computer-Assisted Personal Interview (auch: Computer-Aided Personal Interview)
CASRO	Council of American Survey Research Organizations
CATI	Computer-Assisted Telephone Interview (auch: Computer-Aided Telephone Interview)
CESSDA	Council of European Social Science Data Archives
CIP	Computer-Investitions-Programm
CMOR	Council for Marketing and Opinion Research
CSES	Comparative Study of Electoral Systems
DFG	Deutsche Forschungsgemeinschaft
DGS	Deutsche Gesellschaft für Soziologie
DIW	Deutsches Institut für Wirtschaftsforschung
DJV	Deutscher Journalistenverband
DStG	Deutsche Statistische Gesellschaft
ECPR	European Consortium for Political Research
EFAMRO	European Federation of Associations of Market Research Organisations
ESF	European Science Foundation
ESOMAR	European Society for Opinion and Marketing Research

28 Die offizielle Abkürzung der American Statistical Association lautet *ASA*. In dieser Denkschrift wurde der Kürzel *AStA* vergeben, um eine Unterscheidung von der American Sociological Association, die ebenfalls *ASA* abgekürzt wird, zu ermöglichen.

ESS	European Social Survey
EUROSTAT	Europäisches Statistisches Amt
FORIS	Forschungsinformationssystem Sozialwissenschaften, Datenbank des Informationszentrums Sozialwissenschaften, Bonn
GESIS	Gesellschaft sozialwissenschaftlicher Infrastruktureinrichtungen
HRK	Hochschulrektorenkonferenz
ICPSR	Inter-university Consortium for Political and Social Research
IFDO	International Federation of Data Organizations for the Social Sciences
ISI	Informationsdienst Soziale Indikatoren
ISI	International Statistical Institute
ISSC	International Social Science Council
ISSP	International Social Survey Programme
IZ	Informationszentrum Sozialwissenschaften
KMK	Kultusministerkonferenz
KOST	Koordinierungsstelle für die Dokumentation sozialwissenschaftlicher Forschung
MRQSA	Market Research Quality Standards Association
PDF	Portable Document Format
RIC	Research Industry Coalition
RILF	Research Industry Leaders Forum
SAS	Statistical Analysis System
SFS	Sozialforschungsstelle Dortmund
SMIF	Föreningen Svenska Marknadsinformationsföretag
SOEP	Sozio-oekonomisches Panel
SOLIS	Sozialwissenschaftliches Literaturinformationssystem, Datenbank des Informationszentrums Sozialwissenschaften, Bonn
SPSS	Statistical Package for the Social Sciences
SYNTEC CONSEIL	Chambre syndicale des sociétés d'Etudes et de Conseils
TQM	Total Quality Management
UKAS	United Kingdom Accreditation Service
VMO	Vereniging van Marktonderzoekbureaux
WAPOR	World Association of Public Opinion Research
ZA	Zentralarchiv für Empirische Sozialforschung
ZUMA	Zentrum für Umfragen, Methoden und Analysen

Mitglieder der Arbeitsgruppe

Hans Bertram	Professor für Soziologie an der Humboldt-Universität zu Berlin
Jürgen Chlumsky	Leiter des Instituts für Forschung und Entwicklung in der Bundesstatistik des Statistischen Bundesamts, Wiesbaden (ständiger Gast der Arbeitsgruppe)
Michael Darkow	Geschäftsführer der GfK Fernsehforschung, Nürnberg
Lutz Erbring	Professor für Publizistik- und Kommunikationswissenschaft an der Freien Universität Berlin
Wolfgang Gibowski	Stellvertretender Chef des Presse- und Informationsamtes der Bundesregierung, Bonn (ständiger Gast der Arbeitsgruppe)
Klaus Haupt	Geschäftsführender Gesellschafter der psyma GmbH in Rückersdorf sowie Vorsitzender des Arbeitskreises Deutscher Markt- und Sozialforschungsinstitute e. V. (ADM), Frankfurt am Main
Max Kaase (Vorsitz)	Forschungsprofessor am Wissenschaftszentrum Berlin für Sozialforschung
Hans Mathias Kepplinger	Geschäftsführender Leiter des Instituts für Publizistik der Johannes Gutenberg-Universität Mainz
Renate Köcher	Geschäftsführerin des Instituts für Demoskopie Allensbach, Allensbach am Bodensee
Ekkehard Mochmann	Geschäftsführer des Zentralarchivs für Empirische Sozialforschung an der Universität zu Köln
Peter Ph. Mohler	Direktor des Zentrums für Umfragen, Methoden und Analysen (ZUMA), Mannheim
Franz Urban Pappi	Professor für Politikwissenschaft an der Universität Mannheim
Rolf Porst	Leiter der Feldabteilung am Zentrum für Umfragen, Methoden und Analysen (ZUMA), Mannheim (ständiger Gast der Arbeitsgruppe)
Bernhard von Rosenbladt	Geschäftsführer der Infratest Burke Sozialforschung, München
Heinz Sahner	Professor für Soziologie an der Universität Halle-Wittenberg
Hans-Willi Schroiff	Henkel Internationale Marktforschung, Düsseldorf
Erich Wiegand	Geschäftsführer des Arbeitskreises Deutscher Markt- und Sozialforschungsinstitute e. V. (ADM), Frankfurt am Main

An der Denkschrift haben weiter mitgewirkt, waren aber nicht Mitglieder der Arbeitsgruppe:

Siegfried Gabler	Leiter der Abteilung Statistik am Zentrum für Umfragen, Methoden und Analysen (ZUMA), Mannheim
Sabine Häder	Wissenschaftliche Mitarbeiterin der Abteilung Statistik am Zentrum für Umfragen, Methoden und Analysen (ZUMA), Mannheim

Quality Criteria for Survey Research

Foreword

The purpose of the Deutsche Forschungsgemeinschaft as laid down by Article 1 of its charter is to serve science. It is to do so in several ways: by providing financial support for research projects, by promoting cooperation between researchers and their partners within Germany and abroad, by training and furthering coming generations of scholars and scientists, and by advising parliaments and public authorities on academic and scientific matters.

The charter makes no explicit mention of an aspect fundamental to the realization of this objective, an aspect that has become more and more important with the passing years: quality assurance in research. According to a 1998 DFG memorandum, good scientific practices demand working "*lege artis*" – by the rules of the art. What are the "rules of the art" in a field like empirical social research, which deals with relations between people – for example in families, institutions, communities, and states – and their living conditions, habits, views, and values – in a field where the expansion and revolutionary changes in communications have led to rapid methodological advances in interplay with its research topics?

Social science research and, in the narrower context this memorandum addresses, surveys using the methods of social science now provide an important basis for decisions in such diverse fields as legislation, traffic route planning, the public presentation of political goals by governments and parties, or the launching of new products in markets. Making these and many other daily decisions requires status reports, analyses, and explanations to be produced – using the methods of survey research. Surveys have been an important tool in social science investigation of, for example, the preconditions and processes of German unification and the slow integration of Europe when the focus has been on the point of view of the citizen, the democratic sovereign.

There is a market for surveys. New methods, like computer-assisted telephone interviewing, modify conditions in this market. They can help create innovative possibilities for assuring quality, but they can also diminish market transparency if individual providers come up with unusual price–performance ratios without the customer being in a position to make an informed comparison.

This DFG memorandum describes the state of the art in survey research, setting standards for what deserves to be considered "scientific". It analyses the perspectives for methodological development and shows where further research is needed. It draws on experience gathered in other countries with a long tradition in the theory and practice of survey research, notably the United States.

But the memorandum goes beyond this, for it formulates quality standards for survey research in broad consensus among social scientists in universities and non-university research institutes, users of survey results, and leading representatives of survey providers – the private market and opinion research institutes serving their clients. It investigates many dimensions of quality, ranging from technical correctness and research ethics in dealing with respondents and their responses, to questions of documentation and the disclosure of data collected in surveys. Finally – and almost incidentally – it gives the interested layperson instructive insight into the diversity of subject matter, the social relevance and methodological rigor of quantitative social research. It thus addresses the "profession" as well as politics, business, the public, specifically the mass media, who are all – perforce – interested in reliable survey results that can provide a satisfactory basis for making decisions.

The memorandum is the outcome of many years of intensive, honorary endeavor by a group of experts appointed by the DFG. The Board has gratefully approved publication of the results of their deliberations. I would like to express my wholehearted thanks to Max Kaase as their chairman and to all members and guests, and to wish the memorandum a numerous readership and lasting, beneficial influence on research and its application in politics, industry, and society.

Prof. Dr. Ernst-Ludwig Winnacker
President of the Deutsche Forschungsgemeinschaft

1 Introduction

Empirical social research, that is to say the systematic, scientifically grounded recording of social, political and cultural conditions of people living in geographical entities and societal associations, has a long tradition. It goes back to the censuses mentioned in the New Testament and, more recently, to the 18th century social surveys in Britain (Scheuch 1965; Maus 1973; Kaase et al. 1983; Oberschall 1997). However, it gained its real significance as *survey research* – the subject matter of this memorandum – only through two scientific developments in the 20th century, first a conception of random samples based on probability theory, which allows reliable inference to a population of any size on the basis of a small number of elements, and secondly by the personal interrogation of members of such samples using standardised questionnaires, in other words questionnaires identical for all elements (Kaase 1997).

Despite the European roots of these procedures and methods, their scientific development dates primarily from the twenties and, later, the forties and fifties in the United States. Essential intellectual groundwork was accomplished not least of all by European scientists obliged to emigrate to the United States to escape persecution by the National Socialists (Lepsius 1981).

It is particularly worth noting that the techniques of empirical social research, especially the development of research concepts for interrogating representative population samples, were from the outset also embedded in democracy theory in the United States. For the first time it became possible to describe the political opinions, attitudes and behaviours of the public, and to analyse them in the social and political context in which they develop.

Democracy in late 19th and early 20th century Europe unfolded chiefly with the introduction of equal and universal voting rights. It was in the nature of this decision-making procedure to be used to elect and legitimise governments only at regular, relatively long intervals (generally four years). Representative survey research made it possible to ascertain public political opinions and attitudes reliably at any time between elections, and thus to involve the democratic sovereign – the electorate – in the ongoing formulation of political demands and objectives and decision making.

From the perspective of democracy theory, this dimension of survey research has always been regarded with ambivalence. On the one hand it has been argued that the quality of the democratic process is decisively diminished by the introduction via the mass media of more or less volatile popular opinions, because politicians increasingly react to not very well grounded information, so that political deliberations are distorted by a problematic, plebiscitary element (Hennis 1957). On the other hand, it has been argued – particularly by American social scientists – that representative survey research contributes decisively to the quality of these deliberations. There is ample evidence that this was the view underlying the efforts of the American forces of occupation after the Second World War to establish a scientifically grounded empirical social research in Germany (Crespi 1952; Braun and Articus 1984; Reimann 1989; Kutsch 1995; Merritt 1995).

The scientific foundations of the representative survey method with its main focus on developing viable sampling plans and theoretically well-grounded data-collection techniques by means of surveys were laid in a first important phase in the fifties (see, for example Lazarsfeld and Rosenberg 1955; Hyman 1957). For a long period, this procedure was considered to be scientifically so well-grounded that fundamental innovation and the necessary methodological research seemed superfluous. New, major impetus came only with new developments, notably in psychology and with the spread of computers, and the introduction of standard procedures for statistical data analysis by means of program systems such as the Statistical Package for the Social Sciences (SPSS).

There has always been a large measure of agreement on what was to be considered scientifically reliable procedure in this field – for academic and private survey research as well as for official statistics. However, this has changed decisively in recent years with the development of new techniques, especially the telephone survey. The consequent uncertainty has been one major reason for the establishment of the expert group that has produced this memorandum.

The force with which electronic data processing and programs and program packages for analysing social science data have made their mark is evidence enough of the impetus such innovations have lent empirical social research. These aspects of research are now routine, especially with the comprehensive introduction of personal computers in academic and private social research. As the memorandum will show, the presence of the telephone in almost all European homes (Lass 1997) and the growing accessibility of electronic networks has permitted methodological innovations that have given empirical social research further momentum in a range of aspects that call for careful critical appraisal.

New accents in social research have been set particularly by the growing use of telephone surveys in private market and public opinion research. Member institutes of the Association of German Market and Social Research Institutes (ADM) alone carried out about 6.8 million standardised interviews in 1996 and some 9 million in 1997. These included about 3 million telephone interviews in 1996 and around 3.6 million in 1997, a substantial absolute increase (albeit with a slight drop in percentage from 44 per cent in 1996 to 40 per cent in 1997; see Arbeitskreis Deutscher Markt- und Sozialforschungsinstitute e.V. 1997a: 5; 1998a: 5). The telephone interview now makes it possible, for example, to obtain reliable, representative information at short notice on public attitudes towards certain events by means of centralised telephone studies, and thus to analyse the processes of public opinion formation. In electoral research, for example, telephone interviews have become a matter of course until shortly before the date of a specific election. This allows the dynamics of the electorate's decision to be traced practically right up to election day.

It is not by chance that telephone interviewing has become much more rapidly established in market and public opinion research than in academic social research (Gräf and Rohlinger 1997: XVII) or official German statistics. For this survey technique imposes two limitations that academic social scientists find difficult to accept. First, the restricted interview duration of about thirty minutes, an insuperable limit imposed by experience with respondent resistance (but which need not apply when respondents are highly interested in the interview topic); and, second, the need to forgo tried and trusted complex, often visual survey tools developed with great effort, because their use on the telephone is impossible. For this and other reasons, it is sometimes asserted that telephone interviewing of representative samples of the population or of specific subgroups is only an intermediate step towards samples of households and individuals available under quasi-contract for repeated interviewing on different topics via electronic networks.

This development towards forms of interview other than the personal interview in the home of the respondent is characterised firstly by the great speed with which it is proceeding. It also raises new methodological issues, such as the comparability of information gathered by face-to-face interview and the remote telephone interview. The answers to such questions are of decisive importance for the further historicising of empirical social research in the sense that data archives now contain differentiated data on public attitudes, mentalities, and modes of behaviour over time, which have expanded and enriched the options for the historical analysis of societal and political developments. This requires awareness that methodological artefacts can lead to misinterpretation of data content, and the ability to keep this danger under methodological control.

A new field for systematic methodological research has thus come into being primarily through the proliferation of telephone interviewing. This will raise further questions about the quality, scope, and robustness of the social science data gathered in surveys. The two faces of these developments are shown by the following example. On the one hand, the telephone interview makes these data available under better controlled conditions and, above all, more rapidly than in the past. On the other hand, the now relatively inexpensive hardware for telephone surveys (telephone studios) and software for controlling surveys (e.g., computer-assisted telephone interviews – CATI) create favourable conditions for the entry of new research providers into the social research market, and thus a considerable differentiation in supply structure. The question is, however, how it can be ensured that these newcomers deploy the necessary expertise in data collection. Not least of all, they need qualified staff, and must therefore meet certain size requirements.

The various facets, conditions, and possible implications of this development are dealt with in this memorandum. However, it is concerned not only with the consequences of technological revolutions for empirical social science. The possible impact on public opinion formation in democratic societies must also be looked at. As we shall see, commercial survey research, in particular, is a growth market. This has been essentially due to the mass media, especially television's discovery of the attractiveness of the information gathered in this manner (Brettschneider 1996; Foundation for Information 1997). The findings of empirical social research play an ever greater role in shaping public opinion. This means that the quality of data collection and presentation of survey research results is no longer the concern of the science system alone but of the whole of society.

This sort of information will often be unimportant for the societal discourse in the short term and – certainly in most cases – in the medium term. But since the public is in principle unable to recognise what survey research findings have been produced according to the rules of the art and which have not, greater demands are made on the scientific control of the quality of findings and on the main communicators of the information thus gathered to the public, namely the mass media. It is especially in this connection that the demand must be seen for standards to be established for media reporting on survey research, and for reflection on how to publicise and penalise irresponsibility or even deliberate misrepresentation in dealing with this type of information.

In this context we describe the methods, insights, and prospects of survey research, drawing conclusions both for research and for the use of findings in science and in the public forum. We attempt to describe, at least in broad outline, the state of the art in survey research in Germany at the end of the 20th century, and to address the consequences of its establishment world-wide. Although we focus primarily on the German situation, this reflects merely a practical, not a systematic standpoint.

Survey research in Germany has long been characterised by constructive cooperation and ongoing dialogue between academic and private researchers. This memorandum is also committed to this philosophy and experience. But this means that the memorandum cannot address universities and similar institutions alone. It must also turn to private survey research, whether conducted by market and public opinion research institutes or by companies, interest groups, etc. Given the public impact of empirical social research findings, another important target group must be the mass media, not to mention the political system, which sponsors, buys, and exploits survey research.

In view of rapidly changing research methods, the authors of the memorandum are fully aware that they can only take stock of the situation in the final phase of this century. However, turning-points and ways ahead can already be discerned, which makes this study particularly useful at this point in time (thus, market and public opinion research has also become aware of the quality problem; see planung & analyse 1998). The authors hope to contribute towards setting new trends in research, to intensifying co-operation between university and private social research, as well as official statistics, and to ensure that sight is never lost in the public sphere of the scientific foundations of empirical social research methods, their development, and the responsible, expert handling of findings.

Part 1

Methods, Quality Criteria and Perspectives in Survey Research

2 Defining *Survey Research*

2.1 Definition

The German term *Umfrageforschung* for what is usually referred to in English as *survey research*, or in more concrete terms *representative sample surveys*, stresses the interview aspect *(Umfrage, Befragung)* as an essential characteristic of this type of study. German also uses the term *Demoskopie*, which is more closely related to *survey research*, since „survey" is derived from the Latin *supervidere* and "demoscopy" from the Greek *σκοπειν*. In general, survey research can be defined as the collection of information about populations on the basis of samples with the aid of standardised interviewing instruments (questionnaires).

This definition contains three key elements:

- the interview as the method of data collection,
- the sample as an element in selecting respondents, and
- a population as a description of the *precise set of individuals from which to sample*, e.g., everyone entitled to vote in a general election.

For each of these key elements, restrictions and expansions are conceivable, but they would no longer cover the meaning of *survey research* as the intersection of the key elements. The above definition differentiates *survey research* in the narrower sense of the term from such restrictions and expansions. One could refer to all data collected by interview as survey research. This, however, would also include the *national census*. The questionnaires for the national census *(macro-census)* serve to determine characteristics that are considered more or less objective, which is why this form of data gathering was originally understood as an enumeration and not a survey. Moreover, macro-censuses – unlike the usual representative sampling procedures, which are used to infer to the parent population from a small number of selected elements – are exhaustive or complete surveys. Survey research, which operates with *samples* and *standardised questionnaires*, sometimes diverges from the above definition in so far as information is collected not about populations, but about organisations, enterprises, or legal persons, i.e., population elements in the wider sense. If one allows this broader concept, the questions used by survey research in the narrower sense to collect subjective facts take on another meaning. Indeed, although only natural persons can be interviewed, it does make a difference whether they supply information about themselves and their attitudes or whether they serve as a source of data for organisations. The quality criteria for survey research to be defined later apply to survey research in the narrower sense.

Since the Second World War, *representative sample surveys* have developed into an indispensable means of collecting data on larger populations, in electoral research on voter preferences and opinions, in consumer research on buying behaviour and consumer wishes, and in health research on health conditions and the use made of medical services, etc. In certain areas of empirical social research like education research, populations within certain institutions such as schools are often studied. By contrast, *general population surveys* can be understood as gathering information by means of standardised polling about the residents of geographically defined areas, where the *survey* and *analysis elements* (in both cases individual respondents) may be limited to age and linguistic groups capable of being questioned. A typical general population survey might be the polling of the resident population over the age of fourteen in private households in Germany; people who are not German nationals are sometimes included and sometimes – as in electoral studies – excluded. This *target population* is generally questioned as a representative sample at their place of residence and in their private household face-to-face, by telephone, or in writing.

Furthermore, general population surveys in modern democracies are particularly important because they can record *public opinion*. Public opinion can be understood as *the opinions and attitudes of a country's population on topics of public interest recorded by means of representative sample surveys.*[1] The political system and the mass media are the major customers for survey research results. On selected topics time series are available, describing public opinion formation in *aggregate*. More recent research has refuted the view that public opinion is subject to inexplicable fluctuation by showing that opinion on certain central political topics is relatively stable at least in aggregate, and that fluctuation can generally be explained as a reaction to specific events (Page and Shapiro 1991).

2.2 What Information is Collected?

There is a broad spectrum of information to be gathered. It ranges from recording or "enumerating" objective facts such as household size, nationality, etc., asking about behavioural intentions and past behaviours ("Which party would you vote for?", "Which party did you vote for?"), to measuring subjective phenomena like attitudes, opinions, perceptions, and preferences. Especially in recording subjective pheno-

1 According to Converse (1987), this definition of public opinion has become widely accepted (see also Page and Shapiro 1991). Hennis (1957) has objections to this conception of public opinion based on his emphasis on a particular variant of democratic theory, and Noelle-Neumann (1980) has raised social psychological objections.

mena, survey research is indispensable for certain research purposes (Turner and Martin 1984). In this sense, the first systematic surveys to be carried out (Crossley 1937; Noelle 1940; Oberschall 1997) broadened the information base about larger populations decisively even before the Second World War.

2.3 What is a Representative Sample Survey?

The term *representative sample survey* means that, on the basis of a random sample of elements selected from the population on the statistical probability principle, inferences about the sample can be reliably projected to the total population (Chapter 3 discusses the aspects introduced in this section in detail). It is essential that each person in the target population has a *measurable chance* of being selected. In the case of *simple random sampling*, elements of the target population have an equal chance of being included in the sample; in the case of *"stratified" random sampling*, the selection chances for members of different strata of the population differ, but they are known or calculable (and can be compensated by *weighting*; see Sections 3.2, 6.2.2.5 and 13.4.1.2). For household samples the interviewee in the household is also chosen by random sampling.

In addition to random sampling, *quota sampling* is also common, in which the respondents are not specific individuals but people the interviewer classes as having certain predefined combinations of characteristics. The quota specifications control the composition of the sample to match the proportion of the population group in the total population as recorded by the census (or its partial continuation through the *micro-census*[2]). Haphazard selection is not permissible, such as accepting respondents who volunteer. Since this would distort inference from the sample to the parent population in an incalculable manner. Quite apart from this, it is in the logic of sampling theory (see Chapter 3) that every estimation of a "true" value from the sample is subject to statistical random error – *sampling error* – which can be calculated by pre-determined scientific rules. The magnitude of this error (error margin) also depends on the size of the sample. It is scarcely important how large a portion of the total population is included in the sample. Only the size of the sample counts. Even for a population of several million, samples of a thousand respondents produce reliable results. The informative value of survey data is diminished by sampling error and by problems in implementing the sampling design, e.g., non-participation by potential respondents *(coverage)*. People who are difficult to contact and those who refuse to be interviewed may systematically differ from the total population in many characteristics intended to be measured with the sample. As a rule, nonresponse cannot be considered neutral.

2 The micro-census is the annual population survey carried out by the official statistics authorities in Germany on the basis of a one per-cent sample of households. The provision of information in the core programme of the questionnaire is obligatory. See Esser et al. 1989.

2.4 What Types of Interview Are There?

Questions can be administered face-to-face in a personal interview, on the telephone, or in writing. The choice of method depends essentially on the content of the information to be gathered. For example, self-administered mail questionnaires are considered problematic in examining subjective phenomena because the situation in which the respondent completes the questionnaire cannot be controlled. However, within a general population survey different methods of collecting data can be combined. For instance, respondents may be requested during interviews to complete attitude questionnaires themselves. In general, it can still be said that far more complex information can be collected orally than in writing. The main problems with telephone interviews are their brevity – on average they are much shorter than face-to-face interviews – and the absence of visual aids. Among the advantages of this method is better control of sampling design and interviewers.

The computer-assisted interview is becoming more and more frequent, in which data is gathered directly in machine-readable form, obviating the use of pencil and paper and the subsequent coding of responses. In the case of telephone and personal interviews, the terms *computer-assisted telephone interviews (CATI)* and *computer-assisted personal interviews (CAPI)* are current.

2.5 How Should the Questionnaire be Designed?

Since survey research operates with at least partially standardised questionnaires, the quality of results depends very much on the wording of the questions and how they are put together in a questionnaire (see Chapter 4). This is particularly true when examining subjective phenomena. The question is understood as a verbal stimulus to which respondents react differently depending on their opinions, attitudes, etc. (Schnell et al. 1992). In the case of *closed-ended questions* the response categories between which the respondent may choose are pre-determined; in the case of *open-ended questions* the interviewer records the freely formulated responses of the interviewee. Answers may be influenced by both the wording of the question and its context, e.g., by the immediately preceding question. This problem has to be taken into account in positioning the question within the questionnaire.

Departures from the fully standardised form of questionnaire lead to various extensions in the direction of qualitative procedures such as the *focused interview* (a pre-set topic rather than specific questions) or the *narrative interview*. The latter sets only a "rough topic" on which respondents state their views in their own words and ways by narrating stories they have experienced themselves (Schnell et al. 1992: 354–355). The more open these forms of discussion are, the more difficult it becomes to use them as a component in a larger-scale representative sample survey with a large number of interviewers.

2.6 What Research Designs are Used?

Normal sample surveys covering the population at large are generally carried out in the form of *cross-sectional studies.* Respondents are interviewed once within a certain period. Cross-sectional surveys differ from *panel surveys,* in which the same respondents are reinterviewed once or more frequently after a certain lapse of time. This form of survey should be distinguished from repeated cross-sectional surveys with identical questions, which are based on different samples of the same population following the same general sampling plan, the results of which are compiled into *time series* in aggregate form for the individual points in time of the respective cross-sectional surveys *(trend studies).* For example, this allows car buyer demands to be compared with actual sales by means of semi-annual surveys over a period of twenty years. Another application is recording government popularity, i.e., the approval ratings of the government of a country among the voting public at different points in time, or the regular recording of party preferences or voting intentions.

3 Sampling in Theory and Practice

3.1 Population

In defining the population, a distinction should be drawn between the *population under study* (also referred to as the target, parent, or prospect population), which includes all the people about whom one ultimately wishes to make statements (e.g., the electorate), and the *total survey population* or *sampling frame*. The sampling frame consists of the entities providing access to data on the individuals to be surveyed (e.g., electoral registers). In survey research the sampling frame and the target population are frequently identical. In developing good sampling designs, it is indispensable to define the parent population as precisely as possible.

3.2 Samples

Since it would generally be too costly and time-consuming in survey research to include all elements of the parent population in a survey, only a limited number of representative elements are examined *(sample)* in order to infer to population. The first person to advocate such representative sampling was the Norwegian Kiaer in 1895. The branch of sampling theory on which this procedure is based developed within statistics, and was given a uniform theoretical grounding by Godambe (1955).

A sample is part of a whole. The ideal sample does not deviate in structure with respect to its characteristics from the structure of the characteristics and combinations of characteristics of the whole population. In other words, it offers a *miniature image of the total.* In practice there are samples that satisfy this high demand for all characteristics, but only more or less approximately. Errors can be chance or systematic. "Representativeness" is a widely used and frequently abused term (Kruskal and Mosteller 1979a, 1979b, 1979c, 1980).

The choice of a sampling design can be governed by quite different criteria. Particular importance is attributed to samples drawn in accordance with the principle of randomness, which permit statistical inferences to be projected within measurable tolerance limits to the underlying population. It is therefore particularly important to develop estimators displaying favourable characteristics like unbiasedness with respect to *sampling design* or optimality qualities. In contrast to classical statistics, there is no "best" estimator for all dimensions. The components of sampling theory are a probability distribution over the set of all possible samples and a rule on how to generalise the sample data to the population. The two components together are referred to as *sampling strategy*. The first part of the strategy, how one arrives at the elements of the parent population – the so-called *sampling design* or *plan* – is in practice often neglected when analysing the data. This is due firstly to the complexity of the sampling plans used in survey research, which are often not even fully known to the user of the data in *secondary analyses*. Secondly, the emphasis in data analyses is on distribution models of characteristics, which play no part in the data collection process. The quality of the results depends fully on the validity of the model, which generally assumes independent identically distributed *random variables*. However, such variables (characteristics) are obtained only in the case of repeated simple random sampling.

If, in projecting from the sample to the population, the underlying design is taken into appropriate account, confidence limits *(confidence intervals, tolerance levels)* can be determined for the parameters in question. As a rule, the precision of estimation results increases with the size of the sample. If, for example, in an unrestricted random sample of n = 1000, 10 per cent of respondents have a college education, the actual percentage of the entire population with a college education can be expected with a probability of 0.95 to fall between 8.14 per cent and 11.86 per cent. If the value in the sample is 50 per cent, the percentage in the population will fall between 46.9 per cent and 53.1 per cent.

In practice, the fact that not all members of a random sample participate in a study affects the sampling design to a greater or lesser degree: there is risk of *bias*. Survey research takes account of this problem by *weighting* respondents to correct the distribution of characteristics so that the structure of important characteristics in the sample is congruent with that in the population. The extent to which this affects other characteristics recorded in the survey can differ considerably from case to case, and is subject to intense debate among experts (e.g., Schnell 1997: 245–247).

3.3 Advantages and Disadvantages of Different Interview Techniques from a Statistical Point of View

In principle, representative sample surveys can now be conducted by personal, face-to-face interview, telephone interview, and mail interview.[3] When planning the sample and putting the design into practice in the field, a number of problems arise that can influence sample quality.

3 Surveys by Internet or email are not practicable at present because these media are not widespread enough among the population. So far they are suitable only for expert surveys or intranet surveys.

3.3.1 Face-to-face interviewing

Two principal sampling designs on a random selection basis are currently used in Germany for face-to-face interviewing. The first is the *random route* or *preselected address* procedure (the household is chosen by the interviewer either randomly in accordance with specified rules, or the interviewer receives the exact address of a household previously selected by random procedure). Selection is generally on the basis of the standard samples of the Association of German Market and Social Research Institutes (Arbeitskreis Deutscher Markt- und Sozialforschungsinstitute, ADM). As we have seen, first the household and then an individual in the household is selected randomly in accordance with set rules (Arbeitsgemeinschaft ADM-Stichproben and Bureau Wendt 1994). The second method is *residents' register sampling*, that is to say a random sample of specific individuals is drawn by name from the residents' registers kept by the local authorities included in the area sample.

In practice, the implementation of this design is influenced by interviewers and interviewees (e.g., observance of the ADM design rules on selecting target households and respondents, as well as refusals and noncontact). Although the processes involved can be understood as randomisation processes even if they interfere with the random procedures originally planned (Lessler and Kalsbeek 1992), they have yet to be satisfactorily accounted for in sampling theory. Projection from the sample to the population can therefore be unreliable (Stenger 1994: 44; Bradburn 1992: 394–397).

One major problem posed by the face-to-face interview is that the interviewer's discretion in implementing the sampling plan is relatively great – for example in comparison with the telephone interview (greater detail in Chapter 5). But there are differences even between designs: with random route sampling, but also preselected address sampling, the interviewer's discretion is much greater than in residents' register sampling. Since – as experience has shown – this affects design implementation, the quality of results must be assumed to be liable to variation, i.e., data may be more or less biased (Kirschner 1985: 153).

3.3.2 Telephone interviewing

ADM institutes already conduct about 40 per cent of interviews by telephone (Arbeitskreis Deutscher Marktforschungsinstitute e.V. 1997a: 5, 1998a: 5). The random selection of telephone interviewees requires a suitable sampling frame containing all the elements of the eligible population. Public telephone directories served this purpose for a long time. However, because of the increasing proportion of unlisted subscribers (currently about 20 per cent of the total), they can now only be used in conjunction with additional randomisation procedures. The presence of telephones in private households, and thus the basic contactability of target individuals, plays scarcely any role in quality loss. Over 90 per cent of German households now have a telephone (Lessler and Kalsbeek 1992; also Saris and Kaase 1997).

A sampling design has meanwhile been developed for telephone interviewing that ensures a positive, equal probability of selection using blocks of telephone numbers from all subscriber numbers (whether listed or not) (Gabler and Häder 1997).

This method, which produces geographically broadly scattered samples, and which also provides rapid access to results with the aid of computers, can be used in Germany without any problem. As with face-to-face interviews, an individual in the household must be randomly selected. It is still unclear what effect the growing number of (ISDN) multi-access lines in households and cellular telephones will have on the availability of adequate sampling designs for telephone surveys.

3.3.3 Mail interviewing

One of the main problems with mail surveys, too, is the availability of a workable sampling frame. In principle, local residents' registers are suitable, but they are very costly and time-consuming to use. Since telephone directories are out of the question for sampling purposes because of the high proportion of unlisted numbers and incomplete entries, and there are no address directories for the entire country, there is no alternative to sampling on the basis of residents' registers for representative sample surveys.

In addition, nonresponse plays a particularly important role in this type of survey, since respondents have no contact with an interviewer who could motivate them in a direct personal encounter. The consequent self-selection of respondents can also contribute to sample bias. However, methods have meanwhile been developed that have substantially improved sample coverage (e.g., Dillman's (1978) *Total Design Method*).

4 Questionnaires and Questionnaire Models

4.1 Introductory Remarks

In discussing criteria of excellence for survey research, both the general public and experts tend to pay insufficient attention to the *content*, *structure*, and *wording* of the questionnaire – decisive for the cognitive value of a study – as opposed to technical aspects of the surveys like sampling procedure, case numbers, coverage rates, or interviewer supervision (Noelle-Neumann 1997). Only a limited number of experts realises the extent to which survey results are influenced by the wording and structure of the questionnaire.

In the public perception and discussion of survey results, there is frequent irritation about allegedly contradictory findings, which are in fact attributable to differences in question models or wording. In practice, too, the importance of these factors and the effect of different question sequencing is often taken too little into account, although numerous studies and experiments have demonstrated the importance of question order effects, and of model and wording changes (Gibowski had shown this as long ago as 1973 in relation to the location of the voting intention question in questionnaires). Systematic efforts began in the early eighties to make questionnaire design an integral part of the theoretical concept of a survey (Schuman and Presser 1981; Dijkstra and Van der Zouwen 1982; Sudman and Bradburn 1983). Social psychologists and psychologists have since been working more closely together with survey researchers to examine the cognitive and communicative processes underlying the interview situation (e.g., Jabine et al. 1984; Hippler et al. 1987; Jobe and Loftus 1984; Schwarz and Sudman 1992, 1996; Sudman et al. 1996), and, on the basis of their research, they have made specific recommendations on questionnaire design (Schwarz and Strack 1988; Schwarz 1990, 1991). Thus, although the link between the quality of questionnaires and the quality of the entire survey process has become known and systematically described (Lyberg et al. 1997), there is still too little awareness, especially among the general public, of the importance of the questionnaire and the wording of individual questions. With the demand for the increasingly speedy "production" of survey data, and the growing tendency towards simplified accounts of results in the media, awareness of the importance of question wording and models even appears to be diminishing.

4.2 Problems in Recording Public Opinion

The continuous coverage of current political and social issues in the media increasingly fails to do justice to the complexity of public opinion. As a rule, the stability of opinion is not checked by wording questions in different ways. It can also be observed that, even in specialised publications but especially in the mass media, the exact wording of questions is not documented, so that it is often difficult to guess what question the respondent has answered at all (see Chapter 10).

For the most part, problems of this sort meet with little understanding, or even with disinterest among the public, because people do not realise what cognitive potential is offered by the systematic variation of questions, question order, and models, not only from a methodological point of view, but also for a real understanding of public opinion. However, survey research can be a reliable tool for analysing public opinion only if, in collecting and describing data, it does justice to the complexity of the subject matter and also systematically examines and records the degree to which opinion is dependent on changes in the frame of reference, in wording, in the models and interview techniques chosen.

4.3 Specific Problems

4.3.1 Inappropriate reduction of complexity

Deficiencies in developing and designing questionnaires are mainly due to:

- taking a superficial approach to complex topics by failing to develop systems of indicators able to cope with the intricacy of the problems in question,
- largely failing to check the stability of opinion, for example by systematically testing both the influence of changes in wording and question order effects,
- using question tools that, although suitable for specific analytical procedures, are not suited to the respondents' mentality and communication patterns,
- omitting important response categories; there is, for instance, an increasing tendency to exclude the responses "undecided" or "don't know",
- wording that favours certain answers,
- the monotony of the question models used,
- failure to carry out careful pretests under field conditions,
- inadequate documentation of question wording and models,
- insufficient knowledge about the link between interview technique and question models (Noelle-Neumann 1970, 1976; Statistisches Bundesamt 1996).

4.3.2 Influence of the question context

The public is also largely unaware of the impact of the question context, which sets a frame of reference for responses and influences a respondent's willingness to answer. This is despite the fact that "succession", "order", or "position" effects – generally known as "contextual effects" – have been a major focus of cognition psychological survey research for quite some time (e.g., Schuman and Presser 1981; Bradburn 1983; Hippler and Schwarz 1987; Schwarz and Sudman 1992). These studies provide evidence of considerable order effects, especially:

- modification of results in function of content (same topic or other topic) and the thrust (supporting or inhibiting an opinion) of preceding questions,
- modification of results in function of the order in which different positions are presented,
- influence on results from the efforts of respondents to remain consistent in answering a series of questions *(consistency effects)*,
- from complex or extensive follow-up questions, which respondents "learn" to avoid through clever response behaviour in previous questions.

What exacerbates the problem is that these influences are topic-related, that is to say, their intensity of occurrence depends on whether or not the respondent has a firmly established attitudinal pattern relative to the subject matter being dealt with.

4.3.3 Influence of different question models

Substantial differences in survey results can also be attributed to whether questions are administered verbally or with visual aids, how many response categories are available, whether scales are presented verbally or numerically, whether a decision is to be made by selecting an item from a list or stating an opinion on an item, or whether answers are structured by means of pre-set response alternatives or not (Schwarz and Sudman 1996).

The users of survey data must be made aware of how important question wording, question models, and questionnaire structure are. It would therefore be useful if knowledge in this field could be made available not only to specialists but also to a broader public in compact and easy-to-understand publications. In particular, documentation of the exact wording of questions as well as additional facts about questionnaires and question context must be considerably improved (see Chapter 10). Since abbreviated presentation of question wording in media reports can scarcely be avoided, there must be greater insistence that institutes supply pertinent information on studies that is intended for publication in the media, and which makes findings and interpretation on the basis of question wording easy to comprehend.

4.3.4 Influence of the interviewing mode

The interviewing mode exerts a substantial influence on the applicability of various question models. In face-to-face interviews and mail interviews, visual aids (picture sheets, lists, card games, visualised scales) can be used that are impossible for telephone interviews. Face-to-face and mail interviews thus allow more complex subject matter to be illustrated and directly addressed. This allows opinions to be recorded realistically and holistically.

The order in which questions are administered – and answers elicited – in face-to-face and telephone interviews can be controlled. In mail interviews, by contrast, the respondent can first look through the whole questionnaire and answer questions in any order. In face-to-face and telephone interviewing, the influence of individual questions on responses to other questions (consistency/saliency effects) can be eliminated by appropriate questionnaire structure. This is not possible in mail interviews, so that questions producing such "halo effects" have to be excluded.

In telephone interviews it is easy to avoid or investigate order effects with the aid of CATI by systematic or random variation of question order. In face-to-face and mail interviews this is possible only by elaborate branching (*split ballot*; for example, the effect of differently phrased questions is tested by administering different variants of a question to a randomly selected half of a sample).

Respondent willingness to answer in face-to-face and telephone interviews can be encouraged by interesting questions and a good questionnaire structure; this allows relatively long interviews. This is not possible to the same degree in mail interviews, because respondents are able to judge how long it will take to fill in from the outset and often shy away from long questionnaires (more than three pages), which either reduces coverage or requires the elimination of questions.

4.4 Quality Criteria for Questionnaires and Questionnaire Models

In view of the importance of questionnaire construction and design for the quality of survey results, it is useful to mention aspects that can have a positive impact on quality in this area. The literature offers the following checklist (Noelle-Neumann and Petersen 1998):

- systematic preparations for development of the questionnaire and the compilation of information relevant to the topic to be studied,
- access to data and question archives to embed new findings in a trend series,
- availability of systematic basic research findings, such as *split-ballot experiments*, to test the effects of changes in wording, question order, and question models,
- the embedding of individual questions in a system of powerful *indicators* and the use of carefully placed *control questions* to check the reliability of answers,
- questionnaire work in a team including different disciplines and viewpoints,

- careful questionnaire pretesting under field conditions,
- exact documentation of methodological research findings in questionnaire construction.

4.5 Effects of Technological Developments in Survey Research on Questionnaires and Questionnaire Models

Both academic and private enterprise research ought to pay particular attention to the impact technological developments have on questionnaire design, on the multiplicity of the models used, and on the interview situation. This has become particularly urgent with the rapid shift from face-to-face interviewing to telephone surveys evidenced by ADM statistics (Arbeitskreis Deutscher Markt- und Sozialforschungsinstitute e.V. 1997a, 1997b, 1998a), and with the technological progress that has permitted a partial return from telephone interviewing to computer-assisted personal interviews. It is not a matter of postulating the fundamental superiority of a certain interviewing mode. But a technique should not be displaced by another without systematic accompanying research. To some extent, studies comparing telephone and face-to-face surveys show striking differences in results (so-called *mode effects*; see also Saris and Kaase 1997), which can still be only partially explained. Basic research is therefore urgently needed to investigate the strengths and weaknesses, potential and limits of various techniques. This can be done, for example, by:

- compiling the knowledge gained from comparable telephone and face-to-face surveys that is available in private institutes and in universities,
- systematically testing the methods for identifying firmly established patterns where survey techniques deviate, and explaining these patterns,
- establishing which survey mode best suits which survey topics and questions and which respondent groups.

This area of investigation must include computer-assisted personal interviewing (CAPI) and determine the impact of the interview situation.

It cannot be denied that (computer-aided) telephone interviews offer advantages in monitoring the interview situation, and, not least of all, in making results rapidly available. The comparative evaluation of different interviewing modes cannot, however, be restricted to picking out a few quality criteria for survey research. It must include all phases of work, the conditions of which could be influenced by a change in interview mode. Questionnaire construction, the usefulness of question models and of elements that respondents process visually (such as the presentation of brand names and logos, lists, and every form of pictorial material) depends heavily on the interview mode to be used. Systematic methodological comparisons are still urgently needed on questionnaires; most of the relevant studies have been carried out in the United States, and cannot be automatically applied to German conditions because of differing "telephone cultures". However, although findings have overall been rather contradictory, for example in connection with delicate questions (see Kreiselmaier and Porst 1989: 44), available studies have shown that:

- even difficult and complex questions need not necessarily be excluded from telephone interviews (Rogers 1976; Sykes and Hoinville 1985),
- delicate questions can be asked on the telephone in at least the same way as in face-to-face interviews (de Leeuw 1994: 65),
- the rate of nonresponse to individual questions or follow-up questions in telephone interviews is not higher than in face-to-face interviews (Sykes and Hoinville 1985),
- commitment to extreme parties is more likely to be admitted,
- social desirability is not more marked in telephone interviews than in face-to-face interviews (de Leeuw 1992: 27).

On the other hand:

- open questions are answered more briefly on the telephone (Groves and Kahn 1979) and with somewhat fewer substantive arguments (de Leeuw 1992: 28) than in a face-to-face interview,
- nonresponse to individual questions or follow-up questions is more frequent in telephone interviews than in face-to-face situations (de Leeuw 1992: 27),
- face-to-face surveys have a higher rate of "undecided" responses,
- telephone surveys include a higher proportion of respondents interested in the survey topic.

All in all, face-to-face interviews differ little in data quality from telephone interviews (de Leeuw 1992: 27). However, different answer distributions may nevertheless occur, even if the same wording is used in different surveys. Such effects must be systematically recorded and analysed.

Interview modes are generally chosen by several criteria, which can differ in importance from case to case. They include sample type and size, questionnaire scope, the speed with which the survey is to be conducted, and, finally, cost. In any case, it is important that the survey tool – the questionnaire – take account of the specific demands of the communication medium.

5 Field Work

5.1 Introductory Remarks

The social sciences distinguish between laboratory and field research, i.e., research that observes or questions people in their natural surroundings. In survey research field work is defined as *the – successful or unsuccessful – effort of an interviewer to find interviewees, persuade them to participate in an interview, and, finally, to interview them.* The data collected in the field are the prerequisite for the analyses by which researchers test their theoretical concepts and hypotheses, and are thus a crucial component of the entire research process. However, at no stage in a project do investigators have less influence on the outcome than during data collection. In any specific case, little is known about what initiative interviewers and respondents take, especially in face-to-face situations, and it is only partly subject to control.

This does not mean that university research facilities and private institutes cannot and do not exert considerable positive or negative influence on field work. An interesting topic, comprehensibly worded questions, a well written advance letter to potential respondents or appropriate measures to ensure that institute fieldwork sections have optimum control of fields are all aspects that affect the work and its quality just as much as badly phrased questions – let alone errors – in the questionnaire, for example. When considering field work as intended and effectuated interaction between interviewer and interviewee, the action taken by the research institute towards directly shaping this interaction (e.g., by *interviewer training*) or evaluating it (e.g., *interviewer supervision*) should not be neglected.

Given this understanding of field work, the following questions need to be discussed in relation to quality criteria:

- In what general setting do interviews take place?
- In which phases of field work do interviewer and respondent escape the influence of researchers, and what effect does this have on survey results and quality?
- What measures help interviewers and respondents to play the roles expected of them and to induce them where necessary to respect such role expectations?

The discussion of these question in this chapter concentrates firstly on the face-to-face or personal interview. We go on to consider the telephone interview as an alternative data collection procedure, and the access panel as a special method for recruiting respondents (see Section 5.8).

Especially in field work, where efforts to improve survey quality always raise costs, a distinction has been drawn between ideal procedures or *best practices* and recognised, acceptable, practicable, and also affordable *good practices*.

5.2 General Setting

Surveys do not take place in a vacuum. They are part of a general culture defined in terms of time and space. It is clear that the people involved in this culture deal with surveys and their results in different ways and not necessarily as the initiators intended. In so doing, they influence the evaluation of surveys and findings within this culture. Moreover, elements of the general culture also quite specifically affect the process of data collection itself and the commitment of the principal people concerned, interviewers and respondents.

Noted German survey research institutes largely agree (Porst 1996: 17–21) that surveys, especially social science surveys, are more difficult to carry out than they used to be. The general reasons given are the following (Porst 1996: 21–27):

- general changes in society (e.g., more single-person households; high mobility – and thus more difficult contacting; less overall willingness to get involved),
- the standing of surveys in general (e.g., lack of information on the sense and use of surveys, perceived or alleged "arbitrariness" of findings),
- changes in the importance of informational self-determination (e.g., re-assessment of the value of information, fear of encroachment on privacy, data protection debate),
- fear of contact with strangers (e.g., fear of crime and doorstep sales, more calls by door-to-door salesmen),
- research and methodology problems (e.g., time pressure, high costs, overly long interviews, monotonous questionnaire administration, uninteresting questions),
- research institute problems (e.g., interviewer motivation, low fees),
- client problems (e.g., prime interest in minimising expense, lack of quality awareness).

This list shows that:

- some of these causes (e.g., the increase in single-person households and greater reluctance to participate in society) escape the influence of the people involved in the survey process,
- other causes (e.g., the standing of surveys or dealing with survey findings) can and ought in principle to be influenced by those involved,
- others, finally, (e.g., interview length, interviewer motivation) can be directly and specifically influenced and corrected.

The coming section deals primarily with these latter causes.

5.3 Working in the Field and Where the Weak Spots Are

For the interviewer, field work begins when he sets out to select the target household or individual; it ends when he returns the completed questionnaire to the institute or when his efforts to obtain an interview finally prove fruitless (as we have seen, this does not mean that the institutes have not done vital preliminary work with a crucial impact on field work, e.g., recruiting and training interviewers). Essentially, the weak spots in field work are everywhere where the contracting investigator or the institute has only indirect influence on events, namely when interviewers select target households or respondents and in the contact and implementation phases of interviews.[4]

Determining target household or respondents is more or less the purview of the interviewers, independently of whether sampling is – with progressive constraints – by quota (respondents are selected in accordance with certain characteristics such as age or sex, but otherwise by interviewer choice), by the random route method (selecting households beginning with a predetermined starting address and keeping to pre-set routing rules), by the address random method (calling on household addresses predetermined by name), or, finally, by choosing individuals from registers. Although institutes normally require interviewers to perform this task in keeping with binding, specific guidelines (quotas, routing rules, address lists), observance or non-observance of these rules is in practice up to the interviewer. Errors in determining target households or individuals can have various causes:

- in quota sampling, the failure to respect quotas or the deliberate misattribution of quota characteristics ("adaptation" of an available and willing individual to fit the quota characteristics),
- in random route sampling, unclear routing rules, the unconscious, negligent, or wilful failure to observe routing rules, unclear factual situations in the field (e.g., sections of buildings impossible to find),
- in random route and address random sampling, the deliberate omission of "problematic" addresses (high-rise blocks, upper-class homes), the deliberate or unconscious selection of the wrong household or the wrong person (accidental presence, willingness to participate),
- in person samples, the deliberate (in some cases also unconscious) choice of the wrong respondent (accidental presence, willingness to participate).

Regardless of why errors occur in choosing households or individuals, they always violate the guidelines defined by the institute carrying out the study.

In the *contact phase*, the *inability* or *disinclination* of the interviewer affect the willingness of a correctly recruited respondent to cooperate. In this context, inability means that, despite the efforts of the interviewer to put into practice what he has been trained to do, he fails to "persuade" the potential respondent to participate. Disinclination means that the interviewer doesn't even try to make contact or to bring

4 The division of field work into these three phases is analytic in nature and serves only to provide a clear picture.

a contact to a satisfactory conclusion because he fears or recognises that persuasion will require a disproportionate effort or could even prove fruitless.

In the implementation phase – the interview itself – the "usual" interview errors cannot be excluded. In broad terms, they are failure to respect the rules of the standardised interview, e.g., not keeping to the questionnaire; violating the behavioural repertoire of the interviewer role; and technical errors. The question of complete or partial falsification must also be considered (Dorroch 1994). Telephone polls have the advantage that these factors can be better supervised (see Section 5.7).

Apart from weak points and errors for which the interviewer is explicitly or implicitly to blame, this phase of field work can be jeopardised by respondents. People may be unavailable or unable to cooperate, may refuse to take part in the survey, may not fulfil the expectations of a respondent's role repertoire, may be incapable of following an interview, or may not (for whatever reason) answer truthfully.

5.4 Impact on the Quality of Survey Results

The weak points mentioned – the list is certainly not complete – affect the quality of survey results in different ways.

The gravest, and probably most discussed consequence is referred to as *non-response* (Schnell 1997). Nonresponse means that not all the people that the sampling plan scheduled for interviewing actually take part in the survey; sampling loss occurs. If all losses were accidental, this would not be a particular problem. Participants would not differ from nonparticipants; they would merely constitute a random sample of the master sample. In this case – because of the smaller sample – estimation of population parameters would remain unbiased, although not so exact (sampling error would be greater). Realistically, however, it must be assumed that nonresponse is (also) systematic in nature, systematic nonresponse being defined as having to do with substantive variables of the survey. In this case there is a risk of systematic bias (Hartmann 1990; Hartmann and Schimpl-Neimanns 1992).

The opposite of nonresponse is *coverage*, measured in terms of the *coverage rate*, the proportion of completed interviews in the net sample. The coverage rate looms so large in the methodological debate primarily because it seems to be "objective" or "measurable". However, just as the loss of elements planned for inclusion in a survey has been described as only one of many sources of error in carrying out surveys (Groves 1989), the coverage rate is only one of a number of factors affecting the quality of a survey and its results.

Incorrect behaviour by the interviewer in selecting households or individuals can have a "positive" affect on the coverage rate, because people who are willing to be interviewed tend to be included, or problem cases are not contacted in the first place and therefore cannot be "lost". But such "positive" sampling bias is likely to produce deviations in results. Errors in the contact phase have most impact on reluctance to cooperate, and therefore also come under the heading of non-response.

Finally, errors in the implementation phase can have different consequences. Failure to respect the rules of the standardised interview leads, in the first place, to "typical" technical errors such as missing values, questionnaire completion errors, filter errors, etc. But – for example when a question is not read out in full – they also mean that interviews are not conducted under uniform conditions throughout the survey, which is the purpose of the standardised interview. If response categories or entire questions are not read out, the effect is drastic. Finally, the most extreme form of data manipulation by the interviewer is partial or complete falsification of the interview, partial cheating (supplying answers to questions not asked on the basis of answers to a few questions administered) is likely to be more widespread than the more difficult falsification of an entire interview. Finally, data bias can result from the behaviour of respondents who give "socially desirable" or "politically correct" answers, who answer questions without understanding what is meant, and who deliberately give false answers or no answer at all.

Errors in all phases of field work thus produce biased findings and reduce data quality. Errors in the field – if they cannot be excluded – must thus be minimised. Survey research institutes take a range of measures to do precisely this.

5.5 Assuring and Improving Field Work Quality: *Best Practices* and *Good Practices*

Best practices and *good practices* in field work have to be just as thoroughly discussed as the factors affecting field work and its results. *Best practices* are desiderata that, from a purely methodological perspective, can be considered favourable, and *good practices* are methodologically recognised and acceptable procedures that are not only methodologically desirable but also workable and cost-effective. It should be pointed out that neither *best practices* nor *good practices* can be defined precisely and once and for all. What constitutes good practices for a specific survey depends, for example, on subject matter, target group, time factors and financial circumstances. It should also be pointed out that the discussion about best and good practices is not about standardising research by setting minimum standards; the debate about quality criteria must adapt to the given underlying conditions of a research process, be guided by the research problem and purpose, and must therefore take account of a wide range of demands (Wiegand 1997).

5.5.1 Public relations

It would be useful and desirable if everyone concerned with surveys (university research institutes, private institutes, clients, users) were to work on improving the image of surveys. Respondents would certainly be more willing to co-operate if participation had a positive image in everyday life (sometimes one has the impression that the opposite is true). Such "public relations" work could include:

- closer contact between survey research institutes and journalists (e.g., workshops, seminars, regular information),
- easy-to-read publications on selected topics (e.g., prior to elections, on the problems and methods of electoral research),
- survey research in school curricula and in university courses in various faculties,
- better documentation of the use aspect of survey research (institutes in cooperation with clients) in various areas (media, trade-fairs, organisations, professional associations),
- information brochures on various areas for specific target groups,
- effectively addressing criticism of surveys, aberrations in the survey sector, or abuse of the term "survey" or "survey research" (actively criticising so-called "household surveys" designed only to collect addresses; public discussion of speculative or unproven claims of interview falsification; see Dorroch 1994).

Public relations work of this sort is the primary task of the Arbeitsgemeinschaft Sozialwissenschaftlicher Institute e.V. (Association of Social Science Institutes, ASI), the Arbeitskreis Deutscher Markt- und Sozialforschungsinstitute e.V. (Association of German Market and Social Research Institutes, ADM) and the Berufsverband Deutscher Markt- und Sozialforscher e.V. (Professional Association of German Market and Social Researchers, BVM), not to mention institutions like the Zentrum für Umfragen, Methoden und Analysen (Centre for Surveys, Methods and Analyses, ZUMA), scholarly societies such as the Deutsche Gesellschaft für Soziologie (German Society for Sociology, DGS) and the Deutsche Statistische Gesellschaft (German Statistical Society, DStG), as well as statistical offices at both the Federal and Länder levels.

5.5.2 Codifying good practices

Measures to assure and improve field work quality can essentially be taken only by the institutes responsible for data collection (if scholars engaged in university research conduct surveys themselves, this applies *mutatis mutandis*). They do so in their own interest, but also to meet the standards demanded of their work by academic or other clients. It is extraordinarily important in evaluating field work to balance client wishes with the actual circumstances of on-the-spot data collection. Clients who make unrealistic demands of data collection are just as pernicious to this evaluation as institutes that do not hesitate to accept such demands under the pressure of economic competition. More or less binding agreements on what is possible, hardly possible, or impossible in the given financial and other circumstances, would be an important step towards a realistic assessment of the scope of data collection for everyone involved (such an agreement has been recently prepared, see Section 6.3.5).[5] A

5 One example would be consensus on the coverage rate to be expected in given financial and other circumstances. Under normal conditions, and subject to the usual financial and time constraints, the probable coverage rate is not 70 per cent but 55 to 65 per cent. 70 per cent would be very difficult to achieve, and only possibly by taking special steps; 80 per cent is normally unattainable. Clients should know this and define their requirements accordingly; and institute bids should be guided by it regardless of competition. The same applies, for example, for the length of face-to-face interviews, which has tended to increase in recent years in comparable surveys.

distinction would have to be made in terms of the quality required, which would affect costs (see the treatment of "procedural models" in Chapter 13). Agreement on the options for data collection and the – voluntary – commitment of institutes to act accordingly, as well as to stick to this commitment, can provide a basis on which to evaluate field work, define quality criteria, and thus permit the quality of field work to be measured. It must be made clear to potential clients that the criteria for good practices laid down by this arrangement are decisive for the reliable conduct of surveys and the quality of survey data. The codification of good practices would also serve to discredit survey research providers who do not satisfy these quality criteria.

5.5.3 Defining quality criteria

According to leading survey research institutes (Porst 1996: 24–27), improving interviewer motivation – by providing better training, higher fees, and other incentives, and through shorter, better, and more interesting questionnaires – although scarcely amenable to codification – would nevertheless help to ameliorate field work. But where could quality criteria for field work be defined and if possible agreed upon?

The question of criteria for selecting households or individuals is concerned in the first place with random sampling as the precondition for a social science survey and how it compares with quota sampling, which has at least proved its practical worth. As we have seen, generalising from a sample to a population is possible only by random sampling; nevertheless, institutes in Germany operate successfully with quota sampling.

5.5.3.1 Sampling

As far as the quality of field work is concerned, conducting surveys on the basis of samples of individuals drawn from registers (local residents' registration offices) would be optimal (best practice) because the influence of the interviewer on the selection of respondents is largely eliminated, and the opportunity for incorrect interviewer behaviour is minimised. Interviewer supervision could be more efficient, because the supervising institute knows exactly and by name which persons are to be – or at least should be – interviewed. Finally, sampling from registers generally has the advantage that at least minimal information is available on nonresponse cases (such as age, sex), so that for these variables the extent of sample bias can be estimated by matching participants and nonparticipants. The most important disadvantages of this procedure – high cost, long lead times, and more work and organisation – do not involve the actual field work, but must nevertheless be taken into account in assessing the procedure.

If this is done, and it is remembered that random samples are needed to estimate population parameters from samples, multi-stage random sampling based on the ADM sampling design (Arbeitsgemeinschaft ADM-Stichproben and Bureau Wendt 1994; Hoffmeyer-Zlotnik 1997) or comparable designs can be described as *good practice* for Germany, in which households are selected in the final stage by the random route method with or without random address approach. Nevertheless, for certain surveys (e.g., special populations), other types of sampling may be needed or useful. Even "snowball procedures" (where the respondent puts the interviewer onto the next respondent) or systematic sampling can be justified in particular cases; but for surveys of general populations, random samples have generally to be drawn.

5.5.3.2 Information about sample implementation

Regardless of how the sample is drawn, it is good practice to disclose in easily comprehensible form how the sampling procedure has been implemented in the field. This includes the – albeit costly – best practice of providing a precise *nonresponse account* (number and description of contacts, reasons for nonresponse, etc.) as well as detailed information on the conduct of interviews (number of necessary contacts, date and time of day, difficulties in accessing target individuals, etc.). However, since in practice detailed information of this sort is little in demand and would raise costs considerably, it is generally good practice to restrict documentation to the actual nonresponse events, primarily providing and substantiating information on the type and number of sampling losses for estimating coverage. The causes of nonresponse should be broken down into subcategories in a standardised form common to all institutes. This would facilitate comparative analysis of what happens in the field with various sampling procedures, various institutes, and at various cost levels.

5.5.3.3 Making contact

Good practices can also be described for other aspects of specific field work, e.g., for certain nonresponse causes a minimum number of contacts that has to be attempted before an address can be accounted a loss; the best practice would be a correspondingly higher contact frequency. For both good and best practices, a certain variation of days and times of day would have to be taken into account. In codifying quality criteria, a precise and binding definition would be needed of what minimum number of contacts for what type of survey and sample was to be regarded as good and as best practice, even if such a definition could be no more than a pointer for actual surveys (e.g., when only three contact attempts can be afforded in a specific case, it is not useful to insist that the agreed general figure is five).

Finally, it could be standardised best practice to announce beforehand that an interviewer will be calling – although this would raise costs and prolong the field work phase – because it would increase respondent willingness and thus the coverage rate. In practice, notice of interviews is given centrally by the institute only in exceptional cases. An interviewer-specific approach to the respondent has proved good practice, i.e., the interviewer decides himself whether, in advance of an interview, to contact the target households by telephone or appointment card (in cases where he already knows them), or whether he should risk a direct "cold" contact.

5.5.3.4 Monitoring contacts

It would utopian (for cost reasons) to demand sample-type replication of household and respondent selection – similar to monitoring interview implementation – and to lay down a given percentage of households (or interviewers) that are to be checked. Such intensive monitoring would certainly prevent wavering interviewers from violating rules. In practice explicit replication of contacts is not carried out, mainly because of the cost, but also because there is no demand. Contacting is usually checked by monitoring interviewers.

The success of an interview depends essentially on the behaviour of the interviewer in the contact phase. The interviewer will persuade a potential respondent to cooperate only if he keeps to the rules of conduct learned during training, and if he is himself convinced of the sense and importance of what he is doing. The communication of intrinsic motivation to the interviewer cannot be standardised, but best and good practices for *rules of conduct* could be codified. This has already been mentioned in relation to the number and distribution of contact attempts. If it were possible to define best and good practices for the minimum number of contact attempts and their distribution over days of the week and times of day, it should also be possible to convince clients that institutes should not as a rule go below these demands, although time and cost arguments should not be neglected.

5.5.3.5 Interviewer legitimisation

Interviewer identity cards or similar legitimising material is also *good practice* in increasing respondent willingness as a means of improving survey quality. Such identification should display not only the name and logo of the institute concerned but also the common logo of the relevant professional organisation/s. However, this is useful only if these organisations can be made sufficiently well known to the public (see above). If this is not the case, such a measure is unlikely to bring additional benefit.

It is essential that the interviewer keep in mind and observes the role repertoire available to him in conducting an interview. Interviewer training and interviewer supervision are the key factors. In most institutes, interviewer training is consequently highly selective, extraordinarily comprehensive, and taken very seriously. The proportion of interviewers to total applicants still on the staff after a relatively brief period of months is correspondingly low (Bliesch 1998; Niehoff 1998). Interviewers are usually trained in several stages, and in most cases the training programme provides for direct training by the institute, by head interviewers or comparable people in the field.

5.5.3.6 Interviewer supervision

Interviewers commit errors not only through incompetence or carelessness but also by seeking to define the situation in their favour; sometimes they falsify interviews.[6] Institutes take a wide range of steps to tackle this problem. Interviewer monitoring or at least the credible threat of a check is an appropriate means of disciplining interviewers. Here, too, it must be said that, if it were possible to define and implement generally applicable and binding quality criteria for interviewer supervision, it should be possible to convince clients that interviewer supervision in accordance with these criteria increases survey quality. However, time and money impose generally narrow constraints that have to be redefined for each study.

Quality criteria for interviewer supervision could involve both the rate of monitoring and how it is carried out. A sufficiently high risk of discovery and one which is made sufficiently clear is an appropriate means of dissuading at least "occasional offenders" from cheating. It is questionable whether this can fully eliminate falsification. But observance of the role expectations taught during training depends essentially on the likelihood of being caught cheating.

5.5.3.7 Number of interviews per interviewer

Another aspect closely associated with survey quality and for which quality criteria need to be defined is the maximum number of interviews to be conducted by any given interviewer in a specific survey. To eliminate *selective hearing* (Hyman 1954) as a source of error, the number of interviews per interviewer should be restricted by agreement. It should be defined what is to be considered good practice and what best practice. It would certainly be desirable best practice to take account of other interviewer characteristics in field work (in one study a healthy mix of experienced and new interviewers should conduct field work; especially suitable are housewives over 30 and men/women over 45; see Niehoff 1998). However, like the ideal of a low number of interviews per interviewer, this is likely to be frustrated by the reality of large fields and the always restricted availability of interviewers.[7]

---

6 See Dorroch (1994). However, his claim that every third interview is falsified is far from realistic. The 3 per cent rate of proven cheating estimated by the *ALLBUS* 1994 (see Koch 1995) is likely to be a more accurate figure for the undeniable problem of falsified interviews on the basis of random surveys. ALLBUS is a biannual representative sample survey of residents in Germany over the age of 18 conducted jointly by ZUMA and ZA – the *Allgemeine Bevölkerungsumfrage der Sozialwissenschaften* (see Braun and Mohler 1998 for a documentation of more recent findings).

7 The example of the ALLBUS survey demonstrates that precisely in the deployment of interviewers reality thwarts hopes of limiting the number of interviews per interviewer. For example, in the 1996 ALLBUS (see Wasmer et al. 1996: 66) 30.9 per cent of the interviewers in West Germany conducted more than 10 interviews, 4.9 per cent more than 20, and the front-runner 52.

5.5.3.8 Benefits and incentives

The respondent is often described as the weakest link in the chain. He is the only non-professional participant in the entire survey process, and has to adapt to an unaccustomed role without training. More important still, he is the only person whose misconduct cannot be penalised. A distinction must be drawn between the willingness of the respondent to participate and his willingness to behave as the investigator wishes during the interview.

Apart from personal traits, willingness to cooperate depends on two factors: whether a respondent feels that surveys in general are meaningful and important and whether he feels that he somehow "benefits" (materially or immaterially) from taking part. While the first factor cannot be influenced in the short run, benefits can be proffered by interviewer behaviour, by the survey topic,[8] by a card describing the purpose of the study, etc. The offer of material benefits is problematic. While an interview is occasionally rewarded in material terms (money, gifts, lottery tickets), this appears not to be a strategy for standard surveys that institutes are prepared to pursue (Porst 1996: 24–27); the fear is that financial rewards could lead in the medium run to people agreeing to cooperate only for money.

How well the respondent plays his role certainly depends to some extent on himself, but also to a large extent on the institute (clarity of the questionnaire, motivation, interviewer training) and on the interviewer (role behaviour). For example, if the question wording is too complicated, the respondent will fail, however willing; the result is *item nonresponse* or – still less welcome because uncontrollable – "noise". Better field work quality is unlikely to be the work of respondents, because the research has no direct influence on them. However, the general atmosphere, the quality of the questionnaire, the persuasiveness of the announcement or the interviewer have a beneficial impact on respondents. This is a starting point.

5.6 Interim Conclusion

The quality of field work as defined depends primarily on the ability and willingness of the interviewer to fulfil the behavioural expectations associated with his role. Apart from general structural conditions that facilitate this task, training and the supervision of interviewer activities are decisive factors in field work quality. It will improve to the extent in which interviewing can be organised to avoid interviewer errors, or – where they do occur – they can be detected, corrected, and penalised. This is the perspective from which the following two issues are discussed.

- From the point of view of better field work supervision, is the telephone interview clearly superior to the face-to-face interview?
- For the purpose of minimising interviewer errors in selecting households and respondents, are access panels the right approach?

8 Representatives of leading institutes place particular emphasis on the topic of a survey for the successful completion of a poll (Porst 1996: 19–21).

5.7 Telephone Interviews

Telephone interviews have advantages over face-to-face interviews that are more apparent when – as is now usual – they are computer aided (CATI) (Saris 1991; Porst et al. 1994). The following aspects are particularly relevant for field work quality:

- Interviewer influence on household selection can be practically eliminated if intelligent CATI programs manage addresses and appointments. The interviewer is fed telephone numbers on the screen, if necessary with information on preceding contact attempts.
- Interviewer influence on selection of respondents in households can be minimised if the procedure is monitored by a supervisor; whether the interviewer is selecting a respondent correctly can be checked at any time.
- The supervisor can recognise and immediately correct interviewer errors like incorrect or incomplete reading of a question, at the latest for the next interview.
- Interviewer errors like skipping a question or overlooking a filter are not possible because the course of the interview is program-controlled.
- Interviewer supervision is much easier in all phases of the interview; errors are more rapidly detected and can be corrected without delay.

Because of these and other advantages, the computer-assisted telephone interview contributes greatly to improving field work quality (with some reservations, this is true of the computer-assisted personal interview, too, for example in selecting households and respondents).

On the other hand, the telephone interview is subject to time and technical constraints because it generally has to be shorter than a face-to-face interview, and the interview aids normally used in personal interviews (lists, card games, etc.) are excluded. Moreover, the complexity of question design is restricted (e.g., matrix questioning, lists, or pictorial aids). This aspect, in particular, means that the telephone interview cannot always offer the precision needed for social science surveys, which not infrequently operate with complex question designs.

As a consequence, the form of data collection must be considered for every single case. The choice depends on the subject matter of the survey and on the target group, its complexity, the time frame, etc. However, decisions are often made *ad hoc* because research on the question has still to be done.

From the point of view of field work quality, though, the computer-assisted telephone interview is a serious alternative to the face-to-face interview, and the quality of field work can doubtless be improved by using telephone interviews in which the procedure can adequately meet the demands of the questionnaire. If this is not the case – as with complex question designs – the opposite might result; problems and comprehension difficulties could lead to greater disadvantages in data quality, thus offsetting the specific advantages of the telephone technique. In any case, for simple, brief interviews, the computer-assisted telephone interview is a means of improving field work. The same is true in principle for complex, more time-consuming surveys, but the suitability of the telephone interview technique is to be examined in each case. If complex question designs that cannot be communicated without visual aids are indispensable, the face-to-face computer-assisted interview (CAPI) is the alternative. The problem of selecting households and individuals is the same for this mode as for traditional face-to-face interviews.

5.8 Access Panels

Access panels (see Section 6.2.2) are established when respondents are interviewed in the context of normal surveys and then asked to consent to their names and addresses being stored for participation in future surveys. The methodological precondition for this type of panel is that the master sample from which the samples needed in each particular instance are drawn corresponds to a random sample from the parent population.

The concept of the access panel is attractive because it offers relatively simple, fast, and therefore economical access to respondents. Its possible disadvantages, which could affect data quality, include the following:

- A panel of "volunteers" is established, whose response behaviour might differ systematically from that of respondents in a normal random sample (self-selection).
- People change and monitor their response behaviour when repeatedly interviewed.

The "usual" problems with panels, such as panel mortality, panel control, or panel replenishment must also be taken into account.

The problems in selecting households and respondents are exactly the same as for other types of survey. If, as is usual, participants are selected subsequent to a "normal" survey (or through forms of nonrandom recruitment), the same difficulties and sources of error occur. However, if the participants have already been recruited, the selection of respondents for each specific study passes completely from the interviewer to the institute storing the names and addresses. For the interviewer, the situation is the same as for person samples, but with the great advantage that he will encounter prepared, motivated, and probably also obliging respondents in the field. The interviewer no longer has to do a great deal of persuading.

Problems in administering the interview do not differ from the problems that occur in the "normal" interview; however, the respondents' experience with interviews could have a positive impact on fulfilment of their role and on anticipation of the interviewer's expectations. If the interviewee already knows what tasks the interviewer has and what is expected of him, the interview can run more smoothly than if this background knowledge were lacking.

All in all, the use of access panels can improve field work quality in certain points (selection of survey elements, contact phase). In other points they differ little from "normal" surveys or could even tend to have a negative impact ("professional respondents"), although the necessary basic research has yet to be done on this. The access panel offers the advantages of lower cost in comparison to repeated sampling for one-time interviews, easier access to specific target groups, and shorter field work periods due to altered respondent selection. Finally, if care is taken that the topics of successive surveys vary sufficiently for each individual respondent, it can be ensured that response behaviour in a survey will not be influenced by the answers given in a preceding survey. Finally, if the access panel can successfully operate by using electronic networks without the intervention of an interviewer, survey errors can be reduced still further. Only the more frequent use of access panels and accompanying basic research will allow a well-founded assessment of the future usefulness of this survey technique.

6 Standards of Survey Research, Process Control and the International Situation

6.1 Introductory Remarks

Processing the numerous, interlocking steps of a survey at a high, or at least appropriate level of quality is very demanding from the technical, methodological and personnel point of view. This is shown, for example, by a comprehensive document issued by the British Market Research Quality Standards Association (MRQSA), which describes the essential elements in the survey process (Market Research Quality Standards Association 1997). The multiplicity of individual steps listed and the decisions on quality standards involved in each is impressive. For instance, to conduct a medium-sized survey like the ALLBUS, with about 3500 respondents, teams for question development, questionnaire design, and sampling have to be co-ordinated, and several hundred interviewers have to be managed and supervised in over a hundred cities and towns. Afterwards, data collectors and managers have to record the answers of respondents in more than 400 individual information units (variables). With 3500 respondents, this means 1,400,000 individual data entries that are expected to be correct and processable.

That the correctness of each item of information gathered in this complex process can be checked is ensured, at least in principle, by evaluation in accordance with, for example, MRQSA standards or ISO 9000 (see Section 6.3.2). At the same time, quantifiable, scientifically well-grounded criteria of excellence can meanwhile be stated for central elements of a social science survey.

First, the essential substantive quality standards on the basis of *Best Practices for Survey and Public Opinion Research* issued by the American Association for Public Opinion Research (AAPOR) (American Association for Public Opinion Research 1997a; see Section 16.1) are discussed. Then *process controls* are scrutinised in an international context.

6.2 Excellence in Survey Research

6.2.1 Introduction

The various professional organisations in social and market research, aware of the many problems involved in generating survey research data, have long since adopted codes of ethics to uphold professional standards. Besides the Research Industry Coalition (RIC), they include the American Association of Public Opinion Research (AAPOR), the American Sociological Association (ASA), the Deutsche Gesellschaft für Soziologie (DGS), the European Society for Opinion and Marketing Research (ESOMAR), the International Statistical Institute (ISI), the Arbeitskreis Deutscher Markt- und Sozialforschungsinstitute e. V. (ADM), and recently, covering all areas of research, the Deutsche Forschungsgemeinschaft (DFG) (Deutsche Forschungsgemeinschaft 1998). These codes of ethics are concerned with general, often rather abstract rules on observing scientific standards. One example is the following rule from the ESOMAR code: *Marketing research must always be carried out objectively and in accordance with established scientific principles.*

The overarching principle shared by the codes is the disclosure of procedures. However, what the relevant quality criteria are, over and above a list of varyingly detailed elements, is usually not dealt with. The one exception is the AAPOR *Best Practices for Survey and Public Opinion Research.*

Below the quality criteria listed in this code and document the state of the art are discussed. There is occasional overlapping, which will be pointed out as appropriate.

The AAPOR is of considerable importance for a German discussion of excellence in survey practices, because, in the first place, AAPOR is an organisation assembling all the authoritative representatives of academic and private empirical social research in the United States, including universities, research institutes, statistical offices, and the mass media. Secondly, with its standards, the AAPOR regulates the currently largest social science market in the world, which cannot fail to have an impact on the international competitiveness of German survey research.

6.2.2 AAPOR standards

In the introduction to *Best Practices for Survey and Public Opinion Research* (American Association for Public Opinion Research 1997 a), published in May 1997, one of the aims is stated to be the establishment of standards or criteria for excellence in survey practice (see especially point 12 in Section 16.1.2). It is argued that substantive quality standards cannot have overall binding effect because of the conflicts of goals inherent in survey research. Such conflicts include those between sample coverage and the time available for the survey (high coverage requires many contact attempts to reach potential respondents, which requires more time), or conflict between seeking complete and precise coverage of a topic and the strain put on the respondent (it is not always necessary to go into every aspect of a topic; it often suffices to treat the subject in a less time-consuming way). In this connection it is particularly important to decide whether a given project is a reference study or a standard survey that makes less stringent demands on techniques and methodology (see Chapter 13).

The AAPOR document accordingly stresses the necessity of setting clear objectives for a research project. It explicitly warns against mixing in other goals, for example the sale of products, and recalls that data should be collected by survey only if the desired information cannot be obtained in any other way. Emphasis should also be placed on the double strategy mentioned in the second part of the AAPOR document under the subheading *Survey Practices That AAPOR Condemns* (Section 16.1.3): in order to promote quality awareness among experts, not only standards for "good research" are defined; procedures are also described that ought to be avoided in the interests of high scientific quality in research.[9] The coming section deals with some elements of survey research stressed in the AAPOR document, which are also relevant for social research in Germany.

6.2.2.1 Cost–benefit considerations

Cost–benefit considerations affect a number of aspects of survey quality, especially the appropriateness of sample size, the mode of data collection, and question types in relation to the research issue. Data collection techniques are assessed to exemplify the complexity of survey research tools, and to explain why it was decided to deal only with generally applicable quality criteria.

The two diagrams *Survey with Interviewers* and *Survey without Interviewers* (Figure 1) show – though in very simplified form – types of contact and forms of communication with respondents. *Survey with Interviewers* means that specially trained people (interviewers) contact respondents as prescribed by investigators and, where successful, conduct interviews with them. Nowadays, besides reading out questions, aids are used such as lists, sound information, illustrations, and other methods up to and including multi-media presentations. Examples of these methods are included in the diagrams.

Apart from the interviewer-assisted survey, the mail survey has enjoyed a long tradition as a mode of communication between investigators and respondents. In the near future, the Internet and television will be used increasingly as communication channels. Internet surveys are already being conducted in large numbers (albeit *no* representative sample surveys), whereas surveys utilising television are not yet widespread.

Each of these modes of data collection displays its own initial conditions with respect to data quality. Some research has meanwhile been done on this subject, but the findings do not yet permit a definitive scientific assessment of differences in quality between the modes (de Leeuw and Collins 1997; see also Chapters 4 and 5).

---

9 AAPOR condemns all practices that use research as a blind for selling or for collecting donations, so-called "push polls" – manipulative political polling, the presentation of call-in campaigns as "polls", and especially the unauthorised disclosure of respondents' identity (see Section 16.1.3).

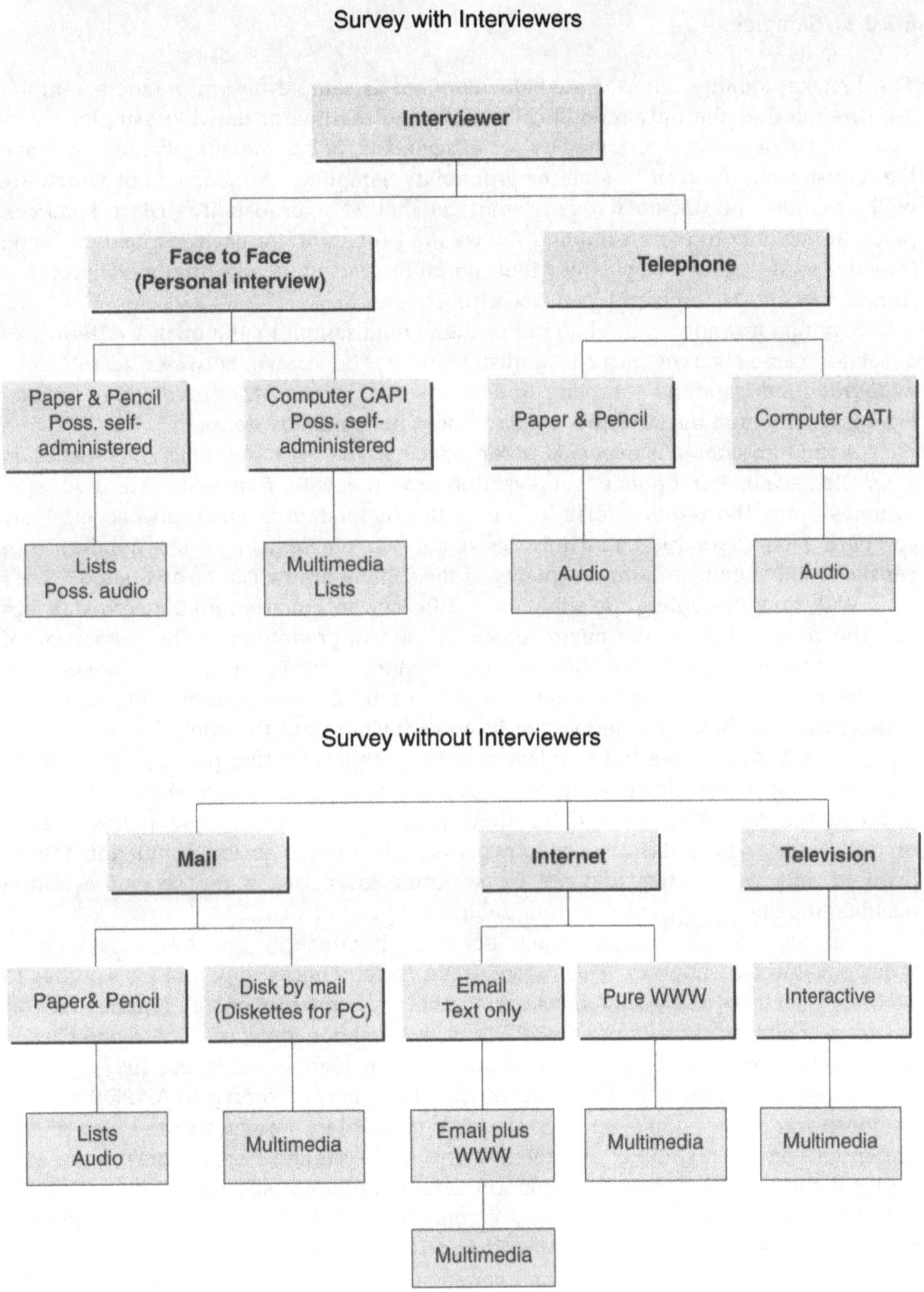

Figure 1: Survey Methods

6.2.2.2 Samples

The first key quality criterion AAPOR mentions is sample design. Random samples are described as the only scientifically grounded method of drawing samples: "Virtually all surveys taken seriously by social scientists, policy makers, and the informed media use some form of random or probability sampling, the methods of which are well grounded in statistical theory and the theory of probability" (*Best Practices*, point 3). For only random sampling allows the probability of each respondent being selected to be clearly calculated, thus permitting scientifically grounded inference from the sample to the population (see also Chapter 3).

Opting for random sampling rather than quota sampling as a quality criterion for a social science survey permits a distinction to be drawn between *scientifically well-grounded* (random) sampling and at least *in practice tried and tested* (quota) sampling, although the AAPOR document does not explicitly do so.

A random sample is expected to reproduce all the variations of characteristics on a smaller scale. For general surveys (for example with regionally stratified area samples), only the regional distribution of the population is taken into account. By comparing demographic characteristics of the sample (e.g., age and gender) with census or micro-census data, the quality of the sample drawn can be evaluated.

With quota sampling the situation is different. Information from macro-statistics like the census or from the micro-census is used to predetermine the proportion of men and women in certain age groups, regions, etc. (quotas). Interviewers are instructed, for example, to interview two men under 30, one man over 60, and three women over 50. Basically, people are to be contacted until the quota has been completely filled. Apart from the problem of how interviewers find precisely the people they need for a specific study in the predetermined place, it should be noted that, owing to the logic of quota samples, their quality cannot be checked against census or micro-census data. Next to inference from the sample to the population that is justified only by practice and not by scientific laws, this is the second essential disadvantage of quota sampling from the quality point of view.

Besides, for all sample types accurate information on the population is indispensable for sampling. This critical point is particularly apparent for samples to be drawn from specific populations, for example, the population "all families with at least one child at secondary school". Such information must also be available for telephone and mail surveys (on related problems see Gabler and Häder 1997).

Other central quality criteria for random sampling according to AAPOR are the *response rate* (ratio of the number of valid, utilizable interviews to the size of the drawn and adjusted sample) and the avoidance of systematic errors (bias), such as a regional concentration or the disproportionate recording of specific subgroups of the population. As far as quota samples are concerned, it should be noted that the indicator "response rate" or "nonresponse" cannot be estimated.

In recent years, research has concentrated on investigating the reasons for nonresponse, with the emphasis on nonparticipation in the survey rather than nonresponse to specific questions (see, *inter alia*, Couper and Groves 1996). One clear finding is that very specific strata and groups within the population display varying degrees of willingness to cooperate in surveys (in Germany, the below-average participants in surveys include workers, residents of slum-like accommodation, and elites). On the other hand, findings also strengthen the thesis of *situation-related non-response* advanced by Esser (1986) (that is to say, the number of people who basically never participate in an interview is low).

Otherwise, the random sample and the quota sample share all other quality characteristics regarding the conduct of a study, namely clear goal definition and meticulous documentation of the actual course of the study (for example, the extent to which interviewers carried out instructions, or by what criteria respondents were classified as neutral nonresponse).

AAPOR does not deal with special or mixed forms of sampling like *access or convenience panels* (see also Section 5.8).

The term access or convenience panel denotes a procedure in which respondents are recruited to participate in different surveys conducted at undetermined intervals ("professional respondents"). This provides a pool of addresses with well defined characteristics that go beyond demographic data from which convenient subsamples can be drawn to meet client demands. If no systematic errors occur in drawing the large pool sample and the subsamples, such panels satisfy all the standards of a random sample.

Repeated use of respondent addresses for different samples could be an incentive for respondents to join such pools, particularly if it is actually or allegedly rewarded (e.g., participation in raffles). Care must be taken that this does not open the door to survey research – and thus to public opinion – for all sorts of interest groups.

6.2.2.3 Pretesting: developing and testing interview tools and techniques

AAPOR points out that high-quality surveys always require pretesting to check questions and data collection procedures (points 5 and 6 of *Best Practices*; see also Chapters 4 and 5, and Mohler and Porst 1996). Over the past ten years, great progress has been made in these areas. The methods and findings of basic research now make it possible to establish reliably what respondents understand by a specific question, what decision-making processes are involved in answering questions, and how the interview relates to other forms of communication (Lyberg et al. 1997; Biemer et al. 1991; Schwarz 1996; Sudman et al. 1996). Documentation of questionnaire construction and pretesting are accordingly an important quality criterion for survey research (in this connection the ZUMA Scale Manual and the ZUMA Item Book should be mentioned; see Glöckner-Rist and Bandilla 1997).

6.2.2.4 Interviewer recruitment and training

Besides many other procedural issues, such as those dealt with in points 4 and 8 of the AAPOR document or generally in the British Market Research Quality Standards Association code, the recruiting and training of interviewers deserve particular attention from the quality point of view (see Chapter 5).

Although the literature fully recognises the key role of the interviewer in the survey process (see *inter alia* Lyberg and Kasprzyk 1991), no scientifically grounded quality criteria can be identified that go beyond those mentioned in point 7 of the AAPOR code: "Good interviewer techniques should be stressed, such as how to make initial contacts, how to deal with reluctant respondents, how to conduct interviews in a professional manner, and how to avoid influencing or biasing responses."

What actually constitutes good interview techniques in procedural terms depends on the survey culture of the country concerned and on the experience of individual institutes. Much research still needs to be done in so crucial an area. It needs to go beyond existing "rules of thumb", description, and speculation.

6.2.2.5 Statistical analysis and interpretation

Another quality criterion concerns the statistical analysis and interpretation of surveys (AAPOR code point 10). The subject had been addressed as early as the fifties by Duff (1979; first published 1954) under the heading *How to Lie with Statistics*. Despite the title, the author was particularly concerned with criteria for transparent and scientifically accurate statistics.

The statistical processing and analysis of survey data requires – apart from classical and modern analytic techniques – the treatment of missing values and weighting to match the marginal distribution of demographic variables with census data.

Missing values are respondent characteristics that escape a substantively defined frame. Typical examples are refused responses (e.g., on income or certain illnesses) and indecisiveness (responses such as "don't know" or "can't decide").

Weighting means adjusting the distribution of certain, generally demographic characteristics actually existing in the sample to an external distribution regarded as valid. One example would be adjusting distribution by age and gender in a sample to the distribution known from the census or micro-census; another would be the conversion of household samples to person samples, because in household samples the members of two-or-more person households have a lesser chance of being selected than members of single person households.

Weighting and imputing missing items are extremely important, especially for surveys that play a considerable role in political decision making (e.g., health research); even small deviations from the actual situation can result in public funding being quite wrongly channelled. The situation is similar in market and electoral research.

A series of procedures has been developed for imputing missing values deriving from Rubin's pioneering work *Multiple Imputation for Nonresponse in Survey* (1987), which are now standard in the social sciences.

In American social research, weighting no longer plays an important role. There, the use of weighting procedures has become a normal part of the research process. In Germany, by contrast, there is still extensive debate on the subject. In general it can be said that, with the exception of so-called design weights, e.g., adjustment of a household sample to a person sample, all other weighting procedures always requires particular checking and thoroughgoing justification (see Gabler et al. 1994).

The literature has hitherto paid little attention to the critical debate on data analysis methods appropriate for specific data types. This is true not so much of the comprehensive literature on empirical methods in social science as on the substantive discussion of existing research findings.

6.3 Process-Related Quality Management

6.3.1 The international discussion

In the national associations of private market and social research institutes, quality is discussed primarily in relation to process-related quality management systems, i.e., certification in accordance with ISO 9000 (see Section 6.3.2), and to assuring a minimum of quality through binding quality standards.[10] In this context, the concept of *total quality management* (TQM) and the associated principles is also important. In effect, ISO 9000 certification is impracticable without TQM.

6.3.2 ISO 9000 certification

ISO 9000 provides an internationally recognised standard for a comprehensive system of quality management, especially for the service industries. Companies can seek certification under ISO 9000. The aim is to attest a *company structure* with which a level of product or service quality *defined by the company* can be durably assured. Certification itself does *not* guarantee the observance of particularly stringent, substantively defined standards of quality. Nevertheless, certification of a market research institute offers the institute itself and its clients certain advantages.

For the institute, certification helps to reveal weak points in work processes and to optimise and rationalise research procedures while maintaining scientific quality. For the client, certification makes the conduct of studies and substantive quality criteria more transparent. They can satisfy themselves that each stage of research is carried out at a satisfactory level of quality.

Although no exact figures are available, it can be assumed that the majority of private German market research institutes were initially sceptical about or opposed to ISO 9000 certification. If they appear to have had second thoughts, this is due not only to the gradual realisation that certification does not necessarily mean restricting scientific creativity but also to recognition of the productivity and marketing advantages certification might bring, not to mention actual or presumed market constraints.

10 This presupposes a concept of quality that is concerned primarily with carrying out the individual steps of the research process from a scientific methodological perspective. The aspects of basic research relevant to quality and the scientific training of coming academic generations remains in the background.

There are currently only few market and social research institutes in Germany with ISO 9000 certification. The extent to which certification can be exploited as a competitive advantage depends essentially on how clients react. If they prefer to do business with certified institutes, certification is likely to spread more rapidly in German market and social research.

In the end, there will be very few uncertified institutes. However, certification will then no longer be a distinguishing factor in competition; certification on competitive grounds alone therefore offers institutes only temporary advantages. From the point of view of scientific quality, however, competitive certification would mean progress if quality in social and market research were to improve *overall*.

In a number of countries, the national associations of market research institutes have decided to make certification a formal prerequisite for membership. For example, all members of the Dutch Vereniging van Marktonderzoekbureaux (VMO) were required to be certified by the end of 1997. New members have to obtain certification within 18 months. In Italy, all members of the Associazione Istituti Ricerca di Mercato, Sondaggi di Opinione, Ricerca Sociale (ASSIRM) had to be certified by the end of 1998, and new members have a two year time limit. In Spain members of the Asociación Nacional de Empresas de Investigación de Mercados (ANEIMO) have until the end of the century. In France the Chambre syndicale des sociétés d'Etudes et de Conseils (SYNTEC CONSEIL), although not requiring ISO 9000 certification, recommends and supports it.

In Germany, the ADM has yet to make a decision on the certification of member institutes. At least in the medium term it is unlikely that ISO 9000 certification will be made a formal prerequisite for ADM membership. Whether certification becomes established in German market research therefore depends essentially on client demand, which is, however, likely to increase.

6.3.3 National standards

ISO 9000 certification merely documents the specific steps of the research process, but itself lays down no standards based on scientific criteria for their implementation. Generally accepted substantive quality standards are needed for this purpose. Without such standards, the significance of certification for the scientific quality of market and social research depends largely on the quality awareness and quality philosophy of the particular institute that seeks certification.

International market and social research ethics require institutes to conduct research in accordance with recognised scientific principles, cost-effectively, and according to the guidelines agreed with the client (see European Society for Opinion and Marketing Research 1995: Art. 12). Market and social research must strike a balance between scientific excellence, rapid production of results, and cost (for details see Chapter 13). The scientific quality of results also depends decisively on what the client demands and expects.

For many years, Britain has led Europe in drawing up quality standards for market research. In 1996, the Market Research Quality Standards Association (MRQSA) published the *Service Standard for Market Research*. The MRQSA is a union of various associations representing the interests of providers and users of market and social research in Britain. The *Service Standard for Market Research* has five sections, dealing with quality assurance, the conduct of studies, data gathering, data processing, and certification.

For a market research institute to receive the MRQSA seal as a guarantee for work in accordance to the *Service Standard for Market Research*, certification by one of the institutions authorised for market research by the United Kingdom Accreditation Service (UKAS) is necessary. The *Service Standard for Market Research* and ISO 9000 certification are complementary in so far as ISO certification includes certain aspects of MRQSA certification.

The *Service Standard* developed by the MRQSA has now been recognised by the pertinent government authorities as the official *British National Standard* (British Standards Institution 1998). The Association of Market Survey Organisations (AMSO) and the Association of British Market Research Companies (ABMRC) are currently joining forces as the British Market Research Association (BMRA).

The British *Service Standard for Market Research* has also influenced discussion and developments in other European countries. In Sweden, the Föreningen Svenska Marknadsinformationsföretag (SMIF) wants to develop minimum standards corresponding to the MRQSA *Service Standard*. The Spanish organisation ANEIMO intends to issue a quality manual based on the British *Service Standard*, which will be binding on all members.

In Italy, ASSIRM (1996) has issued a *Standard di Qualità* setting minimum standards for member institutes and for the admission of new members, as has the VMO in the Netherlands. One problematic aspect of the Dutch quality standards is the apparent possibility for smaller institutes to obtain joint certification in order to save expense.

In France, SYNTEC CONSEIL has drawn up a *Guide pratique de la qualité en études de marché* (1998) with a strong client bias, which has recently been issued in English by the European Federation of Associations of Market Research Organisations (EFAMRO) under the title *Practical Guide to Quality Market Research* (1998). This French approach thus resembles the ADM recommendation (see below) for a quality criteria catalogue covering all steps in the research process.

In the United States, the Council of American Survey Research Organizations (CASRO) is among the bodies to foster the quality concept. To this end, CASRO has founded a Survey Research Quality Committee, which has published guidelines on quality in survey research. Besides CASRO, the other most important organisations are the Council for Marketing and Opinion Research (CMOR) and the Research Industry Leaders Forum (RILF), which are concerned with special aspects of quality in empirical research; CMOR with improving survey participation willingness, and RILF with the need for systematic educational and training programmes.

Partly in reaction to various campaigns in Congress attacking free survey research, the Research Industry Coalition (RIC), an alliance of the thirteen most important professional and academic organisations in the United States, has set *Professional and Ethical Standards for Marketing, Opinion and Media Research* (see Section 16.3). At a relatively high level of abstraction, they cover all the relevant ethical and quality aspects, to be discussed below.

6.3.4 International, crossborder process-related quality standards

It is the aim of MRQSA to obtain recognition of the British *Service Standard* throughout Europe. Since there is little to counterbalance it in the other countries, it is indeed likely that future European quality standards will be strongly influenced by MRQSA's *Service Standard for Market Research.* The European Federation of Associations of Market Research Organisations (EFAMRO) has recently developed European quality standards, which have been submitted to member organisations.

Whether international or European standards can actually contribute towards assuring and improving scientific excellence in market and social research depends on avoiding three dangers. First, no existing national draft should be adopted without due deliberation, because the institutional and organisational structures of research differ from country to country, with consequences for quality management.

International standards must therefore necessarily be more abstract than national standards. However, they should not take the form of highly abstract objectives that everyone can accept without reservation but from which no practical consequences follow. Finally, international quality standards should not take the form of self-evident minimum demands to facilitate consensus and ensure acceptance in all countries.

Only if these three dangers are avoided will international quality standards contribute to assuring and improving scientific quality in market and social research in countries that are advanced in this field, too. If only because of the increasing internationalisation of research, there can be no doubt that international standards will be indispensable in the medium and long term.

The chains of institutes operating throughout Europe or worldwide could develop their own standards as a competitive factor, as it were in competition with international quality standards for market and social research, particularly for the growing field of systems market research with its branded products, in which the client is offered a customised research strategy by combining various standardised research modules.

6.3.5 The situation in Germany

In Germany, the ADM has recently developed standards for quality assurance in market and social research intended to offer institutes and clients comprehensive guidelines for the entire research process (Arbeitskreis Deutscher Markt- und Sozialforschungsinstitute e.V. 1998b). The standards describe the quality requirements for the various steps in the research process, and are divided into the following chapters:

- General aspects of quality assurance
- Collaboration with the client
- Conceptual support of studies / management of studies
- Data collection
- Data processing
- Advising clients

The criteria are to be taken as goals and standards to be attained in order to assure the scientific excellence of research results. They are not intended to be a list of norms to be satisfied in a predetermined manner.

6.3.6 The quality debate in the system of European official statistics

The success and efficiency of the European statistical system is ensured and improved by the application of quality concepts. The quality of statistics is evaluated by the following criteria:

- relevance of products,
- accuracy of data,
- immediate relevance and timeliness,
- comparability of statistics,
- data access and clarity of information,
- coherence,
- completeness.

Each component of quality is reduced to observable and quantifiable elements and will in the future be progressively described for all statistics in quality reports. Quality is assessed by national statistical offices on the basis of uniform measurement guidelines. The introduction of quality management systems in numerous statistical offices will further improve product and service quality.

Part 2

International Comparative Survey Research and the Archiving of Surveys

7 International Comparative Survey Research

7.1 Introductory Remarks

International comparative studies are to the social sciences what the experiment is to the natural sciences. The multiplicity of social and cultural phenomena, in Europe for example, which have developed in the long course of history, make it possible to test complex social science theories about the interaction between individual dispositions (micro-level) and national institutional forms (macro-level). For this purpose, international comparative surveys constitute an essential precondition.

In recent decades, survey research has often been accused of insularity, of producing hardly any international comparative work, and then only with hindsight. At the close of the 20th century, too, international comparative studies are still mainly based on work done in the country of the respective investigator according to national priorities, and not directly co-ordinated with investigations in other countries, even where comparable issues offer grounds for comparative research. The result is often a series of country reports assembled under a book title with at best conceptual points of contact, but hardly constituting studies that really compare countries.

Deficiencies of the sort had already been recognised in the early fifties. Despite intensive efforts by the Norwegian social scientist Stein Rokkan and the UNESCO International Social Science Council (ISSC) to improve the data basis for comparative research, initially little progress was made (Szalai 1977). With the establishment of a network of national social science data archives, however, matters began to improve. While in the early fifties hardly any empirical data on most issues were available even at the national level, from the seventies onward more and more have become accessible, so that the social sciences now enjoy a relative wealth of data. Despite this improved position in individual countries, the data basis for international social research is still far from satisfactory. Co-ordinated studies are the exception, new measuring tools are being continually developed but not "calibrated". Comparability and continuity are rare, and subsequent harmonisation is difficult.

7.2 Effects of Internationalisation

As politics, the economy, and society have become more Europeanised and globalised, the social sciences have benefited from a number of developments. Private market and social research is increasingly geared to the demands of the European market. The international academic debate on data protection and the development of demographic standards has found its place in publications by the European Society for Opinion and Marketing Research (ESOMAR) (Jung 1993). Europe-wide secondary analysis projects such as the Beliefs in Government (BiG) project financed by the European Science Foundation (ESF) (Kaase and Newton 1995) have not only produced important substantive results but have also taken stock of the possibilities and limits of comparative research on the basis of existing data in selected areas of research. Within the context of given resources and with the sustained support of the ESF, the European Consortium for Political Research (ECPR) – a Europe-wide association of political science research institutes – and the European Union, the archives have intensified their efforts to integrate the European data base (Tanenbaum and Mochmann 1994 a). These developments suggest that, despite the existing abundance of data, future surveys will have to take more of an international comparative perspective (Tanenbaum and Mochmann 1994 b; European Science Foundation 1998 a: 8).

7.3 Prospects for International Comparative Social Research

A number of continuous international survey programmes have already produced improvements. The representative surveys conducted twice a year for the European Commission, the so-called *Eurobarometers*, have made an important contribution in this field, although they are open to certain methodological criticism (Reif and Inglehart 1991; Moschner 1993; Saris and Kaase 1997). In addition, there are theory-based and methodologically controlled international survey programmes such as the *International Social Survey Programme* (ISSP) (Davis and Jowell 1989), the *Comparative Study of Electoral Systems* (CSES) (Rosenstone 1994) or the EU-wide European *Household Panel Studies*. Finally, an academic representative survey to be conducted at regular intervals (probably every two years) in ESF member countries, the *European Social Survey* (ESS), is currently in preparation (European Science Foundation 1999). All international academic survey programmes are committed to well-grounded theoretical preparation and meticulous methodological control. *Safari research*, that is to say surveys without the collaboration of investigators from the countries participating in survey programmes (Szalai 1977: 69–79) are avoided through the cooperation of prominent researchers from the countries involved. This is an expression of the pursuit of common standards in the effort to *operationalise* demographic variables in as comparable a manner as possible.

However, unlike the *ZUMA-Standarddemographie* in Germany, for example, there is no systematic basis for this endeavour, quite apart from the fact that national particularities, for instance in the educational system, always raise new comparability problems between countries. The question of measuring instrument equivalence thus remains a major problem in international comparative social research (Scheuch 1973: 219–227; van Deth 1998; Harkness 1998).

7.4 Harmonisation of European Statistics

Intense efforts are also being made to harmonise European official statistics (Haug et al. 1998). Three main strategies are being pursued to obtain harmonised data (Grais 1995: 62–64):

- *input harmonisation* (also *ex ante* or *methodological harmonisation*),
- *output harmonisation* (also *ex post* or *product harmonisation*),
- harmonisation by *target structure strategy*.

Input harmonisation pre-determines survey content and methods as well as variable definition and differentiation, to be implemented by national statistical offices. The development and introduction of new surveys – such as the European Household Panel – by supra-national institutions can be cited as a classical example of input harmonisation. In principle, the adaptation of survey characteristics and methods in existing national statistics to meet the harmonisation guidelines is conceivable. The outcome is a harmonised micro-data file.

Output harmonisation pre-determines a statistical product; it is then up to the individual statistical office to decide on the data source, i.e., information can be taken from an existing survey or from registers. Examples of output harmonised surveys are household budget surveys and the national censuses. The result is *macro-data* harmonised by aggregating information.

Unlike these two methods, a target structure strategy represents a strategic harmonisation procedure that defines key survey characteristics and steps, and prescribes standardisation procedures. These targets are formulated and prescribed by the Statistical Office of the European Union (EUROSTAT) in conjunction with national statistical offices. The labour survey is one example of this harmonisation approach. The procedure is the result of experience that international efforts to standardise survey characteristics are difficult to impose on established national statistical systems. Depending on the significance of individual survey components, survey techniques and characteristics that are essential to produce statistical results comparable in the European context are input harmonised, while others are output harmonised.

All these harmonisation procedures have their advantages and disadvantages. The output approach is based on existing data sets and is accordingly more cost-effective and more rapidly implemented, i.e., results are available more rapidly. The big disadvantage is the unsatisfactory data quality of the harmonised surveys. In international comparisons and in interpreting data it is always necessary to recall that the information is not absolutely congruent, for differences in findings can be artefacts of the harmonisation procedure. In setting a target structure, a strategic approach is intended to exploit the advantages of the first two procedures mentioned and to minimise their disadvantages (e.g., better data quality and comparability for the core variables – both national and international, availability of harmonised micro-data, costly and time-consuming input harmonisation only for a limited number of variables). In the short and medium run, this strategy is likely to gain acceptance as a solution to harmonisation.

7.5 Development Priorities

There is now comparatively broad consensus on priorities for the sustained promotion of international comparative social research. On the initiative of the ESF, for example, the following recommendations have been advanced in preparing the Fourth Framework Programme of the European Union as central to the promotion of comparative research in Europe (Newby et al. 1991: 78–79):

- the harmonisation and implementation of standards for measuring instruments, data presentation, and data documentation,
- facilitation of data access and intensification of use,
- support for international cooperation with infrastructural support for project-related networks,
- strengthening the infrastructure for social research.

All investment in anticipatory co-ordination of primary research benefits all other analyses based on these data, since comparability *ex post facto* can only be attained with much greater effort.

Internationally, the collaboration between the ADM, the ASI and the German Federal Statistical Office is considered exemplary for inter-sectoral endeavours by official statistical authorities, academic and private social research to achieve common standard population statistics (Ehling et al. 1992). The aim of infrastructural support, intensified basic research on the reliability and validity of measuring instruments and survey techniques, and overarching co-ordination of large-scale studies is to improve working conditions for comparative social research.

Further steps towards harmonising official surveys in the European Union envisage standardising about 20 socio-economic background variables as key characteristics in all social statistics (Government Statistical Service 1996: 12–19). They include age, gender, marital status, nationality, educational qualifications, household composition, living conditions, type and extent of gainful activity, and income. In the long run harmonisation is intended to extent to the labour survey, the European Household Panel, household budget surveys, national censuses, and surveys on time use.

There can be no doubt from a scientific point of view that harmonisation at the micro-level of the individual produces better results than adjustments at the macro-level of a society as a whole, which can lead to additional errors and biasing. However, from a cost–benefit perspective, it is not always easy to decide how best to harmonise survey content and methods.

These efforts to harmonise official statistics are to be considered positive not least of all because they put pressure on survey research to standardise socio-demographic background variables while establishing compatibility with statistical office data. This can only benefit international comparative social research.

8 Archival Storage of Survey Data

8.1 Introductory Remarks

Checking alleged findings requires not only perusal of research reports but also access to the empirical basis of studies. Merely communicating survey results in the form of *marginal distributions* (distribution of respondents to question response categories) and *tables* (classification by several characteristics) far from exhausts the information content of a survey. The data collected can be used to answer numerous research questions not addressed by the primary investigators. For information is now available on attitudes and behaviours of the individual which provides historical research with scientifically well-grounded insight into and access to people's lives on a representative basis, such as was not possible before the age of survey research. For this reason alone, data must be *archived* for secondary analysis. It is also possible to subject primary researchers' statements and tables to scientific scrutiny (intersubjective verifiability; see also Deutsche Forschungsgemeinschaft 1998: 12–13). Moreover, variables can be recombined for different analytic purposes, because the meaning of questions and responses can be interpreted in different theoretical frames of reference. Where measuring tools are comparable, *ex post facto* comparative research is possible over time and across space. The renewed use of questions with which data has previously been gathered opens up additional perspectives for historical research (Rokkan 1966; Scheuch 1973; Hyman 1972; Klingemann and Mochmann 1975).

Secondary studies and *intersubjective verifiability* presuppose proper archiving. The coded answers of respondents should be stored in the form of anonymous sets of data (de Guchteneire and Mochmann 1990; Kaase et al. 1980). On the other hand, it is neither necessary nor usual to store completed questionnaires. The description of the study (point of time of survey, target population, sample coverage, etc.) have to be kept available for secondary analysis, together with documentation of the interview tools (questionnaire, card games) and the *codeplan* for the data set. In addition to a wide range of in-house practices, international minimum standards have been developed, such as those applied by members of the International Federation of Data Organisations for the Social Sciences (IFDO) and the Council of European Social Science Data Archives (CESSDA) (Dodd 1982; Scheuch 1990; Inter-university Consortium for Political and Social Research 1996; Tanenbaum and Mochmann 1994a: 505–509). They include incoming inspection, processing and documentation of the data, long-term storage and availability for secondary analysis.

8.2 Incoming Inspection of Survey Material

The purpose of incoming inspection is to prepare a data set with the pertinent documentation in which all cases are included in complete and easily identifiable form, and for which the data and codeplan agree. This requires:

- technical inspection of the data storage medium,
- production of (univariate) marginals,
- a check of the cases with regard to completeness and identification,
- correction of errors,
- a check of the marginals on the basis of the codeplan.

This checking and adjustment can require a great deal of effort, for example if the original data carriers have a technical format that is not (or no longer) current, if the files in question are system files (e.g., SPSS, SAS, or in-house formats for institutes' own analytic programmes), if the studies are in several parts (several waves, several respondent groups), or if the data set is weighted. In such cases checks can be standardised only to a small extent.

8.3 Data Editing and Documentation

The purpose of editing a survey is to produce a user-friendly data set that can be analysed without difficulty even after long storage. A completely edited survey needs a machine-readable codebook. This can involve recoding from rare or obsolete formats to a format that can easily be technically processed, consistency checks as to both content and formal logic, and the accommodation of differing coding strategies to archiving rules. In addition, data sets are brought together at the level of specific respondent groups. Studies carried out at regular intervals or on specific topics are checked for comparability and continuity. To this end, *question correspondence lists* are drawn up. The data of the surveys concerned are recoded to give them a comparable structure, thus making them better accessible for comparative secondary analyses.

Each step in this work should be constantly monitored by means of interim counts. Just how extensive each task is depends not only on the number of variables but also on the technical state of the original set of data.

To put the original survey material into machine-readable form, a codebook is produced, providing a detailed description of the data set. It includes:

- questions and answers, taken as faithfully as possible from the questionnaire and/or codeplan
- a description of information units (variables) at the technical level (positions of variables in the data set, length of data field, number of decimal points, definition of missing values, etc.),
- absolute and relative univariate frequencies per variable,
- introductory methodological information on the survey,
- comprehensive information on specific variables in the appendix.

In addition, the original material (a copy of the questionnaire, the method description, and technical and content information on the survey in the study description) are stored with a backup copy. This is now done by scanner in an Internet-compatible format (PDF).

8.4 Long-Term Storage

The survey data are stored in anonymous form on data carriers in physically separate data archives with several backup copies. Since the best of currently available storage media have only a limited life, recopying is necessary at set intervals. The archival format and technology ensure that the data remains readable.

8.5 Availability for Secondary Analysis

Using survey data for secondary analyses demands specific knowledge about data, familiarity with analytic procedures, and knowledge about the data's context of origin. Archives offer expert advice, but the basic precondition is detecting the variables relevant for a research question in the mass of other variables. Items can be retrieved both by searching whole studies at the content's level and by searching through questions and pre-quoted answer categories in questionnaires. Increasing store is laid on standardised variable names or descriptors, which permit comparable indicators to be brought together selectively from different databases.

As requested by the user, data can be supplied on diskette, CD-ROM or via the Internet; sometimes still on magnetic tape.

International data transfer is co-ordinated by CESSDA and IFDO (Mochmann 1998). Where in the interests of clients and compatible with data protection regulations, market and public opinion research institutes also make selected data available for secondary analysis (Noelle-Neumann 1992: 433–438). The Internet now makes it possible for project groups or individual suppliers to market data worldwide. However, particular attention should be paid to the quality of data checking and the long-term security of archival data storage.

The *validation* of findings requires that data not subject to external client protection be accessible as a matter of principle. For the research community this can be achieved by supplying the data via the Central Archive for Empirical Social Research (Zentralarchiv für Empirische Sozialforschung, ZA) (see Wissenschaftsrat 1985: 256). The need for archival storage of data should thus be integrally linked to the approval of publicly financed research projects. Where special client interests are to be protected, this could be done, for example, by releasing the data after a certain period. Archival storage in survey institutes or by private clients should also take account of such archiving rules.

Part 3

Training and the Mass Media

9 University and Practical Training in Empirical Social Science

9.1 Diagnosis

Among the goals postulated externally and accepted by the profession are to provide university training that gives graduates the professional qualifications they need (Gerhard and Hradil 1996: 45–46). In reality, however, academic training in some areas of empirical social research no longer satisfies practical requirements, because, for example, new technical developments call for resources unavailable to academe. Thus, the possibilities of data collection have been considerably expanded by the introduction of computer-assisted telephone interviews (CATI), laptop computers (CAPI), and even Internet surveys. This development makes new, far-reaching demands on university training (e.g., with regard to selection procedures, questionnaire design, interviewer training, etc.), which universities can not longer easily satisfy because they lack the expertise and the resources.

In 1997, 40 per cent of surveys conducted by the private sector in market and social research were already by telephone interview (CATI), and almost 14 per cent were by personal interview assisted by laptop (Arbeitskreis Deutscher Markt- und Sozialforschungsinstitute e. V. 1998 a: 5). By contrast, searches in the data banks of the Information Centre for the Social Sciences (Informationszentrum Sozialwissenschaften, IZ) reveal that, in research projects and scientific publications that have recourse to surveys, the telephone survey plays a minor role. Between 1992 and 1997, the technique was used in only 0.5 per cent of cases recorded in the IZ bibliographical data bank SOLIS, and only 4.0 of cases between 1987 and 1996 recorded in the research project data bank FORIS (see Tables 1 and 3 in Chapter 17). Whilst ADM member institutes had about 2200 CATI places by 1997, there were no more than about 100 in universities in early 1998.

In view of the importance of the survey method for empirical social research and the asymmetry between private sector resources and knowledge gained in practical experience on the one hand and the university focus on developing theory, methodology, and analytic procedures on the other, it is obvious that practitioners and academics must work together more closely. But the record and primary experience shows that cooperation has so far been much less than it could have been. Neither the ADM, a *planung und analyse* survey, or the IZ teaching data bank give any indication that knowledge gained in practice feeds into university teaching to any extent worth mentioning through teaching appointments of practitioners in universities.

9.2 Options for Improving the Situation

Training in the universities must take account of the changed conditions in empirical social research. However, it will be difficult to achieve this aim because the curriculum structure engenders tension between study of the discipline as such and extended training in methodology. The established curricula assure at least a sound basic training. The framework examination regulations issued by the Standing Conference of Education and Cultural Ministers in 1990, recommends devoting 16 per cent of weekly class time per semester to methodological training. In the winter semester of 1991/92, according to the IZ database *Datenbank Lehre* (West Germany), 12 per cent of course work in a highly differentiated programme dealt with methodology (Artus 1996: 68). In eastern Germany, the average proportion of course time on empirical social research methods was estimated at 20 per cent between summer semester 1992 and winter semester 1994/95 (Hartmann and Nase 1996: 28), of which most was devoted to survey procedures (Hartmann and Nase 1996: 31).

However, given the tension between disciplinary and methodological studies, and in view of the above figures, the profession is unlikely everywhere to endorse the demand for greater emphasis on methodology. Nevertheless, a discussion on the need for differential focus in the face of scarce resources would be extremely useful in the interests of sound training in the empirical social research methods that takes account of all developments in the field (Binder and Stahl 1996: 100). Such differentiation has to be put on a permanent basis by better cooperation between universities and practical research (see also Chapter 12).

10 Survey Research and the Public

10.1 Introductory Remarks

A public discussion on criteria of excellence for survey research that is not restricted to the experts can take place only and in so far as survey findings are publicised by the mass media. Public attention focuses less on the problem of professional quality assurance in relations between the survey institute and the contracting client, or between competing institutes than on the problem of assuring adequate openness in relations between survey institutes, the mass media, and the public – whether as audience, consumers, or perhaps addressees of survey findings. In competing with one another, private market and public opinion research institutes share an interest in defining and observing quality criteria. As the demand for rapidly available survey findings on current affairs increases, so does the danger that institutes will neglect quality criteria to compete only in terms of price, risking the quality of samples, question design, and field work. The danger is all the greater if clients cannot be expected to have the expertise necessary to evaluate quality. What aggravates the problem is that survey findings are often published by the mass media and discussed publicly without stating the exact wording of questions and without information on sampling and procedure – especially when the media or journalists concerned are not in a position to judge.[11]

Quality criteria thus concern not only the production side. With the threatening loss of public confidence, with frequent allegations of political instrumentalisation, and frequently uninformed treatment of survey results in the media, it is also a problem of the diffusion and acceptance of research findings, and especially a problem of communicating findings to the media, or to the public via the media.

11 Little more than half the press reports on election polls in Germany supply information on the number of respondents; only one third state the exact wording of the question (Brettschneider 1996). An international ESOMAR/WAPOR survey also showed that less than 40 per cent of the 147 (of 206) public opinion researchers from 87 countries who were questioned attributed high quality to reporting on survey findings in the media (Foundation for Information 1997).

What professional quality criteria should apply in publishing survey results

- for the publication of findings by research institutes?
- for the diffusion of findings by the media?

And what practical consequences and specific recommendations ensue

- for the institutionalisation of *editorial standards*?
- for journalistic competence?

The minimum requirements for professional practice and the legitimate use of survey research as defined by the professional and sectoral organisations of the market and public opinion research institutes (e.g., ADM, ASI, AAPOR, ESOMAR), which we have already dealt with at length, can certainly serve as a point of departure. However, it should be remembered that these criteria for the publication of survey findings are directed primarily at the institutes themselves; applying them to media publication seems an obvious step to recommend, but a vain endeavour without

- corresponding standards for the publication of survey findings adopted by media organisations (the Press Council, the Federal Association of German Newspaper Publishers [BDZV], the German Journalists' Association [DJV]),
- sufficient basic competence in handling surveys (or figures at all) for editorial purposes, and/or the appropriate initial and further training for journalists.

10.2 Publishing Survey Findings

Journalistic or editorial standards for the publication of survey findings provide particularly important guidance for the public handling of surveys. In comparison with the United States, for example, Germany still has a long way to go in this respect (Brettschneider 1991, 1996). The minimum requirements laid down by the AAPOR (American Association for Public Opinion Research 1997b; see Section 16.2, especially *III. Standard for Minimal Disclosure*), which apply for both survey institutes and the media, have so far been matched only incompletely in ADM draft recommendations (a particularly grave omission is sampling bias, information indispensable for the meaningful interpretation of results). The German Press Council merely "recommends" (Press Code of Ethics: Guideline 2.1) providing information on:

- the number of respondents,
- when the survey was conducted,
- who commissioned it,
- the wording of questions.

No mention is made of the remaining AAPOR or ADM minimum criteria, which would require the publication of information on the

- survey institute,
- population (target population),

- sampling basis (e.g., electoral register, residents' register),
- sampling method (especially random sampling),
- interview mode (telephone/face-to-face/mail),
- survey location,
- coverage rate,
- weighting methods,
- sample bias,
- subsample size in the case of partial results.

This is by no means a matter of methodological purism, which interests American media and journalists or research institutes as little as it does their German counterparts. It is a question of the transparency of findings, and of helping the public to interpret them. At the same time, American practice shows that such minimum criteria are neither unrealistic nor unrealisable, nor do they overtax the public's ability to appreciate matters or the competence of journalists (who may, where necessary, gain the needed qualifications in initial or further training courses). On the contrary, they are a great help precisely for the layman in understanding the published findings. In the United States, a sort of "survey imprint" for the publication of survey results in some media has proved its worth.[12]

Whereas serious media (television and the print media) in the United States, for example, now almost always publish survey results with information on the sampling method (random selection) as well as sampling bias (margin of sampling error), in Germany the latter information is regularly edited out of the report, even if it is stated by the survey institute and passed on by the press agencies – probably through ignorance (Donovitz 1997). On German television, too, for example in political polls, the error margin (usually about 2 to 3 percentage points) is not generally stated (instead, the significance of changes as small as one per cent are commented on). Although the stated sampling bias applies only in the case of simple random sampling, it nevertheless provides a useful rule of thumb for avoiding the otherwise completely misleading impression of absolutely precise results. In surveys with political content – especially in the run-up to elections – information that is indispensable for adequately interpreting data is omitted; for example, how many of the respondents asked about their voting intentions could not (yet) name a specific party, and how many refused to answer this question.

In other respects, the findings of a "survey" among 30 visitors to a shopping mall or job centre or from a TED "survey" can under certain circumstances be interesting and even worth publishing, as long as these facts are stated and their

12 A typical instance of exemplary openness from the *Los Angeles Times* (21st September 1997): "The *Times* Poll contacted 1258 adults nationwide by telephone Sept. 6–9. Telephone numbers were chosen from a list of all exchanges in the nation. Random-digit dialling techniques were used so that listed and non-listed numbers could be contacted. The sample was weighted slightly to conform with census figures for sex, age, education and region. *The margin of sampling error for all adults is plus or minus 3 percentage points; for certain subgroups the error margin may be somewhat higher. Poll results can also be affected by other factors such as question wording and the order in which questions are presented*" (highlighting not in the original).

omission does not give the impression that the findings are generally applicable. This is true of all the information about random or "representative" quota samples that is needed to interpret the results, particularly information about deviant (non-random) sampling methods or especially high error margins.[13]

Editorial guidelines for the publication of survey findings that – in collaboration with the social science professional organisations – could be produced jointly by the ADM, the ASI, the Press Council, the Federal Association of German Newspaper Publishers (BDZV) and the German Journalists' Association (DJV) could provide useful assistance in this field for the German media (as do the AAPOR standards for the American media), thus making a lasting contribution to improving the quality of media reporting on survey findings.

10.3 Initial and Further Training for Journalists

The issue of German journalists' basic competence in the social sciences is problematic not least of all because most practising journalists in this country have a background in the humanities rather than in the social or natural sciences. This presumably contributes to uncertainty about, if not rejection of empirical social sciences methods and findings. This can result in unjustified scepticism, in exaggerated presumptions of abuse, and even in the popular demand for a ban on the publication of electoral polls during election campaigns (Kaase 1977: 460–462).

Lack of public acceptance of survey research (also among journalists and politicians) can certainly have many causes, but confidence in survey research can be weakened by, for example, both the unqualified and sweeping disparagement of surveys and allegations of arbitrary results as well as the frequent overinterpretation of findings in the media. Examples of the latter are the usual "election forecasts" (which generally do not want to be genuine forecasts at all), and the completely misleading impression of the precision of findings. At any rate, the professional treatment of surveys by the media, and thus their meaningful reception by the public, is determined by the extent of journalists' expertise and competence. This raises the issue of the quality of journalistic training in this area.

Reducing existing deficiencies in training can be achieved in the long term only by placing greater emphasis on social science methods in courses on communication science and journalism and in the curricula of non-university schools of journalism (whether private, publicly financed, or within publishing houses). It appears to be

13 A typical everyday example of problematic treatment of "survey results" by a German quality newspaper (at least some of the relevant information is provided, but which – apparently unnoticed – clearly contradicts the statements in the text): "Growing violence against senior citizens: (dpa/epd) *Every third elderly person* has suffered physical or psychological violence from strangers over the past five years. ... 5750 people aged between 60 and 94 were asked by the Bonn action group 'Action against Maltreatment' at the end of last year; about 1000 replied. ..." (*Süddeutsche Zeitung*, 11th March 1998; highlighting not in the original).

more important, and more promising in the short run, to expand further training opportunities for practising journalists, either in special university courses and seminars (e.g., further training courses for journalists as offered by the Free University Berlin), or through the participation of selected journalists in the well-established spring seminars or summer courses in social science methods such as those offered by the ZA, ZUMA, the European Consortium for Political Research (ECPR) and the Inter-university Consortium for Political and Social Research (ICPSR).

However, it took 20 years in America for the AAPOR code to be accepted as binding by all members (especially institutes). And it was another 15 years before the corresponding standards had become established in the media and editorial offices – with the active participation of press and journalists' associations and academic educational institutions (Gollin 1987). Only gradually has it been realised that neither the survey institutes nor the media can ultimately have an interest in misleading the public by withholding the information essential for evaluating published findings, and that the necessary basic competence and judgement must be part and parcel of contemporary journalistic professionalism.

Part 4

Freedom of Research and Data Protection

11 Freedom of Research and Data Protection: Status and Prospects

11.1 Introductory Remarks

According to Art. 5 (3) of the Basic Law for the Federal Republic of Germany, research is free. A clear decision has thus been made in favour of protecting research, which may be restricted only – pursuant to a law – if it comes into conflict with other fundamental rights laid down by the Constitution.

Today there can be no doubt that the economic, social, and cultural existence of advanced industrial countries like Germany depends in high degree on an outstanding international performance in the research field. On the other hand, numerous revolutionary innovations in science also engender risks; the resulting socio-political controversies, as in the field of genetic engineering, show that freedom of research always has to face up to social conflict and accept compromise.

11.2 Data Protection and Empirical Social Research

As the Deutsche Forschungsgemeinschaft explains in the memorandum on Freedom of Research (*Forschungsfreiheit;* Deutsche Forschungsgemeinschaft 1996), the many risks involved with much research have been a not inconsiderable factor in restricting the underlying conditions for scientific work. The prime reason given for restricting empirical social research is fear of the risks for the individual that can arise from the information gathered. In no other field has such concern found clearer expression than in the national and state data protection legislation adopted in Germany in the late seventies and early eighties (Kaase et al. 1980; Kaase 1998). The introduction of electronic data processing in administration at that period appeared in principle to create new possibilities for establishing data-based personality profiles of individuals at the risk of generating knowledge for official purposes in violation of individual civil rights (one need mention only the so-called "screening search" procedure (Rasterfahndung) employed by the German Federal Criminal Investigation Agency (Bundeskriminalamt) in the combat against political terrorism, and, quite generally, the discussion about the so-called "glass personality"). In this context, data protection legislation provided for measures that initially called into question central preconditions for empirical social research.

Particularly problematic was the requirement of the individual's written permission for passing on information obtained directly from him or her in the course of a survey (Kaase et al. 1980). This is not the place for a detailed account of the history of this controversy and the solutions to the problems that arose. The important thing is that the social science organisations involved (ASI, ADM and BVM) negotiated an arrangement with the top data protection authorities in the states (Länder) that was considered acceptable by all parties, notwithstanding legal differences of opinion. It was acceptable in the sense that the protection of individual personal rights as provided by law and guaranteed by the constitution was ensured while the fundamental preconditions for scientific social research were not contested.

The decision handed down by the Federal Constitutional Court on 15th December 1983, which confirmed the unobjectionableness of passing on, for research purposes, personal census data that has been rendered "factually anonymous", was doubtless instrumental in calming the debate. Most importantly, the concept of "factual anonymisation" represents a break with the abstract concept of "anonymisation", thus offering an opportunity to regulate access to data for the social sciences in concrete terms. Empirical studies have meanwhile benefited (Müller et al. 1991) to the extent that close cooperation between empirical social research[14] and statistical offices has resulted in official micro-data, for example from the micro-census and the income and consumption sample being made available in the form of *scientific use files* for secondary analyses (Lüttinger and Riede 1997).

Since the 20th December 1990 amendment to the Federal Data Protection Act does not affect – and indeed § 4 (3) protects – the arrangements agreed by empirical social science and data protection authorities under the original Federal Data Protection Act and the state data protection acts, it is not surprising that the two sides have, on the whole, co-operated successfully over the past two decades.

In all these controversies, one of the decisive factors contributing to agreement has been that social research managed to persuade the other side that it was interested not in the specific individual but only in group findings in the form of aggregated information, in which the individual as a specific person no longer plays a role. Empirical social science has therefore never had a problem with destroying personal references after certain interview checks necessarily relating to specific individuals have been carried out. As will be shown, it would be contradictory to use personal data for canvassing purposes. Whoever collects data to such ends is not conducting research.

The agreement reached between social research and data protection authorities does not, however, mean that data protection legislation does not restrict social science research in any way (see Deutsche Forschungsgemeinschaft 1996: 53–54, 72–73). Particularly significant restrictions are imposed by, for example § 13 (2) of the Federal Data Protection Act as amended, which lays down that personal data are to

14 Particularly worthy of mention in this context is the German Association of Social Science Infrastructural Establishments (Gesellschaft sozialwissenschaftlicher Infrastruktureinrichtungen e.V., GESIS), is jointly sponsored by the federal and some state governments.

be obtained only from the individuals concerned. For all practical purposes, this blocks the analysis of personal networks, an increasingly important field of social research, although it can be particularly important from a scientific point of view to study individuals' attitudes and behaviours as perceived by others.

Overall it can be said that, in empirical social research, scientific interests and data protection rules are currently in a somewhat stable, though always precarious balance. It is precarious mainly because data protection law contains no permissive norm corresponding to the constitutionally guaranteed freedom of research. At the time of writing, hearings and consultations on further amendments to the Federal Data Protection Act had begun, which is also intended to harmonise German law with the EC Directive (95/46/EC) of 24 October 1995 on the protection of individuals with regard to the processing of personal data and on the free movement of such data. However, the draft prepared by the Federal Ministry of the Interior before the September 27, 1998 general election shows no sign that this new amendment will take adequate account of scientific research interests. The ADM has explained that and why market and social research is unconstitutionally disadvantaged by the new bill owing to the lack of a permissive norm. This offers an important, new area of conflict with a possibly crucial and restrictive impact on working conditions for empirical social research.

Next, a particularity of empirical social research is addressed. In the introduction to this memorandum, it was mentioned that such research would never have been possible without cooperation between university and private social research. Not least of all, this is because mutually beneficial synergy grounded in a division of labour has developed between the two sectors over a number of decades in Germany. It has thus been possible, for instance, for university research to do without its own organisations for carrying out survey field work. However positive this cooperation may be, it has always been difficult to convince the lawmakers and the data protection authorities about this synergy.

Another important basis for this meeting of interests is that the same scientifically grounded techniques of data collection and data analysis are used in both university and private social research. As will be pointed out below, there is no reason to doubt that this cooperation will continue. On the contrary, there is every reason to assume that it will and must increase still further in the foreseeable future, not least of all to the advantage of university social research (see Chapter 9). It is thus neither useful nor necessary to strive for special arrangements in data protection legislation for academic social research that do not cover the private sector.

11.3 Erosion of the Research Concept

At this point, a recent development should be mentioned that, from a quite different angle, calls in question the fundamental basis for empirical social research and the arrangements agreed between data protection authorities and social scientists to safeguard the anonymity of respondents. The expert group is aware of an increasing number of cases in which companies obtain the permission of individuals and/or households to collect information about them *precisely identified by name and address,* and who pass on these data to others for commercial purposes. Quite clearly, the fundamental willingness of people to assist in social research by offering to cooperate is being abused in these instances for sales promotion purposes. There is a great risk that, if this abuse increases, the confidence of the public that the anonymity of survey respondents will not be violated, and that they will not be confronted by targeted sales offers or advertising on this basis, will suffer considerably.

This confusion of research and commerce has been strongly criticised by the national and international market and social research organisations, and is forbidden under the canons of professional ethics. Unfortunately, this does not prevent firms outside market and social research from continuing to use such methods. Astonishingly, the courts are reluctant to put a stop to this abuse of the notion of research. One court declared in connection with the misuse of the concept in direct marketing that the public had no clear understanding of the research concept and could therefore not be misled (OLG Munich, 6 U 1617/97). Another court recognised the deception but not the right of the plaintiff, the ADM, to take action (OLG Cologne, 6 U 188/95). The ADM has appealed from both decisions to the Federal Court of Justice; the cases were pending at he time of writing of this report. It has so far proved impossible to convince the courts that this legal position deprives the concept of research of its constitutional status and substance. Scientists and politicians ought therefore to look for ways to halt the erosion of the research concept.

Part 5

Development Desiderata

12 Collaboration between Private and Academic Social Research

12.1 The Initial Situation

Both private and academic social research set about re-establishing an infrastructure shortly after the War, intent on overcoming the silence imposed through the oppression and proscription of the Nazi period. The first activities of private institutes were still hampered by military government and the division of the country among the occupying Allies, but led in the mid-fifties to the establishment of the Association for Commercial and Market Sales Research (Arbeitskreis für betriebswirtschaftliche Markt- und Absatzforschung e.V.), the Association of Commercial Market Researchers (Vereinigung Betrieblicher Marktforscher e.V.) and the Professional Association of German Market Researchers (Berufsverband Deutscher Marktforscher e.V.). The latter two joined in 1956 to become the Professional Association of German Market Researchers (Bundesverband Deutscher Marktforscher e.V.), to be renamed in 1980 as the Professional Association of German Market and Social Researchers (Bundesverband Deutscher Markt- und Sozialforscher e.V., BVM). The former organization now bears the official title Association of German Market and Social Research Institutes (Arbeitskreis Deutscher Markt- und Sozialforschungsinstitute e.V., ADM), representing the interests of 39 member institutes (September 1997). These institutes represent about 70 per cent of the total turnover in the German market (Arbeitskreis Deutscher Markt- und Sozialforschungsinstitute e.V. 1997a). About 800 of the more than 3000 academically trained permanent employees of private market and public opinion research institutes are currently members of the BVM (Berufsverband Deutscher Markt- und Sozialforscher e.V. 1997).

The organisational origins of academic social research also date from the first post-war years, when the Dortmund Social Research Centre (Sozialforschungsstelle Dortmund, SFS) was founded (1946), and a number of institutes joined forces in a relatively loose "emergency organisation" in 1948 as the predecessor to the Association of Social Science Institutes. This organisation (Arbeitsgemeinschaft sozialwissenschaftlicher Institute e.V., ASI) was formally set up in 1953 (Mnich and Sahner 1989). The ASI unites non-profit-making social science research establishments and university institutes. It currently has 70 corporate and 30 personal members. The purpose of the ASI is to promote and strengthen social science research, especially empirical research. The ASI maintains the Social Science Information Centre (Informationszentrum Sozialwissenschaften, IZ) in Bonn, successor in 1969 to the Coordination Centre for the Documentation of Social Science Research (Koordinierungsstelle für die Dokumentation sozialwissenschaftlicher Forschung, KOST). Since 1986, the Centre has been a corporate member of the German Association of Social Science Infrastructural Establishments (Gesellschaft sozialwissenschaftlicher Infrastruktureinrichtungen e.V., GESIS), which is jointly sponsored by the federal and some state governments. The other two corporate members of GESIS are the Central Archive for Empirical Social Research (Zentralarchiv für Empirische Sozialforschung, ZA) at Cologne University and the Centre for Surveys, Methods, and Analyses in Mannheim (Zentrum für Umfragen, Methoden und Analysen e.V., ZUMA).

The ADM, ASI and BVM represent individuals and institutes committed by reason of training and working methods to high scientific standards in research. The objectives and conceptions of the three organisations accordingly overlap and complement one another, especially since those involved share an interest in both the public and their clients taking a positive view of empirical social research performance.

The common interests of the three associations and their members encouraged cooperation from an early stage, and this has long since intensified. ADM, ASI and BVM worked closely together in connection with adoption of the first Data Protection Act in West Germany in 1979 and in the subsequent deliberations with the state authorities on implementation of the Act (Arbeitskreis Deutscher Markt- und Sozialforschungsinstitute e.V. 1994). Since the joint annual conference staged by the ADM and ASI in Heidelberg in 1981 (Kaase et al. 1983), following the first major post-war conference of German social research in Weinheim in December 1951 (Institut zur Förderung öffentlicher Angelegenheiten 1952), the annual conferences of 1989 (Franke and Scharioth 1990), 1992 (also with the BVM; Breunig et al. 1993) and 1997 were also staged jointly by the two organisations. Since 1986, representatives of the ASI, ADM, and the Federal Statistical Office have also met regularly to exchange information, which has led to joint projects and (so far) to two jointly organised conferences (1995 and 1997) (Statistisches Bundesamt 1996).

Despite closer cooperation, there is still a long way to go before the demand voiced at the 1981 Heidelberg conference for the "systematic establishment and expansion of cooperation between university and non-university social research, of which there are thus far only first signs" is met (Kaase et al. 1983: 22).

ZUMA, the Mannheim Centre for Surveys, Methods and Analyses, founded in 1974, and which until 1985 was an auxiliary facility (Hilfseinrichtung) of the Deutsche Forschungsgemeinschaft, has confounded the fears of some market and public opinion research institutes by becoming not a competitor but an important interface between academic and private survey research. One major focus of its activities has been supporting social scientists primarily in the universities. As a service facility, ZUMA advises on, among other things, the development of research designs, the design of survey instruments, sampling, and data interpretation. In addition, the institute organises regular methodological seminars for interested scientists and publishes two journals, the *ZUMA-Nachrichten* and the *Informationsdienst Soziale Indikatoren* (ISI). Cooperation with market and public opinion research institutes is institutionalised especially in survey field work.

The private market research institutes employ an increasing proportion of academically trained staff. If attention must nevertheless be drawn to the danger of private and university social research drifting apart despite greater cooperation, this is due in the first place to more recent trends in methodology and research practice.

Until the second half of the eighties, all social research obeyed largely uniform standards; the survey in the form of the face-to-face interview predominated as the *"via regia" of social research* (René König). The related academic interest in methods and problems of questionnaire construction, in scaling, sampling theory, and coverage was shared by and benefited the institutes conducting the surveys. Openness about advances in methodological knowledge was in the general interest and useful for both sides.

12.2 The Current Situation

The increasing use of telephone interviews from the mid-eighties, and related methodological and technical developments has been a prime factor in the growing tendency for the priorities of private and academic survey research to diverge. At first it seemed as if the telephone interview would favour academic research, because results could now be obtained without the high expense of face-to-face interviewing. With the rapid spread of telephone surveys in Germany and in other OECD countries, however, it was soon apparent that the standards of data quality normally demanded of social research could be assured with this interview technique only with considerable capital input and under professional conditions. The reason was that telephone and face-to-face interviews differ substantially with regard to question wording, questionnaire construction, the scales that can be used, and interview modes, sampling, and interviewer recruitment and training (see Chapters 4 and 5).

Private institutes, which introduced telephone interviewing, naturally did not each invent these methods in isolation, but they did spend considerably on basic research (e.g., Jung 1990). However – not least of all for competitive reasons – comprehensive and prompt publicity was not given to the results of this research, to experience gained or to learning effects. For this reason, but also because experience has differed considerable from institute to institute, a common canon of more recent interview techniques for private and academic research is increasingly illusory. Moreover, academe lacks the necessary resources to be a serious competitor. All in all, private survey research is rapidly forging ahead of academic research.

12.3 Conclusions

Where new developments in empirical social research methodology and techniques require considerable capital investment, the consequences for academic survey research – as with the introduction of telephone interviewing – are particularly farreaching. There is a clear trend in this direction. Interviewer teams for personal interviews are increasingly equipped with laptops to permit computer-assisted interviewing (CAPI). Permanent competition obliges private institutes to react fast to market developments. This will make it increasingly difficult for academic survey research to keep abreast of new developments. Nevertheless, it can be assumed that greater cooperation between academic and private market and public opinion research will continue to be in the interests of both:

- In an atmosphere determined by day-to-day business, private institutes cannot take systematic account of all aspects in the development of new tools. Academic research has both the responsibility and, in principle, the capability to do so.
- Methodological training at universities and technical colleges (Fachhochschulen) is an essential basis for the expert knowledge needed by the scientific staff of market and public opinion research institutes. The people who provide this training, however, often lack sufficient personal experience in such institutes. A regular exchange is needed between the two sectors.
- The establishment of an appropriate infrastructure in the universities is essential for the further development of empirical social research in Germany. Private market and public opinion research expertise is indispensable in this endeavour.
- Closer cooperation between academic and private social research can maintain high standards in empirical social research and enhance its status more effectively in the eyes of the interested public.

13 Change and Prospects in Survey Research

13.1 Introductory Remarks: Quality and Change

As has been shown, the practice of survey research is changing. Is the quality of surveys also changing? Must the criteria for quality change?

There are no easy answers. Such questions raise further, often fundamental, methodological issues in empirical social research, which this chapter addresses.

The first consideration is the *criteria* by much the *quality* of survey methods can be assessed. What distinguishes a good survey from a bad one? What generates confidence that the findings of a survey accurately reflect social reality? The next concern is *what developments* are occurring or emerging in survey research. We need to understand what drives change. Change as such is no cause for concern. It can, for example, consist in

- a search for innovation to improve survey quality,
- in creative adaptation of existing methods to maintain existing standards of quality under changed conditions,
- in modifications to methods to cut survey expense at the cost of reduced quality.

Finally, the two aspects must be brought together: on the one hand development trends and survey research methods, and, on the other, appropriate quality criteria. No *ex cathedra* evaluation can result, but the problems and levels of survey quality might become clearer.

Many of these questions can be answered only by systematic methodological research. The following comments thus draw attention to a considerable need for research in this field.

13.2 Quality Standards and the Prerequisites

13.2.1 Quality criteria: accurate results and appropriate methods

Survey research is a method for making generalisable statements about social facts with limited economic means. The core of this social science invention is constituted by two methods, *representative sampling* in conjunction with *standardised interviewing*.

On this basis, the criteria for the quality of a survey are clear:

- the undistorted representation of a defined population by the sample,
- the valid, reliable measurement of the parameters at issue by the interview.

These are theoretical criteria that apply absolutely and always. The problem is to determine in any given case whether the criteria have been met, and if not why not.

Two types of indicator estimate survey quality, the instrumental criteria, as it were:

- accurate results,
- appropriate methods.

The two points are naturally linked, but can be differently weighted as to their significance. Where survey findings provide the basis for practical conclusions and decisions, greater emphasis will be placed on the first of these criteria, i.e., accurate and useable results. This is the case for market research, for contract research commissioned by government and public bodies, and for electoral research. Depending on the task and project type, methodological requirements and quality standards can differ substantially. What is expected is that the methodological effort is in reasonable proportion to the objective of the study.

Academic research puts greater emphasis on "appropriate method" criteria. One reason is that the research topic often concerns attitudes or complex constructs for which the "true" distribution in the population under study is unknown. Trust can therefore be placed only in the "rules of the art". If certain scientifically grounded methods are used, the survey is expected to describe the matter at issue accurately within certain margins of error.

This confidence in methods is important and indispensable, but it is risky. For example, it is problematic if specific criteria are taken as absolute measures of quality (e.g., a given sample coverage). This leads to false assessment of the quality level, to both underestimation and overestimation. It is also problematic if the preference for established methods leads to *methodological conservatism*. In the long run, high standards can be assured only through a willingness to adapt procedures to changed conditions, and through openness to innovation.

Methods and changes in method can have a considerable impact on research results. However, the solution cannot be to cling to old, possibly obsolete ideas about procedure. It can only be to try to understand better how method influences results, and to monitor it. This demands sufficiently precise description and documentation of methods. It demands open, informed discussion. And it demands continuous methodological research that takes account of research practice.[15]

13.2.2 Historical conditions: the infrastructure of survey research

Method-related quality standards for conducting surveys can apply only in a specific space/time context; they depend on historical conditions. Apart from a theoretical/ statistical basis, a certain "infrastructure" is needed.

This is not primarily the institutional structure provided by the institutes that conduct surveys. It consists rather in a very much broader set of conditions, which can all be important for survey quality:

- organisational/institutional conditions, such as whether a general register of individuals exists from which samples can be drawn, whether trained interviewer teams are available, etc.,
- methodological/conceptual conditions, for example whether, in the absence of a central register, there are substitute statistical solutions such as – in Germany – the ADM sampling system[16],
- legal and cultural conditions, for instance, public willingness to cooperate in surveys, regulation of this situation under the law relating to data protection, etc.,
- technical conditions, such as data collection and processing techniques, communication methods between the institute and respondents or interviewers,
- economic conditions, such as the willingness of government, organisations, foundations, and companies to finance high-quality surveys; the university or private status of research institutes; the competitive situation on the survey research market; research providers' competitive strategy.

How important these aspects and factors are becomes immediately apparent when envisaging comparative survey research in a number of countries. What is possible in one country can often not be done in the same way or to the same standard in another. Or this becomes clear when something changes. For example, a well-meaning amendment to data protection law intended to protect the consumer against unsolicited telephone marketing, which does not distinguish such marketing clearly from market research has immediate repercussions for telephone survey research (see Chapter 11).

The survey research infrastructure existing in a country is often taken for granted and given no further thought. It is, however, an artefact, something which has developed, something that can change for better or for worse. In European coun-

15 The recently published methodological study on the Eurobarometer (Saris and Kaase 1997) can be considered an exemplary contribution.

16 The ADM sampling system is based on a random selection of general election precincts. Certain addresses are randomly selected in the precincts as the starting point for a so-called *random walk*, in which generally every third household is selected (Loeffler and von der Heyde 1993).

tries conditions can vary considerably, and in the United States, for example, they are different again. This would be an interesting topic for a detailed sociology of science study. What is of interest at this point is merely that criteria of excellence and standards in survey research are subject to social conditions and thus to social change.

13.2.3 Procedural models

Methodological studies on survey research are generally concerned only with specific aspects and issues. A *quality evaluation* methodology for surveys, by contrast, would require an overall approach. In practice, surveys comprise numerous steps integrated in a defined programme. The quality of results is an outcome of the overall process.

The problem is similar to that of quality control in industrial production. Monitoring of specific stages in a process is now supplemented by total quality management (TQM), which seeks to evaluate and optimise entire processes. Total quality management could also be useful in evaluating survey quality. But what sort of TQM would be needed for this purpose?

The first requirement is a concept for the overall description of a survey type. The term *procedural model* is proposed for this concept. A procedural model consists of various components or dimensions of the overall process. With regard to quality standards, it seems useful to distinguish the following six components:[17]

- the master sample (coverage),
- missing data (nonresponse),
- interview mode (mode effects),
- data collection and processing (error possibilities/error avoidance),
- time requirement (rapidity),
- documentation (transparency).

Each of these components covers a range of procedures partly relevant to quality which can be evaluated. The "better" methods generally involve greater effort and thus cost more. This can be referred to as *quality costs*. Each procedural model represents a specific balance between quality and cost aspects.

Not every procedure within a component can be combined with every procedure within other components. Mail interviews, for example are possible only if sufficient address material of adequate quality is available at reasonably cost. This is unfortunately not the case in Germany for nationwide or supraregional surveys.

The coming sections discuss a number of procedural alternatives from the quality point of view. Beforehand, essential trends in survey research will be described.

17 In addition, of course, the "good questionnaire" is a vital quality criterion. However, methodological models for surveys can be discussed regardless of the quality of a specific questionnaire. But a "good questionnaire" must take account of the possibilities and limitations of the interview method selected (see Chapter 4).

13.3 Trends in Survey Research

13.3.1 New information and communication technologies

The interview in the form of the face-to-face conversation, conducted on the basis of a standardised questionnaire in which the responses are recorded *(paper and pencil)*, has been increasingly supplemented or displaced since the early eighties and still more so in the nineties by other modes, the telephone interview – initially conducted with traditional paper questionnaires, then, relatively soon with the aid of computers (CATI), and even in automatised form without interviewer; computer assistance in face-to-face interviews, too (laptops or pentops) (CAPI); various forms of self-administered interview by respondents on the computer screen (at home, in studios, at exhibitions, etc.); Internet interviews.

The replacement of the traditional interview by these new forms has already made great progress in the English-speaking world. There is also a comprehensive literature in English on methodology, describing and evaluating the new interview techniques. The same trend is apparent in Germany, although with some delay.

The new techniques must be seen in context to understand the significance and dynamics of developments. Conducting surveys can be seen as organising a complex communication event involving a large number of people. Why should new information and communication technologies, which increasingly permeate all areas of society, bypass this domain?

The advantages offered by the new technologies are obvious. They speed up surveys and facilitate monitoring. They offer a wider range of options, such as audiovisual interview components. They open up new possibilities for error avoidance in interviewing and data collection. However, the interview situation as such – in, for example, the laptop-assisted face-to-face interview – differs little from the traditional mode. What has radically changed with conversion to electronic media are the upstream and downstream stages.

Survey research is thus placed on a new footing. Considered as a professional service, it is being transformed from a low to a hi-tech sector.

13.3.2 The market for surveys: supply and demand

Quality criteria for surveys can be scientifically grounded and discussed. But in the actual practice of conducting surveys it is the market that determines the importance of quality criteria. Procedural models with high quality standards are developed and offered by institutes only when there is a demand for them, when clients place value on specific quality criteria and are prepared to pay for the required effort.

In this regard, times are difficult. Market research, the biggest demand sector for surveys, is feeling the pinch of industry's stringent cost-cutting strategies. Contracting is increasingly decided by purchasing departments, not according to quality but in terms of price. In the public sector, the financial situation has imposed cuts in research budgets. Costly social science surveys can be financed for only few projects. Quite legitimately, price plays a crucial role in many decisions on appropriations and commissions, and it is often difficult to assess the relationship between price differences and differences in quality.

In this situation there is strong pressure to find simplified, "lean" procedural models for surveys, even if quality by social science methodological criteria has to be lowered. Such efforts are legitimate, and the loss of quality can possibly be justified. The problem is that these questions are not openly discussed. Neither the survey institute nor the contracting client necessarily wants to face accusations that their study does not conform with applicable quality standards. This atmosphere gives rise to methodological grey zones and black boxes, taboo areas and rituals, but hardly to rational discussion on quality.

There is a further problem. Different groups of clients in the survey market do not share the same quality criteria, and increasingly so. Today firms demand that market research rapidly supply information relevant to the decisions to be made; criteria for survey instruments are accordingly speed and problem orientation. In contrast, social science is interested in the quality of sampling and field work, in sample coverage, possible mode effects, etc.

These differences are certainly somewhat exaggerated. Important sectors of the survey market fall between these two poles. Resources and know-how in the one area help to make resources and know-how available for the other. But there are competing quality demands and priorities. It is not a matter of course for surveys to be conducted in compliance with high quality standards. This is a capability that must be developed and which can be lost.

13.3.3 Pluralising procedural models

In sum, the following can be said:

- The world of survey research today is more complex and varied than 20 years ago. *Procedural models* have become *pluralised*.
- Pluralisation also involves differentiation of quality levels.
- This development will continue, given the potential of new information and communication technologies.
- In view of varying quality criteria and the differential financial clout of survey sponsors, this is a necessary and reasonable development.
- However, this gives rise to a greater need for methodological orientation and evaluation. This is an important task for social science methodological research.

13.4 Controversies and Perspectives

Theoretically, survey research quality criteria are clear; in practical terms, however, this is less so. There are many facets to quality. Depending on the emphasis that is placed on different aspects, and taking the cost of quality into account, different evaluations or preferences can emerge (*best practices* vs. *good practices*, see Chapter 5). In the debate on quality there is therefore room for controversy and differences in strategy. Therefore, a more detailed look at this is in order. The account refers to general surveys with voluntary respondents, so to speak the basic type of survey research. For other types of survey and entity (e.g., firms) these thoughts would apply *mutatis mutandis*.

A full or balanced treatment of all possible quality dimensions is not intended. The aspects examined typify current and conceivable procedural models.

13.4.1 Sample quality

13.4.1.1 A quality checklist

The following comments on sample quality are likely to meet with broad agreement:

- The population to be represented by the sample must be clearly defined (1).
- Selection should be random, giving every person in the parent population the same or at least a measurable chance of being selected. There can be justifiable pragmatic grounds for preferring quota sampling to random sampling, but the basic preference should be for a random rather than a quota sample (2).
- The sampling frame should include all subgroups of the population under study (coverage) (3).
- Equal probability of selection for each individual is preferable to unequal probability unless the disproportionate structure is wanted for a specific reason or cannot be avoided (4).
- It is useful if prior information is available about the elements of the gross sample, which permits structural analysis. This can allow gross sample structure to be checked against parent population structure (regardless of subsequent sampling loss). Once the net sample is available, these structural data can permit nonresponse determinants to be analysed (5).
- A less clustered sample is to be preferred to a more strongly clustered one (6).
- Interviewer influence on respondent selection should be minimised (7).
- The substitution of valid interview addresses by others should be allowed only in accordance with fixed selection and documentation rules (8).
- Every effort should be made to actually interview the greatest possible proportion of respondents selected (sample coverage) (9).
- All missing items (nonresponse) should be accounted for. It is useful if structural information on nonresponse can also be obtained – usually done only sketchily – because it can point to possible structural effects of nonresponse (10).[18]

These ten *quality dimensions* describe what is required of an ideal sample in population surveys. They provide a checklist for evaluating the sample quality attainable by each procedural model. Among the methods for general surveys used in German social research there is one method that satisfies all ten quality criteria, namely the

18 This is a substitute (although inadequate) for having advance structural information on the gross sample.

ALLBUS model for 1994 and 1996, which operated with addresses drawn from local authority residents' registers. However, this example illustrates the dilemma of high quality demands. The cost of this technique exceeded the available research budget, so that the model had to be discontinued.

All other sampling methods have to make concessions on one criterion or another, or do so deliberately to cut costs. Taking all the above quality criteria into account, random route samples[19] (for face-to-face interviews) and telephone samples straddle the middle range; owing to the various options for organising these methods, the quality spread is great.[20] By these criteria, quota sampling comes low on the scale.

13.4.1.2 Selected quality aspects of population surveys

Critical points in evaluating the quality of current survey techniques can be identified by this checklist. Three particularly important issues will be considered, unequal probability of selection (4), substitution (8), and sampling coverage (9).

Unequal probability of selection

As a rule, samples are drawn indirectly via household samples. Not individuals but households constitute the initial sampling unit. This is the case for both face-to-face interviewing by the random-route method and for telephone interviewing using random selection of telephone numbers. In the household, an individual belonging to the population being studied who is present in the household is then recruited for interviewing. The probability of a person being selected decreases with the size of the household. In other words, one generally operates with population samples disproportionally stratified in household-size classes.

This result is considerable sample bias. Adolescents and young adults (who often still live in their parents' household, i.e., in group households), for example, are underrepresented. This is not necessarily because they are less easy to contact or less willing to cooperate (9) but because they have less chance of being selected (4).

How can this impairment of survey quality be avoided or remedied?

- Inequality in the probability of selection can be remedied mathematically (so-called design weighting). This presupposes that the number of potential respondents in the household is determined and recorded as a characteristic in the data set. The survey institute normally takes account of design correction in its non-response weighting. By contrast, data users in the academic field often do without any sample weighting, using samples with design-related bias.
- The better solution from the sampling theory point of view is to avoid unequal selection probabilities from the outset. For household samples this is possible by

19 "Random route sample" is the term applied to samples drawn on the basis of the ADM sampling system. Cf. note 16 above.

20 Some statistical quality criteria are easier to meet with telephone interviewing than with face-to-face interviewing. See Section 13.4.2.

interviewing or recording *all* individuals in the household who belong to the parent population.[21] The alternative is to select individuals directly rather than via households. In Germany this is possible only by means of costly local residents' register sampling.

- Other solutions are conceivable, but have yet to be tried. The lower chances of people in larger households of being selected would have to be counterbalanced beforehand by appropriate overrepresentation of the larger household classes in the gross sample. The necessary screening procedure could be used to improve quality, e.g., by checking gross sample structure (5). In this regard there is room for developing new procedural models for surveys with high quality requirements.

Substitution

In the context of random sampling, *substitution* refers to the replacement of a randomly selected respondent by another because no interview is forthcoming with the original individual.

Substitution is an element in many sampling models. An advantage of this procedure is that it is the only way in which an even distribution of the sample across the regionally defined primary selection units or sample points can be obtained (in multistage sampling plans, usually based on estimation of sampling bias). Taking the example of a 10-address sample point, if substitution is not permitted some points in the realised net sample can be represented with 0, 1, or 2 interviews, others with 8, 9, or 10. If the response rate in certain regions, communities, or neighbourhoods (e.g., in conurbations) is systematically lower than in others, the population concerned is underrepresented in the sample.

For the *practical* organisation of field work, substitution offers the far greater advantage in that net interviewing targets can be relatively easily attained, thus generally avoiding costly extra work. Institutes are therefore likely to use substitution as a standard procedure for face-to-face interviewing on a random basis. Procedures without substitution are much more costly and time-consuming.

Methodological evaluation of substitution procedures depends on their form and documentation. For example, substitute respondents may be drawn from a reserve pool of randomly selected addresses, or by extending a random walk (the interviewer contacts a predetermined number of households starting from a randomly selected starting address and in accordance with certain rules), or by exchanging respondents within a household, or by quota characteristics. Substitution that does not deviate from the chosen random procedure is unobjectionable. However, every documented case of substitution increases the gross number of addresses used and correspondingly reduces sample coverage. A certain tendency not to record and document substitution fully can therefore be expected.

21 The Socio-economic Panel (Sozio-oekonomisches Panel, SOEP) is an annual survey of about 6000 households conducted since 1984 by the German Institute for Economic Research (Deutsches Institut für Wirtschaftsforschung, DIW) in collaboration with Infratest Burke. See Projektgruppe Panel 1993; Burkhauser et al. 1997.

Sample coverage

Sample coverage means the proportion of the randomly selected gross sample that is actually interviewed. This proportion should be as high as possible. This is important, because people unavailable for interviewing may differ systematically from those interviewed. There is thus a risk of *selectivity* in carrying out surveys.

Sample coverage can be said to be the most used quality indicator in survey research. One reason is certainly that, unlike other aspects of quality, it can be quantified. The effort to attain high sample coverage is doubtless important in quality-oriented field work. But preoccupation with this indicator may stand in the way of a rational debate on quality. At any rate, the following should be kept in mind:

- Whether a sample reproduces the parent population without bias depends on many factors. Ten dimensions of quality have been listed. Only the totality of these criteria permit an accurate assessment.
- The informative value of the calculated sample coverage can vary. It depends on how the gross address list has been selected and documented. Procedural models differ considerably in this regard. The more stringent the rules are for determining and documenting the gross sample – to be welcomed from the quality point of view – the lower sample coverage will be. Since this is seen as a crucial measure of quality, placing high demands on quality is thus practically penalised.
- Sample coverage indicates how much *scope* there is for selectivity through non-response. It says nothing about *actual* selectivity. This can be estimated only on the basis of results. Possible methods are comparing sample structure with external reference statistics, or – usually difficult – attempting to obtain structural information via missing data items (nonresponse studies). The development and use of more quality measures directly addressing this complex would be valuable (von der Heyde 1998).

There is discussion on whether the willingness of the public to cooperate in surveys is declining. This would show in lower sample coverage. Although coverage rates established by methodological research confirm no more than a tendency in this direction (in his analysis of 300 studies, Schnell reports a drop in coverage rates of about five per cent between 1970 and 1990; see Schnell 1997: 130), and data varies considerably in function of survey topic and institute, it is doubtless a major cause for concern in survey research.

Where sample coverage is low or declining, the question is whether random sampling should not be abandoned in favour of quota sampling, that is whether the principle of controlled random selection should be renounced. This issue must be discussed, but the baby should not be thrown away with the bath-water, the baby being the probability theoretic assumption that random selection is the best way to avoid selectivity in sampling.

Quota sampling gives greater opportunity for self-selection by respondents and for uncontrolled selection by interviewers (e.g., in the 1984 Shell Youth Study, which used quota samples, 86 per cent of the young respondents knew the interviewer before the interview; see Jugendwerk der deutschen Shell 1985: 67). For some target groups this might be unavoidable and for some purposes acceptable, but there is no reason to suggest that it produces better, more representative samples.

There is a conceivable, and to some extent already emerging trend towards combining the advantages of random and quota sampling. This involves forming pools of individuals or households basically willing to cooperate in surveys – the access panels described in Chapters 5 and 6, randomly selected and for which important characteristics are determined. From this reservoir stratified random samples are drawn as needed, the structure of which can be controlled for important characteristics, and which can be expected to be highly willing to cooperate.

It is possible to elaborate this basic idea into many forms at different levels of quality. A key element is the repeated interviewing of individuals willing to cooperate. It is not justified to refer to them straight off as "professional respondents", but in such systems some sort of gratification will need to be offered. In return, it might be possible to do without the interviewer in favour of some sort of self-administration. To date, most pool samples have been so-called *mail panels*. This sample type is becoming more attractive because in future it will be the basis for rapid and cost-effective interviewing using electronic media.

13.4.2 Interview methods and new technologies

New methods and techniques in survey research are introduced because they offer advantages. They may cut costs or save time, or they may increase quality or expand possibilities (e.g., multimedia, *conjoint measurement*).

This can be explained by looking at the example of telephone interviewing techniques, which have largely superseded the traditional face-to-face interview. What advantages do they bring?

- There are good possibilities for drawing high-quality random samples.
- The use of telephone studios allows the interview situation to be better monitored at all stages of procedure, including the interviewer conduct the interview.
- Computerising is easier and less costly for telephone interviewing than for widespread face-to-face interviewing.
- The cost of contacting respondents is drastically reduced. This means that the number of contact attempts can be increased to avoid nonresponse.
- The total cost is much lower, at least if interviews do not last too long.
- The speed with which the survey can be carried out can be considerably increased, as long as enough interviewer workstations are available.

In the global context, the majority of interviews in representative sample surveys are now probably conducted by telephone. In view of its comprehensive use, this method can no longer simply be dismissed as "quick and dirty". For example, Statistics Canada, which has a high reputation as a particularly science-oriented agency, conducts all population-related surveys by telephone. In Germany, more and more highly complex social science surveys are being conducted by telephone (Babka v. Gostomski et al. 1997).

However, developments in telecommunications are making sampling increasingly difficult.[22] Legal restrictions on telephone interviewing are not to be excluded. Here, too, the situation is in a state of flux. It will be necessary to adapt to changing conditions.

Changes in interview mode, as in question wording, can affect results. Wherever time series of comparable data play a role, great caution is rightly shown in this regard. The methodological debate has been engaged under the heading "mode effects", i.e., the impact of interview techniques (modes). Essentially it is concerned with comparing face-to-face, telephone, and mail surveys, and, recently, with conversion from traditional to computer-assisted forms of interview.

Modes effects do, of course, occur. Whether communication is verbal or visual or a combination of the two determines the tools to be used and the communication process itself. However, research on mode effects has produced varying results. Given the complexity of the issue, this is not surprising. There are three basic points:

- An interview mode is always part of a more comprehensive procedural model. Simply comparing results obtained by face-to-face or telephone interviews therefore reveals little about mode effects in the narrower sense of the term. Sampling and field work procedures differ very considerably from model to model. Research on mode effects must therefore attempt, by appropriate experimental design, to distinguish the effects of different components of procedural models.[23]
- Vice versa, not every change in a procedural model need entail mode effects or affect results. This applies particularly to conversion from traditional to computer-assisted interview techniques. In the telephone interview, for example, the change from the paper questionnaire to CATI does not affect the interview situation at all. Whether and how the interview situation in face-to-face interviewing is modified by the use of laptops (CAPI) is a matter of organisation. Visual aids (lists, scales, etc.) can be used in laptop-assisted interviews as well, whether on paper or on the screen.
- If the results of a survey conducted by traditional methods differ from those of one employing new interview modes, this need not weigh against the new technique. Perhaps the new instrument gives a more faithful and better picture of reality. To assess this, result-oriented quality measures are needed. Trend extrapolation in time series can be supported by adjustment factors that can be derived from suitable methodological studies (Saris and Kaase 1997).

What will the future bring in the field of interview methods and techniques?

This is not the place for as overview of the many methods being experimented with throughout the world, especially in countries with highly developed quality standards in survey research.[24] Two main trends are apparent:

22 For example, the trend towards several telephone connections per household (ISDN, mobile telephony) and the increasing use of answering machines.

23 In the methodological study on the Eurobarometer, for example, it was discovered that the substantial differences in the results obtained by telephone and face-to-face interviewing were due for the most part not to mode effects in the narrower sense of the term but to unexplained factors referred to as "institute effects" (Saris and Kaase 1997).

24 For the USA and Canada see, for example, Federal Committee on Statistical Methodology 1990; InterCASIC'96 1996; US Bureau of the Census 1997 and numerous contributions in American Statistical Association 1994, 1995.

First, all interview forms using the electronic media in communication and information processing are becoming more important. Rapidity, greater control of procedures and the use of multimedia techniques are weighty advantages. Survey institutes will develop their resources and know-how in this direction. This also means that they will one day no longer be able to conduct surveys in the traditional way, an aspect that cannot be emphasised enough.

Second, good interviewers are a scarce resource. All techniques that facilitate the interviewer's task will therefore be preferred. This includes, for example, that an interviewer should concentrate on interviewing rather than spending his time travelling to perhaps inhospitable parts of town to undertake frustrating attempts at contacting people who may be unwilling to cooperate. All techniques that do without an interviewer are very interesting. The possibilities of new electronic media and technologies will be exploited not least on all in this area.

13.4.3 The task of the social science debate on quality

The social sciences must see the change in survey research as a challenge, for it concerns one of the most important methods of gathering information and social reality. It must be the task of the social science debate on quality to accompany this change with critical evaluation, to support interesting developments, and help avoid questionable ones. Four concluding theses can be advanced.

First: In developing quality awareness, two evaluation levels must be distinguished:

- quality attainable by the given procedural model,
- quality attained in a specific, individual survey.

A survey conducted in accordance with a procedural model for the highest quality standards can nevertheless be deficient in implementation. A simpler model can produce good results within the scope of its possibilities. The measure of quality and the standard of quality must be appropriate for the given model.

Second: The debate on quality should address the entire spectrum of possible quality levels. For financial reasons the highest quality standards cannot always be demanded. Simpler procedural models have to be examined dispassionately but not excluded from critical evaluation. On the other hand, the social sciences are under obligation to uphold *best practices* by realising surveys with high quality requirements. Only thus can quality awareness be maintained.

Third: The social sciences must take note of new modes and techniques in survey research. They must be tested and evaluated at an early stage. No-one benefits if academic opinions and ideas about quality lag behind practical developments.

Fourth: Evaluating the quality of survey methods requires both a theoretical and an empirical basis. This can be provided only by more methodological research. Comparative methodological experimentation and evaluation must be specifically promoted. Since private institutes are unlikely to be able to provide much funding, the important challenge will have to be met by public sponsorship and academic social research.

Part 6

Recommendations

14 Summary Analysis and Recommendations

1. Survey research is indispensable for modern democracy.

For the economic, social, political, and scientific observation of modern societies, systematic data collection with the instrument of survey research is indispensable. To this extent it can be considered an essential tool for analysing, diagnosing and, to a certain degree, shaping contemporary democratic societies. It thus accords with a "philosophy" that had been staunchly advocated in the immediate post-war period by American social scientists working in Germany, who insisted on the democratic and democratising potential of survey research for an open society.

2. The survey remains the *via regia* for empirical social research.

Major aspects of modern social research – especially survey research – have their origins in the United States, where the theoretical, methodological, and practical bases were laid, partly by European immigrants, in the thirties, forties and fifties. This period saw a first climax in methodological reflection on these new tools, which had far-reaching consequences for the establishment of efficient research. The focus in methodology was on drawing representative samples and on the well-founded development of instruments for collecting and analysing data. The Cologne sociologist René König has described survey research as *via regia*, the ideal method for empirical social science, a verdict that has lost nothing of its validity – as the research surveys of the Bonn Information Centre for the Social Sciences show (Gräf and Rohlinger 1997: XVII).

3. Empirical social research is interdisciplinary and multidisciplinary.

Although the substantive and educational focus of empirical social research is still sociology, a great deal of differentiation has taken place with considerable impingement on political science, communication science, social psychology, and empirical economic research. Empirical social research methods have also been in use – in research and teaching – for about 25 years in business administration institutes, especially in marketing. Efforts to predict consumer behaviour by statistical and mathematical procedures, and to find explanations for this behaviour have made no small contribution to the development of new methods. In this connection, psychological market, public opinion, and social research should also be mentioned with many and diverse methodological approaches.

4. Conducting representative sample surveys is a professional service.

Besides methodological know-how, the conduct of a representative survey requires considerable financial and organisational resources. Most providers of this professional service in Germany are private research institutes. In academic social science, ZUMA operates as an advisory facility, which in its turn uses the services of private institutes for the conduct of larger-scale surveys.

Academic social science research is present in the survey research market as one of several groups of demanders, the others including companies (market research), government (departmental research), and the media (public opinion research, electoral reporting, etc.). To some extent it has different, often higher standards of methodological and statistical quality than these other client groups. In contrast to the situation in some other countries like the United States, there is no independent supply infrastructure in the academic sector. This has both advantages and disadvantages, but overall this arrangement has proved to be favourable owing to the need for large, costly field organisations for national face-to-face surveys.

Collaboration with private survey institutes has permitted academic social science research to do without an efficient and costly infrastructure of its own. The strong competitive in the survey research market puts pressure on survey providers to cut costs and exploit technological innovations. A constant watch must be kept on whether this continues to be compatible with the quality standards of academic social science research. The issue of quality standards and quality evaluation applies equally when university groups conduct surveys by their own means.

5. Survey research is on the way to total quality management.

As in industry, trade, and commerce, private market and social research is currently returning to key competencies and total quality management (TQM), which finds expression, for example, in ISO 9000 certification. The demands made by clients of their own enterprises have to be met by the "suppliers", namely the empirical science researchers, as well. In the foreseeable future, ISO 9000 certification is therefore likely to be the precondition for market and public opinion research institutes to win custom. Even though such certification is concerned primarily with procedures, that is to say formalised processes, and less with intellectual creativity, quality requirements defined by researchers themselves are more and more setting standards. A step in this direction are the branded products increasingly being developed by market, public opinion, and social research.

6. Telephone interviews are gaining ground but face-to-face interviews remain important.

The development of the suppliers' market for survey research has been decisively influenced by technological innovation (CAPI, CATI, multimedia and the World Wide Web). Especially significant is the spread of telephone interviewing, which has advantages that unquestionably enhance quality, including greater standardisation of the interview situation and better interviewer supervision. On the other hand, telephone surveys have disadvantages for academic social research because of problems with presenting complex survey tools during interviews and the restricted duration of telephone interviews. This means that it will continue to be necessary to exploit the good infrastructure for face-to-face interviewing offered by private market and social research institutes.

Academic and private social research must cooperate even more closely. The differentiation in techniques brought about by the advent of telephone interviewing urgently demands more intensive comparative basic research on survey methods. This is all the more important because the future of survey research will be increasingly characterised by the juxtaposition of different interview modes, which this memorandum has called the pluralisation of procedural models.

7. Technical developments will change survey research.

Sooner or later, further technical innovation will have a considerable additional impact on methods of social science data collection. One major development could be to draw random samples from a given population in such a manner that surveys can be conducted via remote data processing networks using an appropriate device in households. Such a development would raise completely new methodological questions. Gathering information via the Internet also falls within this area.

All in all, it is likely to be some time before these developments can achieve a level of sophistication acceptable to survey research at reasonable cost. It cannot yet be said whether these trends will introduce a new philosophy of social science data collection in the sense that, for representative samples, firm contracts are entered into with respondents for repeated interviewing on a variety of topics over a longer period (access panels).

8. Survey research, too, is internationalising.

Internationalisation and globalisation have not spared the social sciences, either. For both academic and private social science, this means that research must be planned more and more at the international comparative level, and that suitable instruments must be developed to this end. Examples of the directions which these developments could take are the increasingly institutionalised international cooperation in market and public opinion research projects, and the current efforts by academic social research to set up a representative population survey to be conducted at regular intervals in European countries, the European Social Survey (ESS). In addition, official statistics have made considerable progress in harmonisation throughout Europe. The legal basis for a significant proportion of statistics is no longer national but European.

9. High quality in survey research is not a matter of course.

The established methods and quality standards for surveys are being increasingly called in question by a growing number of research providers unable automatically to satisfy the quality criteria set by the profession for the different types of survey. The reason is that technical (hardware) and other developments (availability of standardised, inexpensive interview software) have greatly facilitated market entry for new providers, especially of telephone surveys, with limited resources.

Moreover, among private survey research clients there is an increasing number of people in decision-making positions who are no longer committed to high social research quality standards by virtue of their methodological competence and interest in the subject matter, and who award contracts essentially according to economic criteria. This increases pressure on the providers of survey research, especially to lower costs by lowering product quality. However, this should not be read as expressing fundamental reservations about a demand strategy to optimise research objectives and the array of methods needed to achieve them from the cost point of view, too.

10. The abuse of survey research jeopardises the concept of research.

Since data are increasingly being gathered for commercial purposes under the pretext of conducting social research, thus running counter to both methodological/scientific and legal aspects of the constitutionally protected concept of research, it is indispensable to draw a sharp distinction between surveys for research purposes and those that serve sales promotion and/or advertising ends. There is considerable danger that the research concept will be lastingly and irreparably discredited by "surveys" of this type, especially where used to collect addresses or for direct marketing (from a legal point of view, it constitutes unfair trading if advertising activities are undertaken under the guise of research). The risk to respondent willingness to cooperate (coverage rates) caused by this stratagem threatens essential principles of empirical social research. It is urgently necessary to obtain legal clarification of this issue and to make the public aware of the problem.

11. University empirical social science risks lagging behind.

Because university social research conducts far fewer surveys than market research organisations, and because of the broad range of subject-matter and methods involved, the academic sector is already no longer able to take an independent, active share in these developments, which are both technically extremely demanding and which require considerable economic resources. Systematic cooperation between social scientists in universities and in private market and public opinion research institutes must therefore be intensified still further. Cooperation should focus especially on methodological innovation and on implementing innovative research designs and survey and analytic techniques. This would not benefit academic social research alone, for private social research can profit from the basic research in methodology conducted in universities, for which private institutes have neither time nor money. Research projects must therefore be defined to explicitly promote methodological comparison or methodological innovation and scientific collaboration with the partner institute.

12. University training in empirical social science must be improved.

In survey research, sampling and questionnaire design, data collection, analysis, and documentation have been continuously refined over the past 40 years, and make ever greater demands on the competence of the people who engage in social research. The university training of social scientists and students with a social science orientation (e.g., journalism, marketing) must be modified to make graduates better able to meet higher theoretical, methodological, and practical demands. Detailed recommendations are not expedient, because flexibility is needed in taking local conditions into account. However, it should at least be pointed out that the role currently assigned to this aspect of training in the context of diverse social science courses of study, restricted as it is in both time and content because of its exclusively university orientation, is inadequate. It is thus particularly important for social research practitioners to be more closely involved in teaching.

13. Data archives permit professional supervision of survey research.

For some time now, events external to the social sciences have heightened awareness among researchers and the public of the problems posed by the falsification of data and results. Existing precautions must therefore be intensified and institutionalised to exclude the manipulation of social science findings as much as possible. Key scientific control methods are to institutionalise the transfer of data to archives for free use by others (secondary studies), to provide access to data "on the premises" of the institute that gathers it and, where this is not possible, to obtain the permission in principle of the investigators or institutes concerned to make their published data available for secondary studies (intersubjective verifiability). Against this background, the Deutsche Forschungsgemeinschaft is to impose the condition on all researchers who collect social science data in connection with research projects financed by the DFG to make their data routinely available to a data archive such as the Central Archive for Empirical Social Research at Cologne University, after a reasonable blocking period for analysis of the material.

14. Survey research must be properly handled in the mass media.

Empirical social research has a particular problem with the way in which the mass media handles findings: often ill-informed, prone to simplification, largely neglectful of methodological premises, and interested only in spectacular results. Ascertaining public opinion by means of survey research is a demanding and complicated process, which needs to be taken into adequate account in media reporting not least of all because survey research also creates and changes social reality. It is therefore urgently necessary in Germany to achieve reliable reporting on survey findings that is mindful of quality criteria, similar to the high standards of documentation now applied in the United States, at less in the quality media. One example would be providing information on the proportion of respondents unable or unwilling to give a response when asked about their voting intentions. This memorandum is intended as a contribution to this end. What is more, this problem must be systematically taken into consideration in the initial and further training of journalists. However, this means that representatives of academic and private social research must become more actively involved in this field, too.

15. The codes of ethics on quality assurance must win recognition.

In sum, excellence in survey research can be guaranteed only by respecting the methods and principles that have been developed by the discipline and which, with time, have become established. They find expression in codes of ethics such as those laid down by the American Association for Public Opinion Research (see Section 16.1) or the British Market Research Quality Standards Association. Not only do they serve as a measure by which to evaluate survey research results; their observation must be subject to constant scrutiny.

15 Bibliography

American Association for Public Opinion Research, 1997a: Best Practices for Survey and Public Opinion Research. Internet: http://www.aapor.org/best/index.html.

American Association for Public Opinion Research, 1997b: Code of Professional Ethics and Practices. Internet: http://www.aapor.org/ethics/principl.shtml.

American Statistical Association, 1994: 1994 Proceedings of the Section on Survey Research Methods. Vol. 1. Alexandria: American Statistical Association.

American Statistical Association, 1995: 1995 Proceedings of the Section on Survey Research Methods. Alexandria: American Statistical Association.

Arbeitsgemeinschaft ADM-Stichproben and *Bureau Wendt*, 1994: Das ADM-Stichproben-System (Stand 1993). 188–202 in: *Siegfried Gabler* et al. (eds.): Gewichtung in der Umfragepraxis. Opladen: Westdeutscher Verlag.

Arbeitskreis Deutscher Markt- und Sozialforschungsinstitute e.V., 1994: Kernprobleme im Datenschutzrecht und Standesrecht der demoskopischen Umfrageforschung, planung und analyse 5: 1–4.

Arbeitskreis Deutscher Markt- und Sozialforschungsinstitute e.V. (ed.), 1997a: Zahlen über den Markt für Marktforschung. Frankfurt a.M.: Arbeitskreis Deutscher Markt- und Sozialforschungsinstitute.

Arbeitskreis Deutscher Markt- und Sozialforschungsinstitute e.V. (ed.), 1997b: Geschichte, Aufgaben und Ziele des Arbeitskreises Deutscher Markt- und Sozialforschungsinstitute e.V. Frankfurt a.M.: Arbeitskreis Deutscher Markt- und Sozialforschungsinstitute.

Arbeitskreis Deutscher Markt- und Sozialforschungsinstitute e.V. (ed.), 1997c: Qualitätskriterien für die Markt- und Sozialforschung, planung und analyse 5: 62/63.

Arbeitskreis Deutscher Markt- und Sozialforschungsinstitute e.V. (ed.), 1998a: Zahlen über den Markt für Marktforschung. Frankfurt a.M.: Arbeitskreis Deutscher Markt- und Sozialforschungsinstitute.

Arbeitskreis Deutscher Markt- und Sozialforschungsinstitute e.V. (ed.), 1998b: Standards zur Qualitätssicherung in der Markt- und Sozialforschung. Frankfurt a.M.: Arbeitskreis Deutscher Markt- und Sozialforschungsinstitute.

Artus, Helmut M., 1996: Soziologielehre. Eine räumliche und thematische Analyse. 59–85 in: *Helmut M. Artus* and *Matthias Herfurth* (eds.): Soziologielehre in Deutschland. Lehre, Studium. Beruflicher Verbleib. Lehrangebot, Studien- und Prüfungsordnungen. Opladen: Leske + Budrich.

Associatione Istituti Ricerca di Mercato, Sondaggi di Opinione and *Ricerca Sociale (ASSIRM)*, 1996: Quality Standards.

Babka v. Gostomski, Christian, Josef Hartmann and *Miriam Thum*, 1997: Die Mannheimer Scheidungsstudie. Aspekte der Durchführung der telefonischen Befragung zu Determinanten der Ehescheidung, ZUMA-Nachrichten 41: 127–152.

Belson, William A., 1981: The Design and Understanding of Survey Questions. Aldershot: Gower.

Berufsverband Deutscher Markt- und Sozialforscher e. V. (ed.), 1997: BVM Information. Frankfurt a. M.: Berufsverband Deutscher Markt- und Sozialforscher e. V.

Biemer, Paul P. et al. (eds.), 1991: Measurement Errors in Surveys. New York: John Wiley.

Binder, Gisbert and *Matthias Stahl*, 1996: Der Forschungsbezug von Lehrveranstaltungen in den Sozialwissenschaften. 87–105 in: *Helmut M. Artus* and *Matthias Herfurth* (eds.): Soziologielehre in Deutschland. Lehre, Studium. Beruflicher Verbleib. Lehrangebot, Studien- und Prüfungsordnungen. Opladen: Leske + Budrich.

Bliesch, Uwe, 1998: Interviewerschulung und -kontrolle. 66–100 in: *Statistisches Bundesamt Wiesbaden* (ed.): Interviewereinsatz und -qualifikation. Schriftenreihe Spektrum Bundesstatistik des Statistischen Bundesamtes Vol. 11. Stuttgart: Metzler-Poeschel.

Bradburn, Norman M., 1983: Response Effects. 289–328 in: *Peter H. Rossi* and *James D. Wright* (eds.): The Handbook of Survey Research. New York: Academic Press.

Bradburn, Norman M., 1992: A Response to the Nonresponse Problem, Public Opinion Quarterly 56: 391–397.

Braun, Hans and *Stephan Articus*, 1984: Sozialwissenschaftliche Forschung im Rahmen der amerikanischen Besatzungspolitik 1945–1949, Kölner Zeitschrift für Soziologie und Sozialpsychologie 36: 703–737.

Braun, Michael and *Peter Ph. Mohler* (eds.), 1998: Blickpunkt Gesellschaft 4. Soziale Ungleichheit in Deutschland. Opladen/Wiesbaden: Westdeutscher Verlag.

Brettschneider, Frank, 1991: Wahlumfragen. Empirische Befunde zur Darstellung in den Medien und zum Einfluß auf das Wahlverhalten in der Bundesrepublik Deutschland und den USA. Munich: Minerva.

Brettschneider, Frank, 1996: Wahlumfragen und Medien. Eine empirische Untersuchung der Presseberichterstattung über Meinungsumfragen vor den Bundestagswahlen 1980 bis 1994, Politische Vierteljahresschrift 37: 475–493.

Brettschneider, Frank, 1997: The Press and the Polls in Germany, 1980–1994. Poll Coverage as an Essential Part of Election Campaign Reporting, International Journal of Public Opinion Research 9: 248–265.

Breunig, Gerhard, Dieter Franke and *Joachim Scharioth* (eds.), 1993: Orientierung für ein neues Europa durch Markt- und Sozialforschung. Munich: Oldenbourg Verlag.

British Standards Institution, 1998: Specifications for organizations conducting market research.

Burkhauser, Richard V., Michaela Kreyenfeld and *Gert Wagner*, 1997: The German Socio-Economic Panel. A Representative Sample of Reunited Germany and its Parts. 7–16 in: *Thomas A. Dunn* and *Johannes Schwarze* (eds.): Proceedings of the 1996 Second International Conference on the German Socio-Economic Panel Study Users. Vierteljahreshefte zur Wirtschaftsforschung, No. 1. Berlin: Duncker & Humblot.

Chambre syndicale des sociétés d'Etudes et de Conseils (SYNTEC CONSEIL), 1998: Practical Guide to Quality Market Research.

Converse, Philip E., 1987: Changing Conceptions of Public Opinion in the Political Process, Public Opinion Quarterly 51: 512–524.

Couper, Mick P. and *Robert M. Groves*, 1996: Household-level Determinants of Survey Nonresponse. In: *Marc Braverman* (ed.): Advances in Survey Research – New Directions for Evaluation. San Francisco: Jossey-Bass.

Crespi, Leo P., 1952: America's Interest in German Survey Research. 215–217 in: *Institut zur Förderung öffentlicher Angelegenheiten* (ed.): Empirische Sozialforschung. Frankfurt a. M.: Institut zur Förderung öffentlicher Angelegenheiten.

Crossley, Archibald M., 1937: Straw Polls in 1936, Public Opinion Quarterly 1: 24–35.

Davis, James A. and *Roger Jowell*, 1989: Measuring National Differences. An Introduction to the International Social Survey Programme (ISSP). 1–13 in: *Roger Jowell, Sharon Witherspoon* and *Lindsay Brook* (eds.): British Social Attitudes. 6th report. Special International Report. Aldershot: Gower.

van Deth, Jan W. (ed.), 1998: Comparative Politics. The problem of equivalence. London/New York: Routledge.

Deutsche Forschungsgemeinschaft, 1996: Forschungsfreiheit. Ein Plädoyer für bessere Rahmenbedingungen der Forschung in Deutschland. Weinheim: VCH Verlagsgesellschaft.

Deutsche Forschungsgemeinschaft, 1998: Vorschläge zur Sicherung guter wissenschaftlicher Praxis. Empfehlungen der Kommission "Selbstkontrolle in der Wissenschaft". Weinheim: Wiley-VCH.

Dijkstra, Wil and *Johannes van der Zouwen* (eds.), 1982: Response Behavior in the Survey Interview. London/New York: Academic Press.

Dillman, Donald E., 1978: Mail and Telephone Surveys. The Total Design Method. New York: John Wiley.

Dodd, Sue A., 1982: Cataloging Machine-Readable Data Files. An Interpretive Manual. Chicago: American Library Association.

Donovitz, Frank, 1997: Journalisten und Wahlumfragen. Eine Inhaltsanalyse der Wahlumfrage-Berichterstattung von regionaler Tagespresse, Wochenpresse und Meldungen der Deutschen Presse-Agentur. Magisterarbeit Publizistik. Berlin: Freie Universität Berlin.

Dorroch, Heiner, 1994: Der Meinungsmacher-Report. Wie Umfrageergebnisse entstehen. Göttingen: Steidl.

Duff, Darell, 1979: How to Lie with Statistics. 8. ed. Harmondsworth: Penguin.

Ehling, Manfred et al. 1992: Eine deutsche Standarddemographie, ZUMA-Nachrichten 31: 29–46.

Esser, Hartmut, 1986: Über die Teilnahme an Befragungen, ZUMA-Nachrichten 18: 38–47.

Esser, Hartmut et al. 1989: Mikrozensus im Wandel. Untersuchungen und Empfehlungen zur inhaltlichen und methodischen Gestaltung. Schriftenreihe Forum der Bundesstatistik Vol. 11. Stuttgart: Metzler-Poeschel.

European Federation of Associations of Market Research Organisations (ed.), 1998: Practical Guide to Quality Market Research. Amsterdam: European Federation of Associations of Market Research Organisations.

European Science Foundation (ed.), 1998: Social Science Research in the Fifth Framework Programme. European Science Policy Briefing 2. Strasbourg: European Science Foundation.

European Science Foundation (ed.), 1999: European Social Survey (ESS). An ESF Scientific Programme. Strasbourg: European Science Foundation.

European Society for Opinion and Marketing Research (ed.), 1995: ICC/ESOMAR International Code of Marketing and Social Research Practice. Amsterdam: European Society for Opinion and Marketing Research.

Federal Committee on Statistical Methodology, 1990: Statistical Policy Working Paper 19 – Computer Assisted Survey Information Collection. Washington: Federal Printing Office.

Foundation for Information (ed.), 1997: The Freedom to Publish Opinion Polls. Report on a Worldwide Study. Amsterdam: European Society for Opinion and Marketing Research.

Franke, Dieter and *Joachim Scharioth* (eds.), 1990: 40 Jahre Markt- und Sozialforschung in der Bundesrepublik Deutschland. Munich: Oldenbourg Verlag.

Gabler, Siegfried et al. (eds.), 1994: Gewichtung in der Umfrageforschung. Opladen: Westdeutscher Verlag.

Gabler, Siegfried and *Sabine Häder*, 1997: Überlegungen zu einem Stichprobendesign für Telefonumfragen in Deutschland, ZUMA-Nachrichten 41: 7–18.

Gerhard, Ute and *Stefan Hradil*, 1996: Zur Reform der Studien- und Prüfungsordnungen. Handreichung der Deutschen Gesellschaft für Soziologie, Soziologie 4: 45–55.

Gibowski, Wolfgang, 1973: Der Effekt unterschiedlicher Plazierung der Wahlabsichtsfrage im Fragebogen, Politische Vierteljahresschrift 14: 275–293.

Glöckner-Rist, Angelika and *Wolfgang Bandilla*, 1997: Das ZUMA-Informationssystem (ZIS), Version 1.01. Online-Handbuch sozialwissenschaftlicher Einstellungsinstrumente. Internet: http://www.zuma-mannheim.de/research/methods/zis.

Godambe, V. P., 1955: A Unified Theory of Sampling from Finite Populations, Journal of the Royal Statistical Society 17, Series B: 269–278.

Gollin, Albert E., 1987: Polling and the Media, Public Opinion Quarterly 51: 86–94.

Government Statistical Service (ed.), 1996: Harmonised Concepts and Questions for Government Social Surveys. London: Office for National Statistics.

Gräf, Lorenz and *Harald Rohlinger*, 1997: Empirische Sozialforschung 1996. Eine Dokumentation des Zentralarchivs für Empirische Sozialforschung an der Universität zu Köln in Zusammenarbeit mit dem Informationszentrum Sozialwissenschaften. Frankfurt/New York: Campus.

Grais, Bernard (ed.), 1995: The Future of European Social Statistics. Guidelines and Strategies. Brussels/Luxembourg: Office for Official Publications of the European Communities.

Groves, Robert M., 1989: Survey Errors and Survey Costs. New York: John Wiley.

Groves, Robert M. and *Robert L. Kahn*, 1979: Surveys by Telephone. A National Comparison with Personal Interviews. New York: Academic Press.

de Guchteneire, Paul and *Ekkehard Mochmann* (eds.), 1990: Data Protection and Data Access. Reports from Ten Countries on Data Protection and Data Access in Social Research. With an Annotated International Bibliography. North-Holland, Amsterdam: Sociaal-Wetenschappelijk Informatie- en Dokumentatiecentrum (SWIDOC)/International Federation of Data Organisations for the Social Sciences (IFDO).

Harkness, Janet A. (ed.), 1998: Cross-Cultural Survey Equivalence. ZUMA-Nachrichten Spezial Vol. 3. Mannheim: Zentrum für Umfragen, Methoden und Analysen.

Hartmann, Heinz and *Annemarie Nase*, 1996: Zur Lehrgestalt der Soziologie in Ostdeutschland, Soziologie 2: 17–42.

Hartmann, Peter, 1990: Wie repräsentativ sind Bevölkerungsumfragen? Ein Vergleich des ALLBUS und des Mikrozensus, ZUMA-Nachrichten 26: 7–30.

Hartmann, Peter and *Bernhard Schimpl-Neimanns*, 1992: Sind Sozialstrukturanalysen mit Umfragedaten möglich? Analysen zur Repräsentativität einer Sozialforschungsumfrage, Kölner Zeitschrift für Soziologie und Sozialpsychologie 44: 315–340.

Haug, Werner et al. (eds.), 1998: Statistik im Dienste der Öffentlichkeit. Bern: Bundesamt für Statistik.

Hennis, Wilhelm, 1957: Meinungsforschung und repräsentative Demokratie. Tübingen: Mohr und Siebeck.

von der Heyde, Christian, 1998: Qualitätsmaße und Qualitätskosten. München: Infratest Burke.

Hippler, Hans-Jürgen and *Norbert Schwarz*, 1987: Response Effects in Surveys. 102–112 in: *Hans-Jürgen Hippler, Norbert Schwarz* and *Seymour Sudman* (eds.): Social Information Processing and Survey Methodology. New York: Springer.

Hippler, Hans-Jürgen, Norbert Schwarz and *Seymour Sudman* (eds.), 1987: Social Information Processing and Survey Methodology. New York: Springer.

Hoffmeyer-Zlotnik, Jürgen H. P., 1997: Random-Route-Stichproben nach ADM. 33–42 in: *Siegfried Gabler* and *Jürgen H. P. Hoffmeyer-Zlotnik* (eds.): Stichproben in der Umfragepraxis. Opladen: Westdeutscher Verlag.

Hyman, Herbert, 1954: Interviewing in Social Research. Chicago: University of Chicago Press.

Hyman, Herbert, 1957: Survey Design and Analysis. Principles, Cases and Procedures. 2. ed. Glencoe: The Free Press.

Hyman, Herbert, 1972: Secondary Analysis of Sample Surveys: Principles, Procedures, and Potentialities. New York: John Wiley.

Institut zur Förderung öffentlicher Angelegenheiten (ed.), 1952: Empirische Sozialforschung. Meinungs- und Marktforschung. Methoden und Probleme. Frankfurt a. M.: Institut zur Förderung öffentlicher Angelegenheiten.

InterCASIC '96, 1996: The International Conference on Computer-Assisted Survey Information Collection. San Antonio, Texas: InterCASIC '96.

Inter-university Consortium for Political and Social Research (ed.), 1996: Guide to Social Science Data Preparation and Archiving. Ann Arbor: Inter-university Consortium for Political and Social Research.

Jabine, Thomas B., Miron L. Straf, Judith M. Tanur and *Roger Tourangeau* (eds.), 1984: Cognitive Aspects of Survey Methodology: Building a Bridge between Disciplines. Washington D.C.: National Academy Press.

Jobe, Jared B. and *Elizabeth F. Loftus* (eds.), 1991: Cognition and Survey Measurement. Special Issue of Applied Cognitive Psychology 5: 3.

Jugendwerk der deutschen Shell (ed.), 1985: Jugendliche und Erwachsene '85: Generationen im Vergleich Vol. 5. Arbeitsbericht und Dokumentation. Leverkusen: Leske + Budrich.

Jung, Helmut, 1993: The Contribution of ESOMAR for Harmonized Data Collection. Arbeitspapier für die Planungskonferenz 'Making Data European'. Luxemburg: Centre for Population, Poverty and Policy Studies (CEPS)/International Networks for Studies in Technology, Environment, Alternatives, Development (INSTEAD).

Jung, Mathias, 1990: Auf dem Weg zu einer besseren Datenqualität: Ein Zwischenbericht über die Erfahrungen mit telefonischen Umfragen. 389–412 in: *Karl Schmitt* (ed.): Wahlen, Parteieliten, politische Einstellungen. Neuere Forschungsergebnisse. Frankfurt a. M./Bern: Peter Lang.

Kaase, Max, 1977: Meinungsforschung in der Bundesrepublik Deutschland. 452–475 in: *Max Kaase* (ed.): Wahlsoziologie heute. Analysen aus Anlaß der Bundestagswahl 1976. No. 2/3 of the Politische Vierteljahresschrift. Opladen: Westdeutscher Verlag.

Kaase, Max, 1997: Meinungsforschung. 357–360 in: *Uwe Andersen* and *Wichard Woyke* (eds.): Handwörterbuch des politischen Systems der Bundesrepublik Deutschland. 3., revised ed. Opladen: Leske + Budrich.

Kaase, Max, 1998: Datenzugang und Datenschutz. 101–111 in: *Bernhard Schäfers* and *Wolfgang Zapf* (eds.): Handwörterbuch zur Gesellschaft Deutschlands. Opladen: Leske + Budrich.

Kaase, Max et al. (eds.), 1980: Datenzugang und Datenschutz. Konsequenzen für die Forschung. Königstein: Athenäum.

Kaase, Max, Werner Ott and *Erwin K. Scheuch*, 1983: Empirische Sozialforschung in der modernen Gesellschaft – eine Einführung. 9–26 in: *Max Kaase, Werner Ott* and *Erwin K. Scheuch* (eds.): Empirische Sozialforschung in der modernen Gesellschaft. Frankfurt a. M./New York: Campus.

Kaase, Max and *Kenneth Newton*, 1995: Beliefs in Government. Beliefs in Government-Serie Vol. 5. Oxford: Oxford University Press.

Kaase, Max and *Willem E. Saris*, 1997: The Eurobarometer – A Tool for Comparative Survey Research. 7–26 in: *Willem E. Saris* and *Max Kaase* (eds.): Eurobarometer. Measurement Instruments for Opinions in Europe. ZUMA-Nachrichten Spezial Vol. 2. Mannheim: Zentrum für Umfragen, Methoden und Analysen.

Kirschner, Hans-Peter, 1985: Stichprobenprobleme in der Bundesrepublik – Bestandsaufnahme, Perspektiven, Thesen. 146–158 in: *Max Kaase* and *Manfred Küchler* (eds.): Herausforderungen der Empirischen Sozialforschung. Mannheim: Zentrum für Umfragen, Methoden und Analysen.

Klingemann, Hans-Dieter and *Ekkehard Mochmann*, 1975: Sekundäranalyse. 178–194 in: *Jürgen van Koolwijk* et al. (eds.): Techniken der empirischen Sozialforschung Vol. 2. Munich: Oldenbourg.

Koch, Achim, 1995: Gefälschte Interviews: Ergebnisse der Interviewerkontrolle beim ALLBUS 1994, ZUMA-Nachrichten 36: 89–105.

Kreiselmaier, Jutta and *Rolf Porst*, 1989: Methodische Probleme bei der Durchführung telefonischer Befragungen. ZUMA-Arbeitsbericht Nr. 89/12. Mannheim: Zentrum für Umfragen, Methoden und Analysen.

Kruskal, William and *Frederick Mosteller*, 1979a: Representative Sampling in Non-Scientific Literature, International Statistical Review 47: 13–24.

Kruskal, William and *Frederick Mosteller*, 1979b: Representative Sampling II. Scientific Literature, Excluding Statistics, International Statistical Review 47: 111–127.

Kruskal, William and *Frederick Mosteller*, 1979c: Representative Sampling III. The Current Statistical Literature, International Statistical Review 47: 245–265.

Kruskal, William and *Frederick Mosteller*, 1980: Representative Sampling VI. The History of the Concept in Statistics, 1895–1939, International Statistical Review 48: 169–195.

Kutsch, Arnulf, 1995: Einstellungen zum Nationalsozialismus in der Nachkriegszeit, Publizistik 40: 415–447.

Lass, Jürgen, 1997: Telephone Ownership – A Cause of Sampling Bias in Europe? 53–71 in: *Willem E. Saris* and *Max Kaase* (eds.): Eurobarometer. Measurement Instruments for Opinions in Europe. ZUMA-Nachrichten Spezial Vol. 2. Mannheim: Zentrum für Umfragen, Methoden und Analysen.

Lazarsfeld, Paul R. and *Morris Rosenberg* (eds.), 1955: The Language of Social Research. A Reader in the Methodology of Social Research. New York: The Free Press.

de Leeuw, Edith, 1992: Data Quality in Mail, Telephone, and Face to Face Surveys. Amsterdam: TT-Publikaties.

de Leeuw, Edith, 1994: Computer Assisted Data Collection, Data Quality and Costs: A Taxonomy and Annotated Bibliography, Bulletin de Méthodologie Sociologique 44: 60–72.

de Leeuw, Edith and *Martin Collins*, 1997: Data Collection Methods and Survey Quality: An Overview. 199–220 in: *Lars Lyberg* et al. (eds.): Survey Measurement and Process Quality. New York: John Wiley.

Lepsius, M. Rainer (ed.), 1981: Soziologie in Deutschland und Österreich 1918–1945. Materialien zur Entwicklung, Emigration und Wirkungsgeschichte. Special No. 23 of the Kölner Zeitschrift für Soziologie und Sozialpsychologie. Opladen: Westdeutscher Verlag.

Lessler, Judith T. and *William D. Kalsbeek*, 1992: Nonsampling Error in Surveys. New York: John Wiley.

Loeffler, Ute and *Christian von der Heyde*, 1993: Die ADM-Stichproben, planung und analyse 5: 49.

Lüttinger, Paul and *Thomas Riede*, 1997: Der Mikrozensus. Amtliche Daten für die Sozialforschung, ZUMA-Nachrichten 41: 19–43.

Lyberg, Lars and *Daniel Kasprzyk*, 1991: Data Collection Methods and Measurement Error. An Overview. 237–257 in: *Paul P. Biemer* et al. (eds.): Measurement Errors in Surveys. New York: John Wiley.

Lyberg, Lars, Paul Biemer, Martin Collins, Edith de Leeuw, Cathryn Dippo, Norbert Schwarz and *Dennis Trewin* (eds.), 1997: Survey Measurement and Process Quality. New York: John Wiley.

Market Research Quality Standards Association, 1997: Service Standards for Market Research. 2. Version. Surrey: Market Research Quality Standards Association.

Maus, Heinz, 1973: Zur Vorgeschichte der empirischen Sozialforschung. 21–56 in: *René König* (ed.): Handbuch der empirischen Sozialforschung Vol. 1. 3. ed. Stuttgart: Enke.

Merritt, Richard L., 1995: Democracy Imposed. U.S. Occupation Policy and the German Public, 1945–1949. New Haven/London: Yale University Press.

Mnich, Eva and *Heinz Sahner*, 1989: 40 Jahre Arbeitsgemeinschaft Sozialwissenschaftlicher Institute (ASI). Eine kurze Chronologie. Bonn: Arbeitsgemeinschaft Sozialwissenschaftlicher Institute.

Mochmann, Ekkehard, 1998: European Cooperation in Social Science Data Dissemination. 33–43 in: *Marcia F. Taylor* and *Rachel Walker* (eds.): Information Dissemination and Access in East and West. Amsterdam: IOS Press.

Mohler, Peter Ph. and *Rolf Porst*, 1996: Pretest und Weiterentwicklung von Fragebogen – Einführung in das Thema. 7–15 in: *Statistisches Bundesamt* (ed.): Pretest und Weiterentwicklung von Fragebogen. Schriftenreihe Spektrum der Bundesstatistik Vol. 9. Stuttgart: Metzler-Poeschel.

Moschner, Meinhard, 1993: Euro-Barometer 1973–1993. 20 Jahre 'Dauerbeobachtung' der öffentlichen Meinung in Europa, ZA-Information 33: 13–17.

Müller, Walter et al. 1991: Die faktische Anonymität von Mikrodaten. Schriftenreihe Forum der Bundesstatistik des Statistischen Bundesamtes Vol. 19. Stuttgart: Metzler-Poeschel.

Newby, Howard et al. 1991: Social Sciences in the Context of the European Communities. 55–81 in: *European Science Foundation* (ed.): The ESF and the Social Sciences, 1992. Strasbourg: European Science Foundation.

Niehoff, Renate, 1998: Intervieweranforderung und -auswahl. 51–65 in: *Statistisches Bundesamt Wiesbaden* (ed.): Interviewereinsatz und -qualifikation. Schriftenreihe Spektrum Bundesstatistik des Statistischen Bundesamtes Vol. 11. Stuttgart: Metzler-Poeschel.

Noelle, Elisabeth, 1940: Amerikanische Massenbefragungen über Politik und Presse, Zeitung und Zeit N.F. Series A, Vol. 16.

Noelle-Neumann, Elisabeth, 1970: Wanted: Rules for Wording Structured Questionnaires, Public Opinion Quarterly 34: 191–201.

Noelle-Neumann, Elisabeth, 1976: Die Empfindlichkeit demoskopischer Meßinstrumente. Frageformulierungen und Fragebogenaufbau. VII–XXVI in: *Institut für Demoskopie* (ed.): Allensbacher Jahrbuch der Demoskopie 1974–1976. Vol. VI. Wien et al.: Molden.

Noelle-Neumann, Elisabeth, 1980: Die Schweigespirale. Öffentliche Meinung – unsere soziale Haut. Munich/Zürich: Piper.

Noelle-Neumann, Elisabeth, 1992: Datenbestände im Allensbacher Archiv. 433–438 in: *Dieter Jaufmann* et al. (eds.): Empirische Sozialforschung im vereinten Deutschland. Bestandsaufnahme und Perspektiven. Frankfurt a. M./New York: Campus.

Noelle-Neumann, Elisabeth, 1997: Quality Criteria in Survey Research. Keynote Speech Presented at the WAPOR Thematic Seminar on June 27, 1996, Cadenabbia, Italy, International Journal of Public Opinion Research 9.1: 29–32.

Noelle-Neumann, Elisabeth and *Thomas Petersen*, 1998: Alle, nicht jeder. Einführung in die Methoden der Demoskopie. 2. ed. Munich: Deutscher Taschenbuch Verlag.

Oberschall, Anthony, 1997: Empirische Sozialforschung in Deutschland 1848–1914. Freiburg im Breisgau/Munich: Karl Alber.

Page, Benjamin I. and *Robert Y. Shapiro*, 1991: The Rational Public. Fifty Years of Trends in Americans' Policy Preferences. Chicago: University of Chicago Press.

planung & analyse. Zeitschrift für Informationsmanagement, Markt-, Media- und Werbeforschung. No. 2/1998.

Porst, Rolf, 1996: Ausschöpfungen bei sozialwissenschaftlichen Umfragen. Die Sicht der Institute. ZUMA-Arbeitsbericht Vol. 7. Mannheim: Zentrum für Umfragen, Methoden und Analysen.

Porst, Rolf, Michael Schneid and *Jan Willem van Brouwershaven*, 1994: Computer-Assisted Interviewing in Social and Market Research. 79–98 in: *Ingwer Borg* and *Peter Ph. Mohler* (eds.): Trends and Perspectives in Empirical Social Research. Berlin/New York: de Gruyter.

Projektgruppe Panel, 1993: 10 Jahre Sozio-ökonomisches Panel (SOEP), Vierteljahreshefte zur Wirtschaftsforschung 1/2: 27–43.

Reif, Karlheinz and *Ronald Inglehart* (eds.), 1991: Eurobarometer: The Dynamics of European Public Opinion. Essays in Honour of Jacques-René Rabier. Houndsmills/Basingstoke/London: Macmillan.

Reimann, Horst, 1989: Die Anfänge der Kommunikationsforschung. Entstehungsbedingungen und gemeinsame europäisch-amerikanische Entwicklungslinien im Spannungsfeld von Soziologie und Zeitungswissenschaft. 28–45 in: *Max Kaase* and *Winfried Schulz* (eds.):

Massenkommunikation. Theorien, Methoden, Befunde. 30. Special No. of the Kölner Zeitschrift für Soziologie und Sozialpsychologie. Opladen: Westdeutscher Verlag.

Rogers, Theresa F., 1976: Interviews by Telephone and in Person: Quality of Responses and Field Performance, Public Opinion Quarterly 40: 51–65.

Rokkan, Stein (ed.), 1966: Data Archives for the Social Sciences. Tools and Methods of Comparative Research. Publications of the International Social Science Council Vol. 3. Paris/La Hague: Mouton.

Rosenstone, Steven J., 1994: The Comparative Study of Electoral Systems, ICORE NEWS 3: 1/2.

Rubin, Donald B., 1987: Multiple Imputation for Nonresponse in Survey. New York: John Wiley.

Saris, Willem E., 1991: Computer-Assisted Interviewing. London: Sage.

Saris, Willem E. and *Max Kaase* (eds.), 1997: Eurobarometer. Measurement Instruments for Opinions in Europe. ZUMA-Nachrichten Spezial Vol. 2. Mannheim: Zentrum für Umfragen, Methoden und Analysen.

Scheuch, Erwin K., 1965: Sozialer Wandel und Sozialforschung, Kölner Zeitschrift für Soziologie und Sozialpsychologie 17: 1–48.

Scheuch, Erwin K., 1973: Entwicklungsrichtungen bei der Analyse sozialwissenschaftlicher Daten. 161–237 in: *René König* (ed.): Handbuch der empirischen Sozialforschung Vol. 1. 3. ed. Stuttgart: Enke.

Scheuch, Erwin K., 1990: From a Data Archive to an Infrastructure for the Social Sciences, International Social Science Journal 123: 93–111.

Schnell, Rainer, 1997: Nonresponse in Bevölkerungsumfragen. Ausmaß, Entwicklung und Ursachen. Opladen: Leske + Budrich.

Schnell, Rainer, Paul B. Hill and *Elke Esser*, 1992: Methoden der empirischen Sozialforschung. 3. ed. Munich: Oldenbourg.

Schumann, Howard and *Stanley Presser*, 1981: Questions and Answers in Attitude Surveys: Experiments on Question Form, Wording and Context. New York: Academic Press.

Schwarz, Norbert, 1990: Assessing Frequency Reports of Mundane Behaviors: Contributions of Cognitive Psychology to Questionnaire Construction. 89–115 in: *Clyde Hendrick* and *Margaret S. Clark* (eds.): Research Methods in Personality and Social Psychology. Beverly Hills: Sage.

Schwarz, Norbert, 1991: In welcher Reihenfolge fragen? Kontexteffekte in standardisierten Befragungen. ZUMA-Arbeitsbericht 91/16. Mannheim: Zentrum für Umfragen, Methoden und Analysen.

Schwarz, Norbert, 1996: Cognition and Communication. Mahawah, New Jersey: Lawrence Erlbaum.

Schwarz, Norbert and *Fritz Strack*, 1988: The Survey Interview and the Logic of Conversation: Implications for Questionnaire Construction. ZUMA-Arbeitsbericht Nr. 88/03. Mannheim: Zentrum für Umfragen, Methoden und Analysen.

Schwarz, Norbert and *Seymour Sudman* (eds.), 1992: Context Effects in Social and Psychological Research. New York et al.: Springer.

Schwarz, Norbert and *Seymour Sudman* (eds.), 1996: Answering Questions. Methodology for Determining Cognitive and Communicative Processes in Survey Research. San Francisco: Jossey-Bass.

Statistisches Bundesamt (ed.), 1996: Pretest und Weiterentwicklung von Fragebogen. Spektrum Bundesstatistik Vol. 9. Stuttgart: Metzler-Poeschel.

Stenger, Horst, 1994: Anforderungen an eine repräsentative Stichprobe aus der Sicht des Statistikers. 42–45 in: *Siegfried Gabler* et al. (eds.): Gewichtung in der Umfragepraxis. Opladen: Westdeutscher Verlag.

Sudman, Seymour and *Norman M. Bradburn*, 1983: Asking Questions. San Francisco: Jossey-Bass.

Sudman, Seymour, Norman M. Bradburn and *Norbert Schwarz*, 1996: Thinking About Answers. The Application of Cognitive Processes to Survey Methodology. San Francisco: Jossey-Bass.

Sykes, Wendy and *Gerald Hoinville*, 1985: Telephone Interviewing in a Survey of Social Attitudes: A Comparison with Face-to-Face Procedures. London: Social Community and Planning Research Center SCPR.

Szalai, Alexander, 1977: The Organization and Execution of Cross-National Survey Research Projects. 49–93 in: *Alexander Szalai* and *Ricardo Petrella* in co-operation with *Stein Rokkan* and *Erwin K. Scheuch* (eds.): Cross-National Comparative Survey Research: Theory and Practice. Oxford et al.: Pergamon Press.

Szalai, Alexander and *Ricardo Petrella* in co-operation with *Stein Rokkan* and *Erwin K. Scheuch* (eds.), 1977: Cross-National Comparative Survey Research: Theory and Practice. Oxford et al.: Pergamon Press.

Tanenbaum, Eric and *Ekkehard Mochmann*, 1994a: Integrating the European Database: Infrastructure Services and the Need for Integration, International Social Science Journal 142: 499–511.

Tanenbaum, Eric and *Ekkehard Mochmann*, 1994b: Introduction. Towards a European Database for Comparative Social Research, International Social Science Journal 142: 491–494.

Turner, Charles F. and *Elizabeth Martin* (eds.), 1984: Surveying Subjective Phenomena. Vols. 1 and 2. New York: Russell Sage Foundation.

U.S. Bureau of the Census, 1997: Information Technology Plan 1997–2002. Washington: Federal Printing Office.

Wasmer, Martina et al. 1996: Konzeption und Durchführung der 'Allgemeinen Bevölkerungsumfrage der Sozialwissenschaften (ALLBUS) 1996'. ZUMA-Arbeitsbericht Vol. 8. Mannheim: Zentrum für Umfragen, Methoden und Analysen.

Wiegand, Erich, 1997: Qualitätskriterien für die Markt- und Sozialforschung, planung und analyse 5: 62–63.

Wiegand, Erich, 1998: Qualitätsmanagement und Qualitätsstandards in der Markt- und Sozialforschung, planung und analyse 2: 26–29.

Wissenschaftsrat, 1985: Stellungnahme zur wissenschaftlichen Verwendung staatlich geförderter sozialwissenschaftlicher Umfragen. 256 in: *Wissenschaftsrat* (ed.): Empfehlungen und Stellungnahmen 1984. Cologne: Wissenschaftsrat.

Part 7

Appendix/Documentation

16 Codes of Ethics of the American Association for Public Opinion Research (AAPOR)

16.1 Code of Best Practices for Survey and Public Opinion Research[25]

16.1.1 Introduction

Over the past two years, Council members of the American Association for Public Opinion Research (AAPOR) have had significant discussions regarding the status of the Association's Professional Ethics and Practices, the effectiveness of its enforcement of these standards, and alternative ways in which the conduct and reporting of survey and public opinion research might be improved. Turner and Martin's (1984) conclusion that "existing standards for the conduct and reporting of surveys appear to have a limited impact on survey practice" (p. 90) still appears to be valid. One strategy for improving survey practice would be to enforce existing standards more rigorously.

An alternative strategy for upgrading survey practice was suggested by Turner and Martin (1984) nearly a decade and a half ago: to encourage increased, more competent and informed public discussion of the faults and merits of surveys and polls in an effort to improve survey practice by creating a market for better surveys (i.e., a demand for quality survey research). In part, such a dialogue requires a vocal, public condemnation of "truly abhorrent" research practices, as represented, for example, in Section B of this document, entitled "Survey Practices That AAPOR Condemns".

However, the "flip side" of increasing the quality of debate on survey practice and "creating a market" for better surveys and high quality survey research entails the establishment and publicizing of standards or criteria for excellence in survey practice by holding up "the better surveys and polls as exemplars against which to compare the poorer ones" (Turner and Martin, 1984, 311) and through other efforts "to change people's minds and habits by insinuating better practices as models for the conduct, reporting, and use of surveys [and polls]" (p. 306). Any such list of best standards, ideals, or goals obviously runs the risks that: (a) some criteria of excellence will undoubtedly be at least in partial conflict with others; (b) others may be omitted

25 Source: Internet (http://www.aapor.org/best/index.html.)

entirely; and (c) "no [such] set of prescriptions can [really] usurp the role of considered judgment in balancing alternative means and ends" (Turner and Martin, 1984, 311) in such matters. However, in the spirit of upgrading current survey practice, in Section A, AAPOR offers a detailed list of "best practices" in survey and public opinion research.

In creating these two lists, we fully recognize that the promulgation of our current view of both "unacceptable" and "best" practices runs the risk of at least appearing to fix the state of the art in our field (cf. Heller, 1996), a state which our history has shown may rather quickly become obsolete. Hence, it is important to note that neither of these lists is intended to be, nor should be regarded as, an immutable document. Rather, both are very much "works in progress" living documents that will require periodic and systematic revision by the Standards Committee and AAPOR Council in response to the rapidly changing world of survey and public opinion research. Finally, it is important to note that AAPOR's (1991) Code of Professional Ethics and Practices remains as a key source of additional standards for good and bad practices in our profession. While this document is intended to supplement and (in some cases) to clarify provisions of the Code, it is in no way intended to replace those standards.

16.1.2 Best Practices for Survey and Public Opinion Research

As noted in the most recent publications in the "What is a Survey?" series by the Section on Survey Research Methods of the American Statistical Association (1996), "the quality of a survey is best judged not by its size, scope, or prominence, but by how much attention is given to [preventing, measuring, and] dealing with the many important problems that can arise" (p. 11) at any point in the survey process conceptualization, organization, sampling, questionnaire design, data collection, data processing, and analysis.

1. Have specific goals for the survey.

The objectives of a high quality survey or poll should be specific, clear-cut, and unambiguous. Such surveys are carried out solely to develop statistical information about the subject, not to produce predetermined results, nor as a ruse for marketing, fund-raising, changing voters' minds, or similar activities.

2. Consider alternatives to using a survey to collect information.

In its initial conceptualization, the ideal survey takes seriously the important question of whether or not the information needed would best be acquired by conducting a survey or poll. A survey generally originates when an individual or institution is confronted with a need for information for which existing data appear to be insufficient. At this point, it is important to consider if the required information can even be collected by a survey or whether a survey would actually be the best way to acquire the information needed. If a survey is indeed appropriate, then careful attention must be given as to who is to be sampled and what is to be learned about those sampled.

3. Select samples that well represent the population to be studied.

A replicable or repeatable plan is developed to randomly choose a sample capable of meeting the survey's goals. Sampling should be designed to guard against unplanned selectiveness. A survey's intent is not to describe the particular individuals who, by chance, are part of the sample, but rather to obtain a composite profile of the population. In a bona fide survey, the sample is not selected haphazardly or only from persons who volunteer to participate. It is scientifically chosen so that each person in the population will have a measurable chance of selection. This way, the results can be reliably projected from the sample to the larger population with known levels of certainty/precision.

Critical elements in an exemplary survey are: (a) to ensure that the right population is indeed being sampled (to address the questions of interest); and (b) to locate (or "cover") all members of the population being studied so they have a chance to be sampled. The quality of the list of such members (the "sampling frame") whether it is up-to-date and complete is probably the dominant feature for ensuring adequate coverage of the desired population to be surveyed. Where a particular sample frame is suspected to provide incomplete or inadequate coverage of the population of interest, multiple frames should be used.

Virtually all surveys taken seriously by social scientists, policy makers, and the informed media use some form of random or probability sampling, the methods of which are well grounded in statistical theory and the theory of probability. Reliable and efficient estimates of needed statistics can be made by surveying a carefully constructed sample of a population, provided that a large proportion of the sample members give the requested information. The latter requires that careful and explicit estimates of potential nonresponse bias and sample representativeness be developed.

4. Use designs that balance costs with errors.

For example, allocating a survey budget to support a very large sample size, but with insufficient attention to follow-up of nonrespondents to produce a good response rate (cf. item 9, below) generally yields results that are less accurate than surveying a smaller sample with a higher response rate. Similarly, allocating most of one's funds to provide a large sample size but with little or no resources devoted to interviewer training would not be prudent. Although sampling errors can be readily estimated using probability sampling methods, they do not reflect the total error of a survey statistic or estimate, which is a function of many different features of a given survey. Survey professionals practicing at their best carefully seek to balance these various types of error in the design and conduct of a particular survey, in order to minimize the total error given the budget or resources available.

5. Take great care in matching question wording to the concepts being measured and the population studied.

Based on the goals of a survey, questions for respondents are designed and arranged in a logical format and order to create a survey questionnaire. The ideal survey or poll recognizes that planning the questionnaire is one of the most critical stages in the survey development process, and gives careful attention to all phases of questionnaire construction and design, including: definition of topics, concepts and content; question wording and order; and questionnaire length and format. One must first ensure that the questionnaire domains and elements established for the survey or poll fully and adequately cover the topics of interest. Ideally, multiple rather than single indicators or questions should be included for all key constructs.

Beyond their specific content, however, the manner in which questions are asked, as well as the specific response categories provided, can greatly affect the results of a survey. Concepts should be clearly defined and questions unambiguously phrased. Question wording should be carefully examined for special sensitivity or bias. Techniques should be developed to minimize the discomfort or apprehension of both respondents and interviewers when dealing with sensitive subject matter. Ways should be devised to keep respondent mistakes and biases (e.g., memory of past events) to a minimum, and to measure those that cannot be eliminated. To accomplish these objectives, well-established cognitive research methods (e.g., paraphrasing and "think aloud" interviews) and similar methods (e.g., behavioral coding of interviewer–respondent interactions) should be employed with persons similar to those to be surveyed to assess and improve all key questions along these various dimensions.

6. Pretest questionnaires and procedures to identify problems prior to the survey.

High quality surveys and polls always provide adequate budget and time for pretesting questionnaire(s) and field procedures. A pretest of the questionnaire and field procedures is the only way of finding out if everything "works" especially if a survey employs new techniques or a new set of questions. Because it is rarely possible to foresee all the potential misunderstandings or biasing effects of different questions or procedures, it is vital for a well-designed survey operation to include provision for a pretest. All questions should be pretested to ensure that questions are understood by respondents, can be properly administered by interviewers, and do not adversely affect survey cooperation. In circumstances where one is uncertain about the best design or any critical component of such a design, split sample experiments, which systematically compare the effects of two or more alternatives, should be included either prior to or as part of the pretesting process to select the most appropriate or effective design(s) or component(s).

7. Train interviewers carefully on interviewing techniques and the subject matter of the survey.

Insisting on high standards in the recruiting and training of interviewers is also crucial to conducting a quality survey or poll. For high quality data to be collected, interviewers in telephone or in person surveys must be carefully trained to do their work properly through face-to-face ("classroom") or telephone training, self-study, or some combination of these. Good interviewer techniques should be stressed, such as how to make initial contacts, how to deal with reluctant respondents, how to conduct interviews in a professional manner, and how to avoid influencing or biasing responses. Training should also involve practice interviews to familiarize the interviewers with the variety of situations they are likely to encounter. Time should be spent going over survey concepts, definitions, and procedures, including a question-by-question approach to be sure that interviewers can deal with any misunderstandings that may arise.

8. Construct quality checks for each stage of the survey.

Excellent surveys and polls are those that collect information carefully, and check and verify each step of the research process. To assure that the proper execution of a survey corresponds to its design, every facet of a survey must be looked at during implementation. Checks must be made at every step to ensure that the sample is selected according to specifications; that the interviewers do their work properly; that the information from questionnaires is edited and coded accurately; that computer data entry is done correctly; and that the computer programs used for data analysis work properly.

Sloppy execution in the field, in particular, can seriously undermine results. Controlling the quality of fieldwork is done by observing/monitoring, verifying and/or redoing a small sample of the interviews. At least some questionnaire-by-questionnaire checking (including interviewer "edits") and a review of frequencies to monitor questionnaire performance while in the field are also essential to detect omissions (e.g., skip errors) or other obvious mistakes in the data before it is too late to fix them.

9. Maximize cooperation or response rates within the limits of ethical treatment of human subjects.

Nonresponse occurs when members of the sample cannot or will not participate in a survey. Careful sample management and control to ensure that a large proportion of sample members provide the information requested is essential to good survey practice. A low cooperation or response rate does more damage in rendering a survey's results questionable than a small sample, because there may be no valid way scientifically of inferring the characteristics of the population represented by the nonrespondents. Proper sample management and control entails such things as adding sample in correctly formulated replicates, tracking the disposition of all cases, monitoring the sample while in the field for potential problems, and "metering" or rationing resources to ensure the collection of data from harder-to-reach respondents. Interviewers must also be carefully equipped through training with effective responses to deal with concerns that reluctant respondents might express.

Specific procedures designed explicitly to stimulate survey cooperation or participation should also be considered, such as (where possible) sending advance letters to sample households or individuals to inform them of the pending survey, offering monetary (i.e., cash) or non-monetary (some other valued reward) incentives to encourage participation, and sending reminders or making follow-up calls to those who do not respond initially. Failure to follow up nonrespondents and refusals, in particular, can severely undermine an otherwise well-designed survey. To deal with this possibility: (a) visits or calls to sample households are scheduled with careful attention to such considerations as the best time of day to call or visit; (b) allowance is made for repeated attempts (e.g., callbacks at different times and days) to thoroughly work the selected sample in not-at home and related situations; and (c) special efforts (i.e. reworking refusals with an experienced interviewer) are made to persuade persons who are inclined not to participate to respond. In mail surveys, it is usually necessary to send reminders and conduct several follow-up mailings, and at times to contact at least a subsample of the remaining nonrespondents by telephone or personal visit. Where possible, specific efforts to directly observe or measure the characteristics of nonrespondents should also included in the overall survey design.

10. Use statistical analytic and reporting techniques appropriate to the data collected.

Excellence in the practice of survey and public opinion research requires that data analysis and interpretation be competent and clear, and that findings or results be presented fully, understandably, and fairly. The information collected should be critically examined in a search for meaning processed, refined, and thoroughly analyzed. Routine reliability studies should be conducted for all key measurements.

Special codes should be provided for missing items, indicating why the data are not included. And, ideally, the "filling in" or imputation of these missing data items (based on rigorous and well validated statistical methods) should be undertaken to reduce any biases arising from their absence. Statistical tables should be clearly labeled, including identification of questionnaire source, and the (unweighted) number of cases forming the base for each cross-tabulation. Sampling errors should be included for all statistics presented, rather than only the statistics themselves.

Findings and interpretations should be presented honestly and objectively, with full reporting of all relevant findings, including any that may seem contradictory or unfavorable. Sampling and nonsampling errors including coverage, measurement and reporting errors, response variance, interviewer and respondent bias, nonresponse, imputation error and errors in processing the data should explicitly be taken into account in the analysis of survey data and interpretation of survey results, in a comprehensive effort to assess error from each perspective. Conclusions should be carefully distinguished from the factual findings, and great care should be taken to be sure that the conclusions and the findings presented are consistent.

11. Carefully develop and fulfill pledges of confidentiality given to respondents.

Establish clear intentions and meticulous procedures to assure the privacy of respondents and the confidentiality of the information they provide. Unless the respondent explicitly requests otherwise, or waives confidentiality for specified uses, one should hold as privileged and confidential the identity of individual respondents and all information that might identify a respondent with his or her responses.

Exemplary survey research practice requires that one literally do "whatever is possible" to protect the privacy of research participants and to keep collected information they provide confidential or anonymous. One must establish clear intentions to protect the confidentiality of information collected from respondents, strive to ensure that these intentions realistically reflect one's ability to do so, and clearly state pledges of confidentiality and their realistic limitations to respondents. That is, one must ensure that the means are adequate to protect confidentiality to the extent pledged or intended, that procedures for processing and use of data conform to the pledges made, and that appropriate care is taken in dealing with directly identifying information (i.e., using such steps as destroying this type of information or removing it from the file when it is no longer needed for inquiry).

Interviewers and other research staff must be carefully trained and indoctrinated to uphold and maintain the confidentiality of respondents' identities and the information they provide and take/sign an explicit oath or pledge of confidentiality to do so before beginning work. In the verification of information, one must protect the identity of respondents from outside disclosure.

One should also assure that appropriate techniques are applied to control for potential statistical disclosure of respondent data. Individual respondents should never be identified or identifiable in reporting survey findings: all survey results should be presented in completely anonymous summaries, such as statistical tables and charts, and statistical tabulations presented by broad enough categories so that individual respondents cannot be singled out.

12. Disclose all methods of the survey to permit evaluation and replication.

Excellence in survey practice requires that survey methods be fully disclosed, reported in sufficient detail to permit replication by another researcher and that all data (subject to appropriate safeguards to maintain privacy and confidentiality) be fully documented and made available for independent examination. Good professional practice imposes an obligation upon all survey and public opinion researchers to include, in any report of research results, or to make available when that report is released, certain minimal essential information about how the research was conducted to ensure that consumers of survey results have an adequate basis for judging the reliability and validity of the results reported. Exemplary practice in survey research goes beyond such standards for "minimal disclosure", promulgated by AAPOR and several other professional associations (e.g. CASRO and NCPP) by (a) describing how the research was done in sufficient detail that a skilled researcher could repeat the study, and (b) making data available for independent examination and analysis by other responsible parties (with appropriate safeguards for privacy concerns).

A comprehensive list of the elements proposed for disclosure by one or more sources, which, in combination, exceed the "standards for minimum disclosure" proposed by any one of the professional organizations includes:

- who sponsored the survey, and who conducted it;
- the purpose of the study, including specific objectives;
- the questionnaire and/or the exact, full wording of all questions asked, including any visual exhibits and the text of any preceding instruction or explanation to the interviewer or respondents that might reasonably be expected to affect the response;
- a definition of the universe of the population under study which the survey is intended to represent, and a description of the sampling frame used to identify this population (including its source and likely bias);
- a description of the sample design, including cluster size, number of callbacks, information on eligibility criteria and screening procedures, method of selecting sample elements, mode of data collection, and other pertinent information;

- a description of the sample selection procedure, giving a clear indication of the methods by which respondents were selected by the researcher, or whether the respondents were entirely self-selected, and other details of how the sample was drawn in sufficient detail to permit fairly exact replication;
- size of samples and sample disposition, the results of sample implementation, including a full accounting of the final outcome of all sample cases: e.g., total number of sample elements contacted, those not assigned or reached, refusals, terminations, non-eligibles, and completed interviews or questionnaires;
- documentation and a full description, if applicable, of any response or completion rates cited (for quota designs, the number of refusals), and (whenever available) information on how nonrespondents differ from respondents;
- a description of any special scoring, editing, data adjustment or indexing procedures used;
- a discussion of the precision of findings, including, if appropriate, estimates of sampling error with references to other possible sources of error so that a misleading impression of accuracy or precision is not conveyed, and a description of any weighting or estimating procedures used;
- a description of all percentages on which conclusions are based;
- a clear delineation of which results are based on parts of the sample, rather than on the total sample;
- method(s), location(s), and dates of interviews, fieldwork or data collection;
- interviewer characteristics;
- copies of interviewer instructions or manuals, validation results, codebooks, and other important working papers; and any other information that a layperson would need to make a reasonable assessment of the reported findings.

16.1.3 Survey Practices That AAPOR Condemns

AAPOR joins the Research Industry Coalition and the National Council on Public Polls in condemning certain misleading practices sometimes performed in the name of research. In no case are the following practices deemed legitimate or acceptable elements of professionally conducted research:

1. Requiring a monetary payment or soliciting monetary contributions from members of the public as part of a research process. This set of practices amounts to fund raising under the guise of research. It takes unfair advantage of the cooperative attitude that a majority of the public manifests when asked to take part in a legitimate information gathering process. In some cases, unwary members of the public are enticed to contribute money as a condition of gaining some future "benefit" from their participation.
2. Offering products or services for sale, or using participant contacts as a means of generating sales leads. A common practice is to gain entry or acceptance in order to make a sales pitch by initially defining the contact as being made for "research" purposes. This trades on the prestige of science, and it exploits the willingness of the public to reveal information about themselves in the public interest. In some cases, questions establish respondents' susceptibility to sales pressure or their

interest in some product or service. Follow-up contacts are then made to those so identified, all under the guise of "research".

3. Revealing the identity of individual respondents to a survey or participants in a research process without their permission. It is normal research practice to pledge anonymity or confidentiality to the public in order to secure their cooperation and frankness in responding to questions. Revealing the identity of individuals, for whatever purpose, is a violation of that pledge unless a respondent's prior informed consent has been obtained.
4. Representing the results of a 900-number or other type of self-selected "poll" as if they were the outcome of legitimate research. 900-number and other types of write-in, call-in, and interactive polls have become increasingly common. These "polls" report the opinions of only those people who called in, and not those of the general public. AAPOR believes that any publicizing or promotion of such activities not only damages legitimate market and survey research, but can be very misleading when used to influence public policy or simply to disseminate information about the general public.
5. Conducting a so-called "push poll", a telemarketing technique in which telephone calls are used to canvass potential voters, feeding them false or misleading "information" about a candidate under the pretense of taking a poll to see how this "information" affects voter preferences. So-called "push polls" are not polls at all. They are a form of political telemarketing whose intent is not to measure public opinion but to manipulate it to "push" voters away from one candidate and toward the opposing candidate. Such polls defame selected candidates by spreading false or misleading information about them. The intent is to disseminate campaign propaganda under the guise of conducting a legitimate public opinion poll.

As members of AAPOR, a professional organization which relies on public cooperation to gather information that is useful in formulating public policy as well as in understanding the public's preferences for products and services, we condemn these practices in the strongest terms.

16.1.4 Sources

In addition to numerous suggestions forwarded by Council members and other AAPOR members, the following sources were used in compiling these two lists of "practices that AAPOR condemns" and "best practices":

AAPOR (1991). Code of Professional Ethics and Practices.

American Statistical Association (AStA). Ethical Guidelines for Statistical Practice.

American Statistical Association (1995). What Is A Survey? AStA: Section on Survey Research Methods.

American Statistical Association (1995). How to Plan A Survey. AStA: Section on Survey Research Methods.

American Statistical Association (1995). How to Collect Survey Data. AStA: Section on Survey Research Methods.

American Statistical Association (1996). Judging the Quality of a Survey. AStA: Section on Survey Research Methods.

Council of American Survey Research Organizations (1996). CASRO Journal 1996: "Best Practices" What Is It and How Do We Get There? Port Jefferson, NY: The Council of American Survey Research Organizations.

Heller, Harry E. (1996). "Best Practices: A Contrary View". In CASRO Journal 1996: "Best Practices" What Is It and How Do We Get There?, Pp. 65–67. Port Jefferson, NY: The Council of American Survey Research Organizations.

National Council on Public Polls (NCPP). Twenty Questions A Journalist Should Ask About Poll Results.

Research Industry Coalition (RIC). Integrity and Good Practice in Marketing and Opinion Research. Three Industry Position Statements on: Abuses Performed Under the Guise of Research · Respondent and Data Privacy · Misuse of Call-In "Polls".

Research Industry Coalition (RIC). RIC Statement of PROFESSIONAL & ETHICAL STANDARDS for Marketing and Opinion Research.

Turner, Charles F., and Martin, Elizabeth (Eds.). (1984). Surveying Subjective Phenomena (Vol. 1). New York: Russell Sage Foundation.

May 1997

16.2 Code of Professional Ethics and Practices[26]

We, the members of the American Association for Public Opinion Research, subscribe to the principles expressed in the following code. Our goals are to support sound and ethical practice in the conduct of public opinion research and in the use of such research for policy and decision-making in the public and private sectors, as well as to improve public understanding of opinion research methods and the proper use of opinion research results.

We pledge ourselves to maintain high standards of scientific competence and integrity in conducting, analyzing, and reporting our work in our relations with survey respondents, with our clients, with those who eventually use the research for decision-making purposes, and with the general public. We further pledge ourselves to reject all tasks or assignments that would require activities inconsistent with the principles of his code.

The Code

I. Principles of Professional Practice in the Conduct of Our Work

A. We shall exercise due care in developing research designs and survey instruments, and in collecting, processing, and analyzing data, taking all reasonable steps to assure the reliability and validity of results.

26 Source: Internet (http://www.aapor.org/ethics/principl.shtml)

1. We shall recommend and employ only those tools and methods of analysis which, in our professional judgment, are well suited to the research problem at hand.
2. We shall not select research tools and methods of analysis because of their capacity to yield misleading conclusions.
3. We shall not knowingly make interpretations of research results, nor shall we be tacitly permit interpretations that are inconsistent with the data available.
4. We shall not knowingly imply that interpretations should be accorded greater confidence than the data actually warrant.

B. *We shall describe our methods and findings accurately and in appropriate detail in all research reports, adhering to the standards for minimal disclosure specified in Section III.*

C. *If any of our work becomes the subject of a formal investigation of an alleged violation of this Code, undertaken with the approval of the AAPOR Executive Council, we shall provide additional information on the survey in such detail that a fellow survey practitioner would be able to conduct a professional evaluation of the survey.*

II. Principles of Professional Responsibility in Our Dealings With People

A. *The Public:*

1. If we become aware of the appearance in public of serious distortions of our research, we shall publicly disclose what is required to correct these distortions, including, as appropriate, a statement to the public media, legislative body, regulatory agency, or other appropriate group, in or before which the distorted findings were presented.

B. *Clients or Sponsors:*

1. When undertaking work for a private client, we shall hold confidential all proprietary information obtained about the client and about the conduct and findings of the research undertaken for the client, except when the dissemination of the information is expressly authorized by the client, or when disclosure becomes necessary under terms of Section I-C or II-A of this Code.
2. We shall be mindful of the limitations of our techniques and capabilities and shall accept only those research assignments which we can reasonably expect to accomplish within these limitations.

C. *The Profession:*

1. We recognize our responsibility to contribute to the science of public opinion research and to disseminate as freely as possible the ideas and findings which emerge from our research.
2. We shall not cite our membership in the Association as evidence of professional competence, since the Association does not so certify any persons or organizations.

D. The Respondent:

1. We shall strive to avoid the use of practices or methods that may harm, humiliate, or seriously mislead survey respondents.
2. Unless the respondent waives confidentiality for specified uses, we shall hold as privileged and confidential all information that might identify a respondent with his or her responses. We shall also not disclose or use the names of respondents for non-research purposes unless the respondents grant us permission to do so.

III. Standard for Minimal Disclosure

Good professional practice imposes the obligation upon all public opinion researchers to include, in any report of research results, or to make available when that report is released, certain essential information about how the research was conducted. At a minimum, the following items should be disclosed:

1. Who sponsored the survey, and who conducted it.
2. The exact wording of questions asked, including the text of any preceding instruction or explanation to the interviewer or respondents that might reasonably be expected to affect the response.
3. A definition of the population under study, and a description of the sampling frame used to identify this population.
4. A description of the sample selection procedure, giving a clear indication of the method by which the respondents were selected by the researcher, or whether the respondents were entirely self-selected.
5. Size of samples and, if applicable, completion rates and information on eligibility criteria and screening procedures.
6. A discussion of the precision of the findings, including, if appropriate, estimates of sampling error, and a description of any weighting or estimating procedures used.
7. Which results are based on parts of the sample, rather than on the total sample.
8. Method, location, and dates of data collection.

March 1986

16.3 Research Industry Coalition (RIC): Professional and Ethical Standards For Marketing, Opinion, and Media Research

16.3.1 Research Industry Coalition (RIC)

The Members of the Research Industry Coalition (RIC) are the leading professional and trade associations in the fields of marketing and opinion research. We rely on public cooperation to gather information that is used to understand the public's reactions to government policy and social and political events. It is also used to understand the public's preferences for products and services and the rationale for those choices. Such understanding facilitates the marketplace for ideas and products. Existing policies, products, and services are improved, and new ones are created. Our members subscribe to codes of professional ethics and practices that stress honesty, respectful treatment and professionalism in our contacts with all who take part in our surveys or other modes of research.

16.3.2 RIC Statement of Professional and Ethical Standards For Marketing, Opinion, Media, and Related Research[27]

Properly conducted, research has great value to its sponsors and to the public, as citizens and consumers. The value rests, in the end, on the intelligence, creativity and technical skills of research practitioners and, most critically, on their integrity and ethical standards.

No code can cover all of the ethical issues for all research activities. But, regardless of the technique or the nature of the problem, certain rules describe good research practice.

The rules relate to:

- How research should be done
- How research should be reported
- How the public ought to be treated
- And how the business of research should be conducted.

What follows are recognized standards for good practice in each of the four areas.

I. How Research Should be Done

- Have well defined, clearly stated objectives – and an honest purpose.
- Follow an orderly research approach and methods appropriate to the objectives.
- Collect information carefully, to minimize bias or distortion.
- Provide data representative of a defined population or activity and enough data to yield stable results. (Projectability may not be a relevant standard for qualitative research or other exploratory experimental and observational studies.)
- Critically examine the collected information. Process and refine it. Analyze it thoroughly. Search it for meaning.
- Check and verify each step in the research process.

27 This statement is endorsed by the following associations: Advertising Research Foundation, American Association for Public Opinion Research, American Marketing Association, American Statistical Association, Association for Consumer Research, Council of American Survey Research Organizations, Market Research Association, National Association of Broadcasters, National Council on Public Polls, Newspaper Association of America, Qualitative Research Consultants Association, Society for Consumer Psychology.

II. How Research Should be Reported

- Present the results understandably and fairly. Fully report the relevant findings, including any that may seem contradictory or unfavorable.
- Separate any conclusions from the factual findings. Be sure the conclusions and the findings are consistent.
- Describe how the research was done, in enough detail that a skilled researcher could repeat the study. (If any trade secrets or other procedures are not disclosed, these should be identified, with a statement that the research cannot be replicated independently.)
- Explain the applicability and the limitations of the research and provide information users need to judge for themselves the usefulness of the research and its quality.

III. How the Public Should be Treated

- If research is meant to represent the public and its thinking, make certain that what is said is justified by the research design, the sample, and the findings.
- Avoid wasting the time or goodwill of the public. Treat with respect those who are asked to give information. Free respondents from embarrassment and pressure. Recognize as absolute the right to refuse or terminate participation.
- Assure the privacy of respondents. Do whatever is necessary to keep collected information anonymous. In the verification of information, protect the identity of respondents from outside disclosure.
- Avoid undisclosed observation or recording of the participants in research, except for internal quality control or in places where observation by strangers or monitors is expected.
- Unmask those who disguise as research their efforts to get money from people or influence their thinking.

IV. How the Business of Research Should be Conducted

- Be highly principled and rigorously fair in all business dealings. Treat this research and its practice with the respect due a responsible and professional activity.
- Accept only those assignments that can be reasonably completed with the time, skills and resources available.
- Compete for research assignments on competence and value, not with secret deals or illicit financial arrangements.
- Claim only legitimate academic degrees, clients and other qualifications.
- Protect the confidentiality of anything learned about a sponsor's business. Honor the sponsor's rights of ownership and access to the research they have purchased.
- Give sponsors the right to validate research done for their use. Welcome professional review of any research released outside of the sponsoring organization.
- Challenge any badly done or dishonest research. Defend good research that is attacked unfairly.

Underlying each set of standards – for how research should be done, how it should be reported, how the public ought to be treated and how the business of research should be conducted – is a basic principle:

- Do good research for an honest purpose.
- Describe it clearly and report it objectively.
- Represent the public well, guard its interest and its privacy.
- Be professional and fair in doing business.

These principles cover the most basic of the responsibilities of those who do marketing, opinion and related research. They are the ethical foundation for research practice.

17 Social Science Projects Sponsored by the DFG 1987–1996

All the following data have been taken from the research project database FORIS at the Informationszentrum Sozialwissenschaften (IZ), Bonn.

Of the many method descriptors allowed in FORIS to describe projects, nine have been chosen that cover the cluster survey/interview (Table 1).

Table 1 shows all instances of the survey techniques mentioned for the period under study. Since several methods can be used in every research project, multiple mentions are possible. The unit of computation in Table 1 is the instances mentioned, expressed as a percentage on the basis of projects.

Table 1: Survey techniques for the total period 1987–1996 (number of instances, in absolute figures and as percentage).

Method	Total		DFG	
	absolute	%	absolute	%
Individual interview	7,875	52.6	634	54.8
Telephone interview	604	4.0	32	2.8
Expert interview	4,207	28.1	190	16.4
Group discussion	1,993	13.3	87	7.5
Mail interview	8,323	55.6	656	56.7
Observation	3,045	20.3	211	18.2
Records analysis	8,258	55.2	509	44.0
Content analysis	3,180	21.2	217	18.8
Test	1,027	6.9	94	8.1
Total instances	38,512		2,630	
Total projects	14,966	257.2	1,156	227.3

Table 2 shows projects begun in a given year of the period under study. This excludes multiple mentions. The unit of computation in Tables 2 and 3 is the research project.

Table 2: DFG Projects: Survey techniques.•

	1987	1988	1989	1990	1991	1992	1993	1994	1995	1996	Total
Projects starting in 19•• (= 100%)	2,118	2,116	2,399	2,771	2,838	3,145	3,116	3,019	2,632	2,163	26,317
Of which only the above methods – absolute	1,390	1,344	1,523	1,607	1,568	1,720	1,727	1,627	1,399	1,061	14,966
– percentage	65.6	63.5	63.5	58.0	55.3	54.7	55.4	53.9	53.2	49.1	56.9
DFG-projects starting in 19•• (= 100%)	154	122	177	206	301	336	214	326	300	452	2,588
Of which only the above methods – absolute	96	72	126	122	123	143	100	135	128	111	1,156
– percentage	62.3	59.0	71.2	59.2	40.9	42.6	46.7	41.4	42.7	24.6	44.7

• From 1991, the DFG annual reports were analysed, but they do not contain certain information usual in the FORIS survey (e.g., precise information on methods). In view of the drastic, 50 per cent rise (from 206 to 301), the sharp drop at a low level in the bottom line (from 59.2 per cent to 40.9 per cent) could be linked to this. Only DFG projects are affected.

Telephone interviewing, of particular interest for this memorandum, is shown separately in Table 3.

Table 3: Survey technique = Telephone interview (only starting in 19••).

	1987	1988	1989	1990	1991	1992	1993	1994	1995	1996	Total
Telephone interviews (total)	86	63	78	61	51	68	75	66	44	12	604
of which DFG	4	2	5	2	6	5	3	2	3	0	32

Abbreviations

AAPOR	American Association for Public Opinion Research
ABMRC	Association of British Market Research Companies
ADM	Arbeitskreis Deutscher Markt- und Sozialforschungsinstitute e. V.
ALLBUS	Allgemeine Bevölkerungsumfrage der Sozialwissenschaften
AMSO	Association of Market Survey Organisations
ANEIMO	Associación Nacional de Empresas de Investigación de Mercados
ASA	American Sociological Association
AStA	American Statistical Association[28]
ASI	Arbeitsgemeinschaft Sozialwissenschaftlicher Institute e. V.
ASSIRM	Associazione Istituti Ricerca di Mercato, Sondaggi di Opinione, Ricerca Sociale
BDZV	Bundesverband der Deutschen Zeitungsverleger
BiG	Beliefs in Government-Project (Oxford University Press 1995, 5 Vols.)
BMRA	British Market Research Association
BVM	Berufsverband Deutscher Markt- und Sozialforscher e. V.
CAPI	Computer-Assisted Personal Interview (also: Computer-Aided Personal Interview)
CASRO	Council of American Survey Research Organizations
CATI	Computer-Assisted Telephone Interview (also: Computer-Aided Telephone Interview)
CESSDA	Council of European Social Science Data Archives
CIP	Computer Investment Programme
CMOR	Council for Marketing and Opinion Research
CSES	Comparative Study of Electoral Systems
DFG	Deutsche Forschungsgemeinschaft
DGS	Deutsche Gesellschaft für Soziologie
DIW	Deutsches Institut für Wirtschaftsforschung
DJV	Deutscher Journalistenverband
DStG	Deutsche Statistische Gesellschaft
ECPR	European Consortium for Political Research
EFAMRO	European Federation of Associations of Market Research Organisations
ESF	European Science Foundation
ESOMAR	European Society for Opinion and Marketing Research

28 The official abbreviation of the American Statistical Association is *ASA*. In this memorandum *AStA* has been used to distinguish it from the American Sociological Association, also abbreviated as *ASA*.

ESS	European Social Survey
EUROSTAT	Europäisches Statistisches Amt
FORIS	Forschungsinformationssystem Sozialwissenschaften, data bank of the Informationszentrum Sozialwissenschaften, Bonn
GESIS	Gesellschaft sozialwissenschaftlicher Infrastruktureinrichtungen
HRK	Hochschulrektorenkonferenz
ICPSR	Inter-university Consortium for Political and Social Research
IFDO	International Federation of Data Organizations for the Social Sciences
ISI	Informationsdienst Soziale Indikatoren
ISI	International Statistical Institute
ISSC	International Social Science Council
ISSP	International Social Survey Programme
IZ	Informationszentrum Sozialwissenschaften
KMK	Kultusministerkonferenz
KOST	Koordinierungsstelle für die Dokumentation sozialwissenschaftlicher Forschung
MRQSA	Market Research Quality Standards Association
PDF	Portable Document Format
RIC	Research Industry Coalition
RILF	Research Industry Leaders Forum
SAS	Statistical Analysis System
SFS	Sozialforschungsstelle Dortmund
SMIF	Föreningen Svenska Marknadsinformationsföretag
SOEP	Sozio-oekonomisches Panel
SOLIS	Sozialwissenschaftliches Literaturinformationssystem, data bank of the Informationszentrum Sozialwissenschaften, Bonn
SPSS	Statistical Package for the Social Sciences
SYNTEC CONSEIL	Chambre syndicale des sociétés d'Etudes et de Conseils
TQM	Total Quality Management
UKAS	United Kingdom Accreditation Service
VMO	Vereniging van Marktonderzoekbureaux
WAPOR	World Association of Public Opinion Research
ZA	Zentralarchiv für Empirische Sozialforschung
ZUMA	Zentrum für Umfragen, Methoden und Analysen

Members of the Expert Group

Hans Bertram	Professor of sociology at the Humboldt University in Berlin
Jürgen Chlumsky	Head of the Institute for Research and Development at Federal Statistics, Federal Statistical Office, Wiesbaden (standing guest of the expert group)
Michael Darkow	Managing director of GfK Fernsehforschung, Nuremberg
Lutz Erbring	Professor of journalism and communication science a the Free University, Berlin
Wolfgang Gibowski	Deputy head of the Press and Information Office of the Federal Government, Bonn (standing guest of the expert group)
Klaus Haupt	Managing partner of the psyma GmbH in Rückersdorf and chairman of the Arbeitskreis Deutscher Markt- und Sozialforschungsinstitute e. V. (ADM), Frankfurt a. M.
Max Kaase (chairman)	Research professor at the Wissenschaftszentrum Berlin für Sozialforschung
Hans Mathias Kepplinger	Managing director of the Institute for Journalism at the Johannes Gutenberg University in Mainz
Renate Köcher	Managing director of the Institut für Demoskopie Allensbach, Allensbach am Bodensee
Ekkehard Mochmann	Director of the Zentralarchiv für Empirische Sozialforschung at Cologne University
Peter Ph. Mohler	Director of the Zentrum für Umfragen, Methoden und Analysen (ZUMA), Mannheim
Franz Urban Pappi	Professor of political science at Mannheim University
Rolf Porst	Head of the field work department of the Zentrum für Umfragen, Methoden und Analysen (ZUMA), Mannheim (standing guest of the expert group)
Bernhard von Rosenbladt	Managing director of Infratest Burke Sozialforschung, Munich
Heinz Sahner	Professor of sociology at the University of Halle-Wittenberg
Hans-Willi Schroiff	Henkel Internationale Marktforschung, Düsseldorf
Erich Wiegand	Managing director of the Arbeitskreis Deutsche Markt- und Sozialforschungsinstitute e. V. (ADM), Frankfurt a. M.

The following have collaborated on the memorandum, without being members of the expert group:

Siegfried Gabler	Head of the department of statistics at the Zentrum für Umfragen, Methoden und Analysen (ZUMA), Mannheim
Sabine Häder	Scientific assistant in the department of statistics at the Zentrum für Umfragen, Methoden und Analyse (ZUMA), Mannheim

Kolibri 360 GmbH
Ferdinand-Jühlke-Straße 7
99095 Erfurt, Deutschland
produktsicherheit@kolibri360.de